U0176154

宋宴

Delicacies
of the
Song Dynasty

徐鲤　郑亚胜　卢冉——著

中信出版集团 | 北京

图书在版编目（CIP）数据

宋宴 / 徐鲤，郑亚胜，卢冉著. -- 北京：中信出版社，2024.1（2024.4 重印）
ISBN 978-7-5217-6169-6

Ⅰ. ①宋… Ⅱ. ①徐… ②郑… ③卢… Ⅲ. ①饮食—文化—中国—宋代—通俗读物 Ⅳ. ①TS971.2-49

中国国家版本馆 CIP 数据核字（2023）第 220390 号

宋　　宴

著　　者：徐鲤　郑亚胜　卢冉
出版发行：中信出版集团股份有限公司
（北京市朝阳区东三环北路 27 号嘉铭中心　邮编　100020）
承 印 者：北京雅昌艺术印刷有限公司

开　　本：787mm × 1092mm　1/16　　印　　张：21　　字　　数：346 千字
版　　次：2024 年 1 月第 1 版　　印　　次：2024 年 4 月第 2 次印刷
书　　号：ISBN 978-7-5217-6196-6
定　　价：168.00 元

服务热线：400-600-8099
投稿邮箱：author@citicpub.com

Delicacies
of the
Song Dynasty

春食

夏食

秋食

冬食

仿古

自序

我在《东京梦华录》看到“人面子”一词，心想好熟悉，这不就是我自小爱吃的仁面吗？粤语方言“银稔”，因果核表面有花纹似一张人脸而得名“人面”，果肉生吃酸硬，一般盐腌晒干或酱油泡渍做零食，主要出产于两广地区，远不如话梅那样广为人知。

我因此对书中其他食物也产生了兴趣，读到这些或熟悉或陌生，甚至让人费解的菜名，会不自觉往吃过的食物上联想，进而猜测：大概会是这样的味道吧？而将纸上的宋菜还原为看得见吃得着的实物，并汇集成册，初衷即为了验证这诸多猜想。它促使我投入完全缺乏经验的事件中来——要知道那时的我对古人吃喝的“知识”几乎全部源自影视剧，我的烹饪水准也只停留在炒俩家常菜、煲个汤的简单层面。

这趟探索的起点，是收集资料。先从《山家清供》、浦江吴氏《中馈录》（一说是元人作品）、《奉老养亲书》、《事林广记》（主要参考元至顺年间西园精舍刻本，以及日本元禄十二年出版的“和刻本”。是书经历代增补翻刻，据说现存二十种版本。越早的版本，保留的宋菜越齐全）等宋人食谱中，整理出其中具可操作性的菜式。考虑到有些菜馔并不仅仅存在于宋朝，又从《东京梦华录》《武林旧事》《梦粱录》《都城纪胜》《西湖老人繁胜录》等对饮食抱有热情的宋人笔记中，摘录出所有菜名。然后，对照前后朝代的食谱《齐民要术》（北魏）、《居家必用事类全集》（元）、《饮膳正要》（元）、《云林堂饮食制度集》（元）、《易牙遗意》（元末明初）、《宋氏养生部》（明）、《遵生八笺·饮食服食笺》（明）、《随园食单》（清）、《调鼎集》（清）等，找出与菜名相对应的食方作为参考，从中拣选仍带宋式烹饪风格的菜式。最后，将初录菜式依照下列原则进一步筛选。

【陌生感】

一些早已不流行的菜式，会带来陌生而又新鲜的味觉体验。例如：

“满山香”版炒油菜，以混合香料（按比例取莳萝籽、茴香、生姜、花椒，分别干炒烘香，碾碎合用）调味，吃起来麻辣重口很开胃，颠覆了蔬菜“清淡”的刻板印象，现今几乎不见谁仍在用这张配方。

签菜，用皮子（羊网油、羊白肠、猪网油等）包起各种切碎的馅料（鸡、鸭、羊头肉、羊舌、蟹、蔬菜等），卷成小卷，油蒸熟或炸了吃。当年风靡两宋都城，是同时能在御筵和平民餐桌看到的吃食。元朝之后不太见诸记载，类似的菜式现今在浙江、河南、河北等地低调流传，名字已改，选料亦有所变更。

鲊菜，生鲜的鱼肉、蛏子、黄雀，加五六种香料，压入坛子里腌渍七日或更久，经乳酸菌发酵之后才食用。这是一种古老的肉类腌菜，可生食或用于烹饪。其下还有一小分支为“熟鲊菜”，熟的肉类或蔬菜，亦用复合香料揉匀，腌片刻即食，比较像凉拌菜。

假菜，用一种食材来模仿另外一种食材的仿真菜。与现在素斋馆里“以素仿荤”的素鸡素鸭不同的是，宋人会用猪肚头仿制江珧柱（猪肚假江珧），用鳜鱼仿制蛤蜊肉（鯚鱼假蛤蜊），用猪羊头蹄仿制熊掌（假熊掌），是以荤仿荤。

【代表性】

在文献中反复出现的菜式。换句话说，即当年比较流行的食物，宋人餐桌上的常客。以羊肉为例，宋人喜欢将羊肉烂蒸，除加酱料的基本款“蒸羊”，还有加酒的“酒蒸羊”、加杏仁酪的“五味杏酪羊”等不同口味，所以颇有代表性的蒸羊肉会被纳入书内。

【文化基因】

自带文化魅力的菜式。一般由文人参与创作，或与掌故逸闻相关，因此食用时，容易唤起一种微妙的诗意。

例如，“煮鱼”是北宋文士苏轼的拿手菜，他在被贬黄州的那段人生低谷期，时常自己煮鱼来吃。

“大耐糕”源自“大耐官职”的典故——北宋一位名叫向敏中的权臣在皇帝面前克己自律，获取信任。在《山家清供》中就记载了不少这类菜馔。

【味道】

味道是一个重要的考量因素，有特色但不好吃的食物也不会被选录。

例如“橙玉生”，将雪梨粒与橙肉泥混合，加醋、酱与盐，拌匀食用，呈现特别奇怪的咸酸味，并不符合现代大多数人的口味。

几番挑选，剔除“黑暗料理”和太过普通的菜式，保留其中有亮点之作，总共七十六道。涵盖宫廷菜、文人菜、平民菜三级，涉及热荤、素菜、冷盘、羹汤、粥面、糕饼、饮料、果子八类。

当然，这并不能代表宋朝饮食全貌。两宋版图最大时，北部设太原府、真定府，西部到西宁州、成都府，将现代的陕西、河北、河南、山东、江浙、福建、江西、安徽、两湖、两广、海南等均包括在内。而《山家清供》作者林洪是福建人，青年求学于杭州，后常年流寓江淮，所记菜式是他在浙江杭州、温州、莫干山、天台山，福建漳州、武夷山，以及江西等地尝到的；《事林广记》作者陈元靓同样来自福建，书中菜馔亦不免带东南沿海特色；《中馈录》的作者吴氏出身浦江县（今属浙江金华），收集的是当地家常菜之法；此外，《云林堂饮食制度集》《易牙遗意》《随园食单》等的作者也均是江浙人士，《武林旧事》《梦粱录》均描写杭城风貌……所以，这本书主要呈现的仅是东南风味。

首次试菜，记得是一道“鲟鱼假蛤蜊”，曾现身于清河郡王张俊奉宴南宋高宗的酒筵中。作为广州人，印象中鳜鱼就该是整条清蒸，没想过还会有别样吃法。我们花费约两小时，将鳜鱼起肉，批成小片子，入鱼虾汤里烫熟，最后出来只有一小碟，颇有“忙活半天，就为了那么一口”的劲头。但试吃那刻，一下子被触动了，小鱼片又弹又滑，竟能吃出蛤蜊肉的感觉来，这让我们初建信心。接下来，所有菜式的复制，都是从带一点试验性质的实践开始，数度调整刀工与调味，最后敲定材料分量和造型。

自从开始留意食材，才察觉到菜市场有部分菜蔬会随四季悄然变化，过期不候。这也是我依春夏秋冬划分菜品的原因，让人体会到什么是“不时不食”。比如春季，好吃的春笋上市时间只有两周，后来越卖越长，则是纤维变老、品质下降的标志。蕨菜一般在三月初登场，月底已经很难找到。柳树的嫩芽要赶紧掐，过几天叶片长大了就不好吃了。当令的枸杞头和菊花脑很幼嫩，蒌蒿生脆，韭菜香浓。虽说有的蔬菜一年四季都可以吃，但在春天还是能感受到加倍的鲜爽味。夏季叶子菜让位，主打产品是各种瓜：瓠瓜、稍瓜、节瓜。不等到九月、十月，是没有好芋头上市的；桂花通常于中秋前后开满树，螃蟹要待深秋才膏满黄肥。羊肉得大冬天方摆出摊位。

仰赖如今发达的网购系统，不容易找到的异地食材，都可以轻松订购。比如鲜蕨菜、鲜莼菜，原先除非是在产地，不然只能买到加工品。因为容易坏，蕨莼采摘后会被统一加热处理，保质期是大大延长了，食用品质却不免打折扣。

不过，我在寻找食材的路上遇到了种种枝节。初制虾肉面“红丝馎饦”时使用了白虾，熟的白虾肉颜色很浅，后来换成青虾，才使面条呈现粉红色，符合“红丝”之名。“素蒸鸭”使用的瓠瓜是一种带短柄的瓠壶，比较少见，市场菜摊通常只售长条形状的瓠子。我将瓠壶的图片拿给摊主，与她再三确认，请对方务必代我采购，结果尽如人意。与佛手同科、味道也很接近的香橼果，知道的人寥寥。偶然听福建安溪的友人提及，当地过年会摆放野生小香橼果供神，大喜，托她帮忙带回两只。另外，在仿制鲫鱼菜时，也尽量寻找本土小鲫鱼，其肉质鲜嫩，不会有一股恼人的泥腥味。也有遗憾，古人曾交口称赞的松江鲈鱼不易找到鲜活的，于是以我们常见的鲈鱼（美国大口黑鲈）代替。当然，胡萝卜、白菜、橙子等作物在历经数个世纪的选育后，品种及味道肯定有所不同；而酱、酱油、醋、砂糖等调料，也是购买超市的现成品。不可能百分百复原，唯有尽量靠近。

难的是必须反复确认细节。遗漏任何线索，都可能导致菜品重塑出现偏差。最初，因未查到“春兰秋菊”里所用的“玉榴”是一种籽大而白的石榴这条资料，我理所当然地误以为玉榴是大粒的粉色石榴。完成拍摄几个月后，才发现错用食材，那时已是一月份，几乎所有石榴都下市了，只能再等到秋天，才重拍更正。囿于所掌握的资料，我们也可能存在误读，书中如有疏漏不实之处，亦请专业人士指正。

这不是一本“纯粹的食谱”。书中每一道菜，不但罗列了配料与烹煮步骤，还会从宋人的日常生活入手，谈一谈这是谁的创意、被谁在何种场合享用、裹挟什么非说不可的往事等，用舌尖去感受历史，可获得超出食物本身的乐趣。

没有什么能比图画更加直观地呈现过去的真实情景。宋画、宋辽壁画、唐宋器物等图片，被放置于书中相应的位置，帮助我们建构场景。例如张择端的名作《清明上河图》，像快照一样呈现了北宋的大城市生活：郊区萧索的村落，城内鳞次栉比的店铺、人头攒动的街衢、星级酒楼与饮宴的豪客、兜售杂货与小食的摊贩、骑驴坐轿的富人、出卖劳力的贫民、看相卖卦的半仙……又如被归入宋徽宗赵佶名下的《文会图》，画面焦点是那一桌陈设精致的器物：簇饤看盘、花台、果子碟、酒壶、酒盏，前方还有四位仆侍正在烹茶备酒，全方位展示了一场上流社会的高级筵席。在没有照相机的年代，这绝对是最纪实的载体。而从浙江省博物馆、镇江市博物馆等馆藏的金银盘盏中，则能目睹宋人酒器的奢华之美。

最后，要郑重感谢郑亚胜、卢冉（另外两位作者），对菜品制作与摄影的用心付出，没有他们不厌其烦地共同“折腾”，这本书将无法诞生；感谢陶艺家汤远卓借出个人作品，盘碗均气质静谧，很符合我的设想；感谢摄影师关里帮忙拍摄“春饼”和“山家三脆”的首图；感谢文人家居“璞素”提供的赞助；感谢多多到新疆博物馆拍摄唐代饺子、馄饨等藏品供我写作参考；感谢热心送我鼠曲草的陌生人（《宜兴日报》的章先生）……感谢每一位给予我帮助的人。更要感谢编辑老师们重视此书并尽力呈现它最精致美好的面貌。

徐鲤

2018 年 6 月 6 日清晨

2023 年 10 月 16 日（修订）

南宋绍兴二十一年（1151）十月某日，清河郡王张俊在府邸奉宴高宗赵构。这日他为皇帝的餐桌准备了约一百五十道食物，每一道的名字，都被周密记录在《武林旧事》中，奢侈的瞬间因此凝固——这些生活感十足的琐碎枝节，通常不会出现在正史之中。

你可能很清楚“靖康之难”爆发的前因后果，却难以建构一幅宋人吃饭的真实场景：吃什么，怎么吃。幸有这几部信息量庞大的宋人生活笔记流传至今，一字一句尽是细节：可从孟元老的《东京梦华录》，知晓北宋开封每一条街巷、每一座桥、每一家商店、每一件货物；高级酒楼饭铺的位置、饮食果子的名称；婚娶、宴乐、岁时节令活动等上至皇家下至市民的生活习俗。也可从吴自牧的《梦粱录》、耐得翁的《都城纪胜》、西湖老人的《西湖老人繁胜录》、周密的《武林旧事》中，窥见南宋杭州城里各色碎片化的生活场景。其中，涉及食品的章节为数不少，罗列菜式粗估约一千种，丰盛异常。

【皇室的餐桌】

出现率最高的肉类绝对是羊肉。原因很简单，宋开国初期就立下一条“御厨止用羊肉”的宫廷规矩，况且它吃起来脂肥肉嫩，属上乘食材。皇帝筷子下常见的菜式，有加料速腌的羊肉旋鲊，炭烤的炙子骨头（羊肋排），炕炉里焖烤的炕羊，煎熬的酒煎羊，慢炖的鼎煮羊羔，用外皮包馅卷成条状的羊头签、羊舌签。据确切统计，在北宋神宗的某一年，羊肉的消耗量为四十三万四千四百六十三斤四两（每天逾千斤，出自清·徐松的《宋会要辑稿·方域四》)，尚不包括羊羔在内，远超被视为平民肉食的猪肉。猪肉原则上是不能被端上宫廷餐桌的，但实际也会少量供应。御膳食材名单，还包括鸡、鸭、鹅、鹌鹑、鸠、兔、麂子，连非主流的田鸡、蛇、鲇鱼也在列。

由于近海环湖的地理优势，杭州人的餐桌上总是不乏水产。据马可·波罗回忆，每天有大批海鱼运往杭州城中供人消费，当时湖中也出产大量淡水鱼。南宋皇室因此有机会享用更多足够新鲜的鱼、虾、蟹及贝类（除了煮熟食用，他们也喜欢直接生吃：鱼生、蟹生、虾生、江珧生）。水产抢去了羊肉的部分风头，极大丰富了御膳名色。同时，腰子与肚子（猪腰猪肚、羊腰羊肚）两大盛传补肾壮阳的形补食材，正受到前所未有的热爱，无论是在南宋高宗出席的宴席里，还是在《玉食批》所披露的太子日常伙食中，腰肚与同样功效暧昧的雀鸟类反复出现，正被变着法地烹调成各种口味。

相比想象中充斥着山珍海错鲍参翅肚的“清朝御膳”，宋皇室在吃方面其实算得上非常收敛。许多食材并非什么罕见珍馐，烹饪手法也与坊间雷同，顶多在制作上比较考究，因而造成食材的浪费，和平民餐桌区别开来。《玉食批》提到，皇室版“羊头签”（熟羊头肉切丝，再用皮子卷制），只选取羊脸颊上最细嫩的一块肉，也就是说，需费去数只羊头，才能满足一份羊头签的用料。另一道“蝤蛑馄饨”，亦只剔出两只大蟹螯的肉为馅，蟹身与蟹腿弃而不用，完美诠释了“食不厌精、脍不厌细”的挑剔作风。

皇帝不仅吃御厨尽心打造的膳食，高兴的时候，也会派人到街头食肆打包外卖——李婆婆的杂菜羹、贺四的酪面、脏三的猪胰胡饼、戈家的甜食……和席上贵宾一起，从京师旧人（由开封逃到南宋杭州的子民）制作的食物中，缅怀一番旧日北宋的味道。

【皇家酒宴】

一场高规格酒宴，通常遵循一套固定程序。

要有看盘——陈列在餐桌上的装饰物，用于看而非吃，可以是一碟环饼、油饼、枣塔、捆成小束的猪羊鸡鹅兔肉，也可以是由榠楂、香橼、橙子、桃等鲜果堆叠成塔形高盘，总之营造一种视觉上的丰盛感。

要有果子——相当于餐前小食，开胃，也能稍微缓解饥饿。充当此角色的一般是现在被称为零食的东西。比如新鲜上市的水果：金橘、乳梨、甘蔗、红柿子、橙子、生藕；或者是各种甜腻的蜜煎（古代版蜜饯）和咸酸口的凉果：雕花梅球儿、蜜冬瓜鱼儿、木瓜大段花、雕花金橘、蜜笋花儿、椒梅、姜丝梅、砌香樱桃、紫苏柰香；此外还有沾满了糖粉的“珑缠果子”：荔枝蓼花、珑缠桃条、缠枣圈、缠梨肉、缠松子之类；各种干果坚果也在席上：干荔枝、龙眼、榧子、榛子、松子、巴榄子、银杏；甚至还有直接嚼食的“脯腊”（调味肉干），比如肉线条子、皂角铤子、虾腊、酒腊肉、肉瓜齑。

“美酒加下酒菜”则撑起整个宴会的高潮——与随意碰杯不同，御酒得按流程来一盏一盏地喝，每举杯喝一盏，桌上需搭配不同的下酒小菜（通常碟子都很小，但花样多元），待下一盏开始前，轮换新的下酒菜。宋徽宗的一场生日宴，辅酒菜包括各种肉食（爆肉、炙子骨头、排炊羊、炙金肠、肚羹、缕肉羹），各种面食（白肉胡饼、天花饼、太平毕罗、莲花肉饼、独下馒头、双下驼峰角子），看起来有一种北方饮食的粗放感。相比起来，《武林旧事》卷九提到那场南宋高宗参与的豪华饮宴，排场显然大得多，菜肴也更加精细——由禽类（鹌鹑、鸡、鸭、鹅），水产（鳜鱼、江珧、蟹、蝤蛑蟹、鳝鱼、沙鱼、虾、章鱼、蛤蜊、香螺、牡蛎、鲎、水母），内脏（腰子、白腰子、鹅肫、猪羊肚）主导。我们不妨从其中一张菜单里来感受一下精致的南方风情：

下酒十五盏：

第一盏　　花炊鹌子　荔枝白腰子

第二盏　　妳房签　三脆羹

第三盏　　羊舌签　萌芽肚胘

第四盏　　肫掌签　鹌子羹

第五盏　　肚胘脍　鸳鸯炸肚

第六盏　　沙鱼脍　炒沙鱼衬汤

第七盏　　鳝鱼炒鲎　鹅肫掌汤齑

第八盏　　螃蟹酿橙　妳房玉蕊羹

第九盏　　鲜虾蹄子脍　南炒鳝

第十盏　　洗手蟹　鯚鱼假蛤蜊

第十一盏　　五珍脍　螃蟹清羹

第十二盏　　鹌子水晶脍　猪肚假江珧

第十三盏　　虾橙脍　虾鱼汤齑

第十四盏　　水母脍　二色茧儿羹

第十五盏　　蛤蜊生　血粉羹

当然，下酒的盏数并非一成不变，按规格的高低而酌情增减，比方说宋理宗的生日宴就一共行了四十三盏酒之多。每盏之间，会穿插一些助兴节目，琵琶、笙、箫、笛、筝、琴轮番上场，并有木偶戏、滑稽杂剧、杂耍之类的精彩演出。为贴合“寿宴”主题，现场可以听到著名

◓ 上图:《文会图》(局部)
北宋 赵佶
台北故宫博物院藏
-
高级筵席

艺人潘俊演绎笛子《帝寿昌慢》、侯璋吹奏笙歌《升平乐慢》等相当喜庆的曲目。

【达官贵宦、富商与士大夫的餐桌】

羊肉、鸡、鹅、鹌鹑、雉、鹿、兔之类，是贵宦与富商餐桌上的基本配置，猪肉很少讨得他们的欢心，当然猪腰猪肚除外，可以说，其饮食质量毫不逊于皇帝。典型例子要数北宋宰相蔡京，可以在他家后厨见识到一支阵容庞大又专业的烹饪团队，其中高级掌勺师傅十五人，负责洗切杂活的厨婢多达数百，人员分工明细，比如有人只负责给包子切葱丝，不难揣测蔡京每日伙食的精细程度。关于蔡京吃喝奢靡的传闻也令人瞠目结舌：据说他常吃一道“罪恶”的鹌鹑羹（仅取鹌鹑身上一小块精华，造一碗羹需宰杀上百只鹌鹑）；昂贵的黄雀肫咸豉（黄雀也是一种暗含壮阳意味的食材），他拥有九十余瓶；请同僚吃一顿蟹黄馒头，成本高达一千三百多贯钱（价格过于夸张，可能记载有误）。

宋朝人的鹌鹑菜式：

◓ 上图:《野菊秋鹑图》
宋 李安忠
台北故宫博物院藏

-

在宋朝上流社会看来，鹌鹑是大补食材，特别能助房事。酒楼有好几款鹌鹑菜供应，皇室也将鹌鹑列入御膳，张俊请宋高宗饮宴那次甚至三番五次呈上。

鹌鹑羹——鹌鹑切成小块或片出肉，加水煮羹。

鹌子水晶脍——鹌鹑加水炖烂，冻成肉冻，切块，蘸酱吃。

鲊糕鹌子——鲊渍的鹌鹑，做法和口味猜测类似黄雀鲊。

炒鹌子——鹌鹑切成小块，用油炒熟。

煎鹌子——用油煎熟。

花炊鹌子——蒸制的鹌鹑。花可能是指摆成花形、花式之意。

炙鹌子脯——炙烤经腌腊的鹌鹑。

蜜炙鹌子——炙烤新鲜鹌鹑，边烤边涂刷一层酱醋以及蜂蜜做的烧烤汁。

笋焙鹌子——鹌鹑与笋共炒，再加入酱与少许水，慢火焖煮至收汁。

清撺鹌子——鹌鹑治净，沸水锅里汆熟，类似白切鸡。

八糙鹌子——做法未明。宋人喜欢用“八糙”来料理各种禽类，比如还有八糙鸡、八糙鹅鸭，有学者猜测这是一种油炸法。

富豪们对高档食材比较痴迷，昂贵的江珧（亦作“江瑶”，千金一枚）、鲍鱼、野味是其搜求重点。他们花得起钱品尝各种珍馐佳肴，不惜因重要的宴席而一掷万金——为了满足口腹之欲，或是相互攀比、显摆阔气。周密在《癸辛杂识》回忆起一场富豪的宴席，席中端出一道豪宴的标配：江珧柱。装盛这粒贝柱的碟子竟是专门定制的——以乌银打造为半边江珧贝壳形状，表面亦錾刻细致的仿真贝壳肌理，格外贵气，连见多识广的周密也不禁目瞪口呆。

相当于中产阶级的士大夫，其经济实力比上不足比下有余，生活质量绝对在普罗大众之上。虽然其中不少人身家丰厚衣食无忧，但顾及个人声望，一般也会比较低调，不像权臣与富商那么急于张扬炫富。而大多数士大夫只是偶尔豪奢一回，日常以普通食物为主，吃羊肉没有太大问题，因为这是包含在官职薪酬里的固定福利（当然，并非所有官员都有这项福利）。读过北宋苏轼《老饕赋》的人，应该会熟知他最钟爱的口味——以蜂蜜煎熬的樱桃，浇上杏酪的蒸嫩羊，经酒渍半熟的生蛤蜊，糟得入味的鲜螃蟹，这是中产们轻松消费得起的食物。由于具有一定经济基础，并因官职调任而经常迁居别的城市，所以士大夫们有更多吃遍四方的机会，可以尝试极具特色的乡土风味，苏轼正是在被贬岭南期间吃到古怪的虾蟆（蟾蜍）。有意思的是，蔬菜与米粥居然也颇受推崇，饮食简淡正被注重健康的文士奉为养生法宝。

一本收录了文士私房菜的菜谱集《山家清供》诞生于南宋，书中每道菜肴，均显示出风雅的饮食审美观，作者林洪自称出身隐士世家，因备受杭州士林圈排斥而未能成功步入官场，退而投身“脱俗”事务。在这些刻意标榜情趣高洁甚至略带矫情的士大夫看来，食物对营造个人气质大有帮助，因此不难理解他们偏好清淡口味，对肥腻珍馐表现出兴味索然的模样。但是，流于平凡的食物，显然不足以担当脱俗的重任，除非将其进行创意改造，并赋予诗意的内涵与菜名——比如毫不起眼的汤饼（汤面片），只需历经三步（以白梅与檀香泡出的汁液和面，面片印作梅花形状，以清鸡汤打底），便改头换面为“梅花汤饼”，意境立即提升百倍。

【平民的餐桌】

普通市民吃什么，这在主妇菜谱集《中馈录》中能找到答案。他们餐桌上最常摆的无非是各种腌肉、鱼鲞、咸菜，统称为“下饭”——总之要足够重口味能够压住米饭。书里给出做酱瓜、咸菜、肉干、腌

正店

香

◓ 上页图:《清明上河图》(局部)
北宋 张择端
北京故宫博物院藏
-
星级酒楼

鱼，晒菜干之类的详细操作流程，家庭主妇必须熟练掌握，以便在合适的季节里如法炮制。这些小菜是平民百姓餐桌上的长期角色，对他们来说，羊肉是难得的美味，猪肉才是更亲民的肉类。单是在杭城坝北修义坊的“肉市”，每日要屠宰数百头生猪，人们能从肉铺买到想要的猪肉部位与猪骨头。此外，还吃点鸡鸭鹅肉，河里捕捞的鱼虾、螺蛳、蚌壳通常也非常便宜，是价廉物美的肉类食材。当然，少不了各种应季果蔬，油炒、凉拌、煮羹，或腌成鲊来吃。对于南宋杭州人来说，鸡羹、耍鱼辣羹、猪大骨清羹、煎肉、煎肝、煎鲚鱼、煎鸭蛋、冻鱼、冻鲞、醋鲞、炒瓜齑……都是他们熟悉的家常菜。

乡村饮食甚少被提及，但不难揣测村民普遍吃得比较单调，基本上是地里产什么就吃什么，他们缺乏宽余的钱来购买更多食材。主打食物大概就是菜羹和咸菜、肉干、豆腐，一般只在盛大的节日才有机会杀猪宰鸡大吃一顿。填饱肚子才是底层人民的当务之急，谈不上享受更多美食。

【初具规模的餐饮业】

北宋开封、南宋杭州绝对是当年最发达的大城市，这源于首都这张城市名片。居民人口超百万，集中了数量相对多的富裕人士，但贵如皇室贱如贫民共同生活于同一堵城墙内，异乡人大量涌入使这里看起来更像是一个移民城市，充满活力。由于拥有一大群需求旺盛的顾客，因此饮食业蓬勃发展，食摊与门店遍布街衢巷陌，简直是餐饮业的天堂。人们的消费观念因此改变，即使是平民也习惯在街边食肆解决一日三餐，很可能是为了节省时间，或是避免在逼仄的木结构房子里生火引发火灾。购买现成的食物实在太方便、太实惠，况且可选品种丰富，于是整个饮食市场，从清晨至深夜，适时供应早餐、午餐、晚餐甚至是消夜。

想象一下，食肆是怎样满足不同阶层的不同风味需求的呢？

在星级酒楼（樊楼、熙春楼、三元楼之类）里饮宴绝对是一种惬意的享受。首先，建筑别致、环境舒适，要么是叠建的高层楼阁，要么是一座园林似的幽静场所，要么直接由仕宦宅院改造而成。其次，室内外的装潢彰显档次，门面通常用木条结缚了一座繁丽的彩楼欢门，设红绿杈子和绯彩帘幕，挂贴金红纱栀子灯；店堂内分割为宽敞而私密的包

◓ 上图左:《清明上河图》(局部)
北宋 张择端
北京故宫博物院藏
-
星级酒楼三楼的包厢

◓ 上图右:《清明上河图》(局部)
北宋 张择端
北京故宫博物院藏
-
挂一面“小酒”酒旗的散酒店

房，以森茂的花竹掩映，遇夜灯烛荧璨。餐具也颇为豪奢，盘盏、酒壶、注碗、菜碟、水碗，一律白银质地，即使仅两人对饮，酒桌上的银器加起来亦约百两。店内还提供曲艺表演与侍酒服务，更像是一家寻欢作乐的风月场所，官员与有钱人是其主要客户。再次，菜肴独具特色。强大的酒楼的主打产品，是独家配方自酿的好酒，兼卖各色下酒菜肴。菜肴随点随做，不论蒸、炒、煮、炸、煎、冻，都尽量满足客户的要求，店里缺少某道菜的现成品时，还欢迎顾客从他处叫外卖。粗略估算，单是在杭州城内，整个行业供应的菜式就有两三百道。

另外，有的酒店只供应单一类型的食品。所谓“肥羊酒店”，下酒菜仅限于羊菜——软羊、大骨、龟背、烂蒸大片、羊杂熓四软、羊撺四件，比如坐落在杭州城内马婆巷的双羊店。让人意想不到的是，还有“包子酒店”，辅酒食物包括灌浆馒头、薄皮春茧包子、虾肉包子、鱼兜杂合粉、灌熝大骨。也有干脆什么菜都不卖，仅沽售酒水的“角球店”。与此相对，主要经营吃食的则属于饭店类。

囊中羞涩的民众通常去被称为“打碗头”的散酒店消费，好处是可以零买二三碗。这种地方空间逼仄，装潢也简陋，门面只用竹栅布幕简单装点。低档酒店的下酒之物不过是些血脏、豆腐羹、熝螺蛳、煎豆腐、蛤蜊肉之类的廉价菜。而他们解决三餐的菜羹小饭店，所售下饭菜也是类似的东西，比如煎豆腐、煎鱼、煎鲞、烧菜、煎茄子。

街边还开了面店，专售各种口味的面条：宽面、细丝面、棋子面、面片、饦饦等，口味的区别在于浇头。从下列"浇头"加"面条"的品名里，大概能看出一碗面的材料构成——猪羊盦生面、丝鸡面、三鲜面、鱼桐皮面、笋泼肉面、炒鸡面、子料浇虾臊面、三鲜棋子、虾臊棋子、虾鱼棋子、丝鸡棋子、七宝棋子、笋燥齑淘、丝鸡淘、耍鱼面……它们都属于荤面。在约定的斋日，素面店会抢走荤面店许多生意，浇头几乎离不开这四样：笋、豆粉、面筋、乳制品。此外，还有专门的馄饨店。

更方便、便宜的充饥办法是购买面点。买一张刚出炉类似馕的硕大胡饼、缀满芝麻的"满麻"或者又大又薄口感香脆的"宽焦薄脆"花不了几文钱。武成王庙前"海州张家饼店"与皇建院前"郑家饼店"，无疑是开封城里规模最大的两家烤饼门店，各自拥有超过五十只烤炉，要同时作业才能满足顾客需求。南方人吃得细致，于是不难理解杭州人对于蒸制的无馅馒头与有馅馒头（以及包子）的热爱，后者所用馅料有笋肉、虾鱼、羊肉、糖肉、蟹肉，甚至还有鹅鸭肉，以解决口味单调的问题。主营糕点的店铺，则出售着几十款如今依旧耳熟能详的产品，诸如枣糕、栗糕、蜜糕、丰糖糕、小甑糕、豆糕、重阳糕等。

相对来说，大城市人口混杂，比较容易吃到不同的地方风味。在北宋开封，所谓"北食"指的是当地菜，大概带有豫菜特征，多见畜肉与饼食。到开封上任的南方官员因吃不惯当地口味，还可时常光顾"南食店"，可吃到家乡的鱼兜子、煎鱼饭。其时辣椒还未占领四川菜，蜀地以产大量"川椒"（花椒）闻名，"川饭店"里能品尝到的插肉面、大燠面、大小抹肉淘（冷面）、煎燠肉、杂煎事件（煎肠肝等内脏或肉块），说不定会是带有麻辣感的重口味。

由于好吃而受到食客赞赏，晋身行业中名优字号的食店比比皆是：人们喜欢在五间楼前的周五郎蜜煎铺买蜜糖果子，在杂货场前的戈家蜜枣儿买糖渍枣子，在寿慈宫前买熟肉，在涌金门买灌肺，到钱塘门外的宋五嫂店里吃鱼羹，到中瓦前职家羊饭店里吃羊菜，到六部前吃丁香馄饨，到贺四酪面买一片可口的酥酪，再用两张油饼夹着吃，这简直就是品牌效应的初级形态。

米

◆ 米是杭州人的主食。

◆ 品种：早米、晚米、新破砻、冬舂、上色白米、中色白米、红莲子、黄芒、上秆、粳米、箭子米、黄籼米、蒸米、红米、黄米、陈米、早占城、礌泥乌、雪里盆、赤稻、杜糯、光头糯、蛮糯。

豆

◆ 用于煮粥、做菜或做点心馅料。

◆ 品种：大黑、大紫、大白、大黄、大青、白扁、黑扁、白小、赤小、绿豆、小红、楼子红、青豌、白眼、羊眼、白缸、白豌、刀豆。

蔬菜

◆ 叶子菜：菠菜、白菜、芥菜、薹心矮菜、矮黄、大白头、小白头、夏菘、黄芽、生菜、莴苣、苦荬、蕨菜、水芹、葱、薤、韭、大蒜、小蒜。

◆ 根茎实菜：笋、芦笋、瓠瓜、葫芦（又名蒲芦）、冬瓜、稍瓜、黄瓜、萝卜、胡萝卜、紫茄、水茄、芋、山药、牛蒡、茭白、甘露子（宝塔菜）、鸡头菜、藕条菜、姜、菌类。

◆ 番茄、玉米、青椒、秋葵尚未引进。

猪

◆ 猪肉是肉铺主打肉类，城内有许多屠宰场，每日宰数百头生猪。

◆ 肉的名件：细抹落索儿精、钝刀丁头肉、条撺精、窜燥子肉、烧猪煎肝肉、膂肉、盦蔗肉。

◆ 猪骨的名件：双条骨、三层骨、浮筋骨、脊龈骨、球杖骨、苏骨、寸金骨、棒子、蹄子、脑头大骨。

◆ 腰肚是最受欢迎的内脏，价格也稍贵。

其他肉类

◆ 羊肉主要供给上流社会的消费者，价格一般比猪肉贵，市场上流通的量也比猪肉少，种类有山羊、绵羊、小羊羔。

◆ 其他品种：鹿、黄羊、獐、野兔、雉、鹅、山鸡、家鸡、鸭、鸽、鹌鹑、鹧鸪、鸠子、黄雀。

◆ 牛肉在宋朝是违禁品，为了保护耕牛，一般只能偷偷吃，不能公开销售。

水产

◆ 鱼类：鲫鱼、鲈鱼、鳜鱼、鳊鱼、白鱼、鲥鱼、鲤鱼、黄颡（昂刺鱼）、鳢（黑鱼）、鲻鱼、石首（黄鱼）、土步鱼、鲚鱼、赤鱼、鲨鱼、白颊、春鱼、鲂鱼、鳅、鳗、鳝。

◆ 其他：虾、蟹、蝤蛑蟹、赤蟹、黄甲（青蟹）、蟛蜞、蛤蜊、蚶、江珧、牡蛎、决明（鲍鱼）、香螺、海螺、田螺、海蛳、螺蛳、蚌、蚬、龟、鳖。

◆ 南宋都城（杭州）的水产品种明显比北宋都城（开封）丰富得多，这种差异也体现在皇室的餐桌上。

鱼鲞

◆ 鱼鲞从温州、台州、四明郡（宁波）产区运来，城内外鲞铺将近两百家。

◆ 鱼鲞名件：郎君鲞、石首鲞、望春、春皮、片鳓、鳓鲞、鳘鲞、鳗条弯鲞、带鲞、短鲞、黄鱼鲞、鲠鱼鲞、老鸦鱼鲞、海里羊。

◆ 铺里兼售海味制品，如酒香螺、酒蛎、酒龟脚、酒垅子、酒鲞、酱蛎、望潮卤虾、酱蜜丁。

犯鲊

◆ 包括诸色腌腊的肉脯和肉鲊。

◆ 犯鲊名件：筹条、影戏、线条、界方条、胡羊犯、兔犯、獐犯鹿脯、削脯、松脯、槌脯、干咸豉、皂角铤、腊肉、鹅鲊、荷包旋鲊、三和鲊、骨鲊、桃花鲊、玉板鲊、鲟鳇鲊、春子鲊、黄雀鲊、银鱼鲊等。

和其他城市相比，作为南宋首都的杭州拥有更丰富的食物种类，只要花上一定的银钱，几乎是想吃什么都能找到。仅果子而言，就有青州的枣、温州的蜜柑、西京的雪梨、海南的椰子、江西的金橘、西域的葡萄干，琳琅满目。甚至还有不少进口食品，如从日本船运过来的鲍鱼、从波斯国（伊朗）携来的充满异域风情的波斯枣（椰枣），以及从明州口岸入境的肉豆蔻、胡椒、丁香等烹饪香料。

【常用调味品】

川椒（花椒）、胡椒、八角（大茴香）、小茴香、莳萝籽、孜然、砂仁、草果、甘草、红曲、生姜、干姜、蒜、葱、橘皮、阿魏、紫苏叶、苏子、芥辣、芥子、麻油、椒油、酱、清酱油、酒、酒糟、醋、豆豉、盐、砂糖、蜂蜜。

【常用烹饪技法】

◆ 油炒：和现在差不多，先放油，后放食材，爆炒。

◆ 凉拌：沸水焯熟，加调料来拌，一般用于蔬菜、猪肚、海产。

◆ 水煮：有的只加少量水，比如弄熟蔬菜；有的加更多水，类似现在煮汤，也有在汤的基础上加入淀粉质食材，呈现黏稠的羹状。

◆ 油炸：可以炸石首鱼、炸馓子。

◆ 油煎：食材用油煎熟。或可在食材表面挂面糊再煎，比如煎鱼、煎排骨、煎笋、煎芋头，口感香脆。

◆ 烤炙：架在炭火上烤熟。

◆ 炕烤：将食物放入坑炉里烤熟，如炕羊、炕鹅鸭。

◆ 隔水蒸：蒸鱼一般需时短，蒸羊肉、蒸鹅、蒸鸡都讲究“久蒸”。

◆ 焖焙：水要少，火要慢，加锅盖，焖至食物软熟，汁水收干。

◆ 炖煮：水量适中，慢火煮至肉软烂。

◆ 生腌：生腌分几类。一是鲊，生肉切好，加数种香料拌匀，入坛腌渍，直接吃或用于烹饪。二是糟物，将生鲜食材埋入酒糟里腌一腌，比如糟蟹。三是酒浸，生鲜食材放入酒里泡着以备贮存，一般处理海鲜，如酒蛤蜊、酒香螺。

◆ 生拌：食材切好，加酱料拌即食，一般用于鱼、海蜇、江珧、蛤蜊、蟹、海螺。

◆ 腌腊：鱼、肉，先加盐与香料腌渍，烈日晒干或风干。出来的成品，宋朝人一般称之为鱼鲞、脯腊，可以用来做菜，也可以撕成小条直接吃。

◆ 冷冻：天气寒冷时，将肉煮烂后，连汁一起置于室温下过夜，使其结成块状的肉冻，切开，蘸酱吃。

再版寄语

《宋宴》初版付梓已经过去五年，在此我要衷心感谢读者朋友的支持与喜爱。而这五年间，我仍然投入在古代饮食书籍的编写之中，也因此翻阅了许多相关文献，对这个领域的了解亦更进一步。今年我重新阅读了这本书，意识到其中有不少欠缺之处，于是在准备重版之时，我对此书进行了一次深入修订。可以说，无论在史料解读还是烹饪复刻上，重版都较初版更为完善。

说到修正的具体原因，我想举两个典型例子说明。由于文言文没有标点符号，所有字句连在一起，需要先进行标点断句，然后才能进行解读。若是断句失误，难免会造成误读，甚至会导致整个烹调走向完全不同。“肉生法”即是一例。先来看初版：

用精肉切细薄片子，酱油洗净。入火烧红锅爆炒，去血水，微白即好。取出切成丝，再加酱瓜、糟萝卜、大蒜、砂仁、草果、花椒、橘丝、香油拌炒。肉丝临食加醋和匀，食之甚美。

按照上文解读，半熟精肉丝加酱瓜、糟萝卜、大蒜、砂仁、草果、花椒、橘丝，用香油来炒成一盘小炒。后来，我结合《调鼎集》的“拌肉片”（精肉切薄片，酱油洗净，入锅炒去血水，微白即取出切丝，配酱瓜、糟萝卜、大蒜、橘皮各丝，椒末、麻油拌，临用加醋）以及《食宪鸿秘》的“肉生法”来看，这道菜毫无疑问应为拌菜，而非炒菜。其断句应是“……香油拌炒肉丝。临食加醋……”，意思是加酱瓜等物、香油来与半熟精肉丝拌在一起，这样才符合“肉生”之名。

又例如“玉蝉羹”，原文对烹饪过程的描述过于简短，某些字义含糊不清，容易造成误读。（大鱼去皮骨，薄抹，用黄纸荫干，以豆粉研，将鱼片点粉，打开如纸薄，切为指片，作羹。）简言之，即将大鱼净肉批成薄片，沾裹豆粉，然后“打开如纸薄”。一开始，我误以为“打”指将鱼片分开、张开，结果就是成品没能体现出薄如蝉翼的“玉蝉”之意。再联系上下文来看，“打”字之意，应为“捶打”——通过裹淀粉和捶打从而使鱼片延展开来，变大变薄，呈现如纸薄的略透状态。虽说需要不断推翻自己认真工作的成果，但这种追寻真相的过程既充满了挑战，又引人入胜，足以克服种种困难和烦恼。

此外，我还关注到六道当时被无意忽略掉但看起来颇有意思的菜肴，分别是酥炸牡丹花片、素包子、骆驼蹄、水晶脍、禁中佳味和筭子粑。这次，我将之纳入重版，算是补上遗憾。希望这本重版的《宋宴》能给读者朋友带来一些新的惊喜。

2023年10月18日

春食

春饼

春日春盘细生菜

一张轻薄如茧纸似的圆形面饼摊开，搁上红红绿绿的蔬菜丝做馅，卷折成筒，一口咬下，萝卜的甜脆、蒌蒿的芳香、韭菜的辛辣一并触碰味蕾，如同将初春吃进嘴里。这是宋朝人在立春日的必吃单品：春饼。

按唐宋习惯，春饼食材会被盛在一只大盘中端出，又称“春盘”。春盘中的生菜种类并非一成不变，比唐朝更早的魏晋，一度只挑拣辛辣系蔬菜，如大蒜、小蒜、韭菜、芸薹、胡荽之类，组成“五辛菜”（五辛盘）。人们相信，辛辣的刺激感能疏通五脏六腑内积聚的浊气，达到祛病消灾的效果。到宋朝，辛辣不再独当一面，能入选春盘的蔬菜随即翻番：萝卜、蒌蒿、韭菜、韭黄、芹芽、青蒿、菘菜、莴苣、生菜、蓼芽、蕨芽、兰芽、藕、豌豆、玉笋、辣焯菜、葱、蒜苗、胡荽…… 正如诗言“旋挑生菜簇春盘”，总之有什么就用什么。

唐代诗人杜甫以诗句“春日春盘细生菜”精准地形容了春饼的馅料状态：生鲜的，切作细长条状。大部分菜丝都是深浅不一的绿色，还有白萝卜丝为莹白色，韭黄带来一抹淡黄，但人们更讲究有红有绿。因此，他们会将萝卜丝染成红色，陆游就曾有“染红丝绿簇春盘”的诗句，且宫中赐给近臣的春盘，亦会以染萝卜丝做装饰。此外，有人会在卷饼里添加切细的熟猪肉、腌韭菜等物，或许还会拌些酱醋。当然，贯穿始终的口感基调仍是清甜爽脆。刚熬过蔬菜极其贫乏的寒冬，人们借由食春饼，感受生机勃发的力量，亦相当于迎接春季的小仪式。如今，吃生菜春饼的古老遗风仍有流传，但在更多时候，卷好的春饼会被推入油锅，炸成春卷，一年四季现身于早餐铺与点心盘。

◒ 下图：《风雨牧归图》局部
南宋 李迪
台北故宫博物院藏

-

牛是宋朝农民很得力的生产助手，每逢耕种时节，养不起牛的家庭，也会租赁一头牛来加班赶农活。

饼如茧纸不可风，菜如缥茸劣可缝。
韭芽卷黄苣舒紫，芦菔削冰寒脱齿。
卧沙压玉割红香，部署五珍访诗肠。
野人未见新历日，忽得春盘还太息。
新年五十奈老何？霜须看镜几许多。
麴生嗔人不解事，且为春盘作春醉。

——南宋·杨万里《郡中送春盘》

◓ 上图：宋《礼书》土牛
见《钦定四库全书·经部·礼书》卷二十九

春牛旁通常放置一个策牛童子，即勾芒神，象征五谷丰登。街市多有商贩叫卖春牛摆件。春牛大小如猫，置于带花栏的木板上，再用泥塑百戏人物、春幡胜等物，装饰得十分热闹。人们常买来馈赠亲友。

值得一提的是，在皇家御赐臣僚的春盘礼盒中，有各色生菜、烹猪肉、白熟饼，以及油炸的大环饼（比常见馓子大十倍）；另据《武林旧事》介绍，此等春盘竟配以精巧的饰物——金鸡、玉燕（春鸡、春燕为立春吉祥物）——衬出奢华之感，每盘价值上万钱。

宋朝的立春节目，还包括一场“鞭春牛”祈福盛会。主角是一头用泥土加草木塑造的大春牛，牛的头、耳、角、身、腹、尾、腿、蹄，遵循古老的规矩涂上彩绘，比如，以本年度的“干色为角、耳、尾，支色为胫，纳音色为蹄”。但总共只会用到五种色料，即“干支五行色”：白、青、黑、赤、黄。伴随着干支变动，春牛每年将更换一套全新的色彩配搭登场。杨万里提到，某年他目睹的泥牛配色是“黄牛黄蹄白双角”。

象征五谷丰登的春牛，其实是为了在立春日清晨被毁掉而诞生的，古人认为，毁得越是彻底，祈福效果越是灵验。仪式上，先由主持官用五色丝缠绕的彩杖象征性地环击三下，以示劝耕，接下来，春牛被一拥而上的围观民众拿彩鞭棍棒之物击打，直至轰然倒塌，粉身碎骨。这是为了攘夺土牛碎块，因为人们相信“牛肉”具有神奇巫效——撒在蚕房能致蚕丝增产，埋入地里会使谷物丰稔，悬挂房中可驱邪祛灾，调水口服堪防瘟疫，甚至会拿土牛眼来充当眼药。

食材：

菠菜、芫荽、蒌蒿、莴苣、红心萝卜、白萝卜、韭菜、韭黄、砂糖或醋少许

【制法】

①

① 蔬菜分别择净，清洗，沥干水。将萝卜、莴苣削皮，先切成薄片，再切作约八厘米长短的细丝。韭菜、韭黄、蒌蒿、菠菜秆，也竖切成同等长度的细丝，芫荽截断。

② 所有菜丝均放入大碗，混合，加少许白糖或醋调味（或可不加）。

③ 春饼皮平摊，在一侧码放蔬菜丝，摆成长条形。

④ 将菜丝尾部的皮子向内翻折。

⑤ 卷成紧实的筒状，卷好即可享用。

◆ 如果你想做一款荤素搭配的春饼，不妨参考明代宋诩的《竹屿山房杂部》："用汤和面，加干面揉小剂，擀甚薄饼，鳌盘上急翻熟，盐水匀洒，湿新布覆之，卷同薄饼。"（薄饼卷馅：用熟腌肥猪肉、肥鸡鸭肉切条脍，及青蒜、白萝卜、胡萝卜、胡荽、酱瓜、姜、茄、瓠切条菹，同卷之。）

②

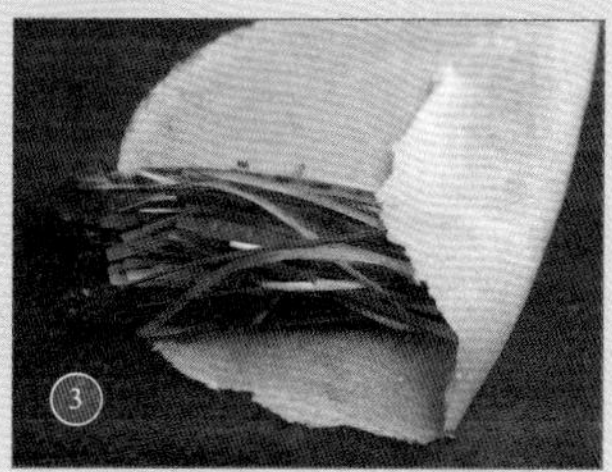
③

④

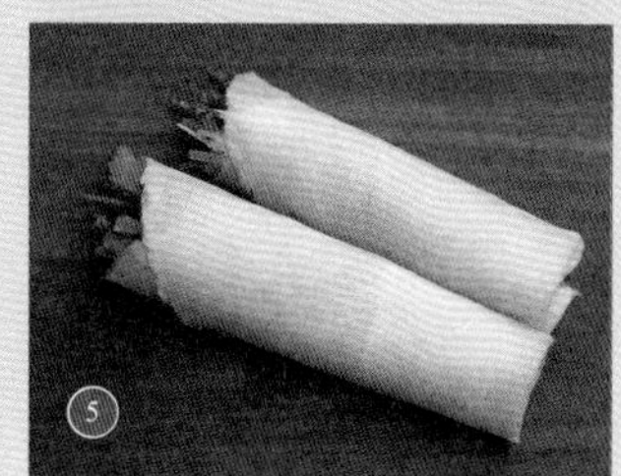
⑤

春饼皮

杨万里说，春饼皮"如茧纸不可风"，特点是非常薄。

今天常见的春饼皮，做法有二：一是拿面团在热锅上擦一圈，迅速提起，就得到一张薄如纸的饼皮；二是将面团分剂，擀作小薄饼，然后烙制。可自制，在专卖湿面条、馄饨饺子皮的小店也能买到春卷皮。

水晶脍

纤柔分劝处，腻滑难停箸

两宋都城的元宵节，很多节俗食品都相同，比如会吃圆子（乳糖圆子。无馅小粉圆，水煮浮，浇上糖汁吃）、䭔饳（甜馅团子。如经油煎炸，即为“焦䭔”，似煎元宵）、盐豉汤（用盐豉、一种称为“捻头”的油炸面果，再加肉煮成）、科斗细粉（做法像山西的抿尖。用小孔漏子将绿豆粉糊漏入沸汤里煮熟，面段似蝌蚪）、水晶脍。

所谓“水晶脍”，是一种形似啫喱的冷菜，通常有两种做法。一是以鲤鱼鳞为原料，将鲤鱼刮下的鱼鳞收集起来，加水熬煮至汤汁黏稠，须滤净渣滓，取清汁冻成透明块状。今天又称之为“鱼鳞冻”，相当于一块高纯度的胶原蛋白，带有淡淡的鱼味。另一种使用猪皮制作，且不掺杂肥瘦肉或筋，使肉汁更为清澈，亦须用丝绵布滤掉所有肉皮脂团，提高汤汁的净度，凝结后，像一块猪肉味的果冻，今天俗称“皮冻”。两者均晶莹剔透，故有“水晶”之名。

在元《居家必用事类全集》中还有一道少见的“水晶冷淘脍”，将净猪皮汤浇入大浅盘里，薄薄的一层，凝固后似一张薄饼，将之切成面条状，便可充当冷淘（意思是冷面）。而宋高宗在张府宴饮时享用的“鹌子水晶脍”，猜测以鹌鹑做成。水晶脍通常伴有配菜与蘸碟。配菜适用辛辣的生韭黄、韭菜、萝卜丝，以及生菜、笋丝、鸭蛋皮丝之类，蘸碟则可选浓郁的酽醋、添加芥辣调和的芥辣醋，还有酸香辛辣的五辣醋。

“姜豉”，字面来看，容易误解为生姜与豆豉的混合物，实则也是肉冻。选肥瘦兼得的带皮猪肉，加水炖至肉烂汤稠，熄火，静置直到结冻。或以匙挖，或用刀切，佐以辣姜蓉与豆豉酱汁。相比而言，水晶脍的口

◒下图：《清明上河图》局部
北宋 张择端
北京故宫博物院藏
-
在北宋开封，每日至晚，有一万余头生猪从南薰门进入城中，供给城中民众。
城市的空地上也养了猪，易养所以价廉，猪肉在当时比羊肉便宜。

猪皮刮去脂洗净。每斤用水一斗，葱、椒、陈皮少许，慢火煮皮软，取出，细切如缕，却入原汁内再煮稀稠得中，用绵子滤，候凝即成脍。切之，酽醋浇食。

又法：鲤鱼皮鳞不拘多少，沙盆内擦洗白，再换水濯净，约有多少添水。加葱、椒、陈皮熬至稠粘，以绵滤净，入鳔少许，再熬再滤，候凝即成脍。缕切，用韭黄、生菜、木犀、鸭子、笋丝簇盘，芥辣醋浇。

——元·无名氏《居家必用事类全集》

感单一，表现出加倍的爽滑感，爽滑主要来自透明部分；而内含肉碎的姜豉，因通体分布肉花而软糯弹牙，口感富有层次，肉香味也更浓郁。

事实上，姜豉是一系列肉冻菜的总称，品种多样。人们对不同品种的命名，大都基于原料——换成猪蹄，即为“冻姜豉蹄子”，改用猪头，则称作“猪头姜豉”，都比基本款姜豉更弹牙。当然，不局限于猪肉，还可用肥鸡做一道“姜豉鸡”。在南宋杭州城，有食店推出“冻波斯姜豉”。从异域风情的菜名中，不难猜测原料应为羊肉，估计是为了迎合城中为数不少的西亚客商的口味。此外，“蜜姜豉”“七宝姜豉”都与蜜煎糖果并列，推测亦属甜食，后者里头可能添加了七种果品，如枣子、红豆、松仁等物。当时，还有一类冻菜不带“姜豉”之名，比如冻鸡、冻白鱼、冻要鱼、冻鱼、冻鲞等。

受天然气温左右，通常在寒冷的秋冬或初春才会制作这些肉冻，难怪人们会在元宵节食用水晶脍，姜豉则是寒食节的节日食品。而杭州城的犯鲊铺，也只有在冬季才会添卖各色姜豉和肉冻。

夏季一般不宜做肉冻，但有人想出可行的办法。比如《事林广记》所载“夏冻鸡法”和“夏冻鱼法”，前者将鸡块与羊头同煮，冻制之前去掉羊头，将鸡肉与汁装入瓮器内，并以防水的油单纸密封瓮口，将瓮器沉入井底。羊头能使肉汁加倍黏稠，再通过井水营造低温效果，冻鸡才得以成功。后者取羊蹄内筋煮烂研膏，再与鱼同煮，据说待肉汁变凉之后即能成冻。

◆ 宋人将水晶脍视为很好的醒酒菜，如高观国在《菩萨蛮·水晶脍》中写道：“纤柔分劝处，腻滑难停箸。一洗醉魂清，真成醒酒冰。”

◆ 《山家清供》所载“素醒酒菜”可以说是“水晶脍”的素版。它以琼脂菜煮成，凝结前，在汤汁里投梅花十数瓣。上桌，浇以姜、橙捣成的金黄色酸辣味脍齑佐味。

◆ 琼脂菜是用海藻（如石花菜）熬制的植物胶，其凝固后似水晶脍般晶莹透亮。今天常用于制作果冻、软糖和布丁等。

食材：

猪皮 / 四百克
生姜 / 二十克（或用葱白十五根）
花椒 / 二十粒
橘皮 / 三克
韭黄 / 几根
韭菜 / 几根
笋丝或白萝卜丝 / 一小段

【制法】

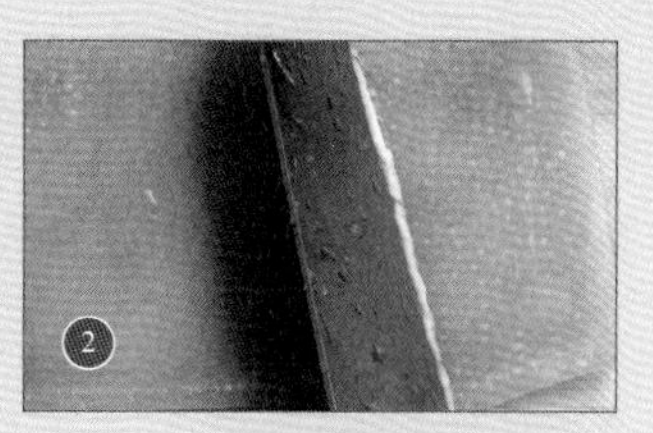

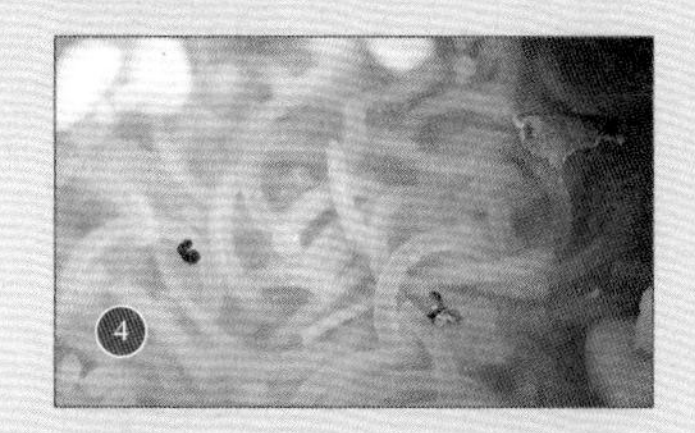

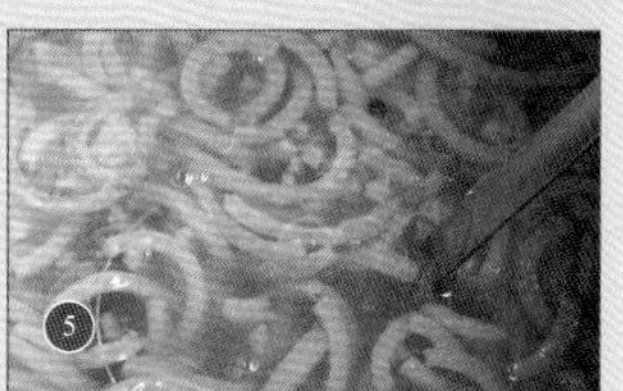

① 将猪皮清洗，放入锅，加水没过，水滚后，中火煮十分钟。

② 捞出猪皮，用冷水冲洗降温，改刀成大片。若猪皮内面有白色脂肪层，用薄刀仔细片去，然后拿刀来回刮，将残留的脂肪刮净。将猪皮用盆装起，撒一大勺盐，一点黄酒，用手搓洗猪皮，这样能去掉油脂污物和不良的气味。再用温水洗两次，使得猪皮干净清爽。

③ 猪皮放入锅里，放葱姜、花椒和橘皮等香料，加一千二百毫升水，煮开后，转小火煮二十分钟，至筷子头能戳穿猪皮的软度。捞出，切成细条。

④ 将猪皮条放回汤中，慢熬两个小时。

⑤ 关火前，看稀稠程度是否合适，如果汤汁较稀，打开锅盖收一收水。汤汁越稠，皮冻凝结得越是结实。（可放一小勺盐，使其有淡淡的咸味。）

⑥ 汤汁先用细滤网去渣，然后倒入容器中。撇掉汤面上的泡沫，这样皮冻凝固后才会更完美。加盖，置入冰箱上层。

⑦ 两三个小时后，皮冻就会结冻，成品呈淡茶色，如果冻。将皮冻小心脱模。改刀上盘。切成方块、长方片、菱形块或细条都可。

⑧ 配生韭黄丝、韭菜丝、白萝卜丝等辛辣菜丝。再佐以醋料碟，可用纯醋或芥辣醋、五辣醋。

五辣醋

食材：

醋 / 四十毫升，酱 / 六克至十克，糖 / 三克（据个人口味增减），胡椒粉 / 半克，花椒粉 / 半克，干姜粉 / 少许，生姜汁 / 量勺 1.25 毫升

将上述调味料拌匀。若感觉太酸，可添加少许酱油，多加点砂糖。五辣醋酸辣醇厚，比纯醋更为美味。

◆ 《易牙遗意》五辣醋：“酱一匙，醋一盏，砂糖少许，花椒、胡椒各五十粒，生姜、干姜各一分，砂盆内研烂。可作五分供之。一方：煨葱白五分，或大蒜少许。”

羊脂韭饼

韭嫩脂甘面饼香

古楼子，西域风情的大馅饼，曾是唐朝长安富豪餐桌上的常客。用巨型胡饼做饼坯，内填一斤生羊肉片，分层铺好，各层间撒以粗胡椒粉和豉（据学者考证，“豉”即草豉子，一种来自波斯的草籽香料，带坚果、洋葱和黑胡椒香气），并点缀类似黄油的酥。随后，这只大馅饼被塞进饼炉里烘烤，在羊肉半熟时就拿出上桌。高温使肉片软嫩并释出肉汁，酥也溶化成甘香的油，再加上香料的助力，整只饼表现为外层略脆内里香滑的复杂口感，非常美味，颇像肉馕。

只是，在宋朝上流社会，这种重量级的面点似乎并不流行。当时饼食主要走大众化路线，品种更多样，是便宜的果腹点心。在热爱面食的北宋开封，盛行两类饼店：油饼店和胡饼店。

油饼店，主营各式各样的蒸饼、糖饼、装合、引盘，一般是蒸或者煎烙、油炸，可能也会焖烤，类似我们熟知的馒头、包子、油果、酥饼之类，都是中原传统款式。北宋来华的日本僧人成寻就吃过一款“糖饼”，是用小麦面粉做成的圆饼，大约三寸（约 10 厘米）宽，五分（约 1.6 厘米）厚，中间夹有糖，味道甘美。

假如三五个师傅在面案前忙着“擀饼—戳印花纹—入炉”，表明这是一家胡饼店，因运用烘烤手段而需配备烤炉。大多数人并不会在家中烤饼，也置办不起烤炉，到店里买现成的饼无疑更实惠，一张花不了几文钱。实力最雄厚的两大门店，分别是位于武成王庙前的“海州张家饼店”和皇建院前的“郑家饼店”，各自拥有烤炉超过五十只。经典款胡饼很像新疆的馕——扁圆形大面饼，饼面戳花，表面缀芝麻，无馅，微

下图:《清明上河图》局部
北宋 张择端
北京故宫博物院藏
-
烤饼店
店门口的簸箩中堆着十几只炉饼，画面中间可见一人在往缸炉壁贴饼子，后面有人拿擀面杖在擀饼。

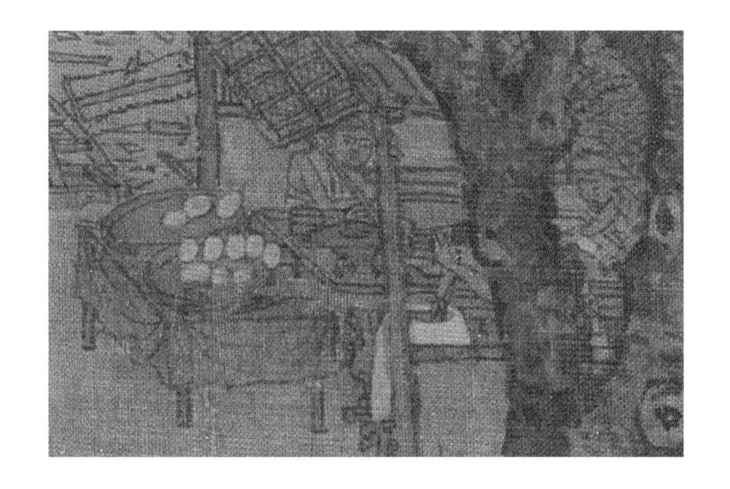

带膘猪肉作臊子，油炒半熟。韭生用，切细，羊脂剁碎，花椒、砂仁、酱拌匀。擀薄饼两个，夹馅子，熯之。荠菜饼同法。

——元末明初·韩奕《易牙遗意》

◓ 上图:《清明上河图》局部
北宋 张择端
北京故宫博物院藏
-
饼摊似乎在售卖一种大馕饼。

◓ 上图：宝相花、菊瓣和叶形点心，小馕饼
-
新疆吐鲁番阿斯塔纳唐墓出土。唐代的饼食还会制成四瓣花、六瓣花、莲花、梅花等形状，均精美得出乎意料。小馕饼的直径只有3.9厘米，饼面点缀了芝麻。

咸，经发酵，兼带软和香脆感，干身耐存。这种早在汉朝就从西域引进的面食，一直很受欢迎，古楼子即以它为饼坯。在宋朝还创造出几种新口味，比如，夹入白肉或猪胰为馅，制成白肉胡饼、猪胰胡饼，南宋高宗皇帝就曾宣索“脏三家猪胰胡饼”来品尝。在胡饼店内还可买到门油、菊花、宽焦、侧厚、油碢、髓饼、新样、满麻这些品种。“菊花”，也许是一张似菊花形的烤饼；“宽焦”，估计是一张宽大、咸口的芝麻薄脆饼；“侧厚”，可能是中间略凹，饼边较厚的胡饼；“满麻”，猜测是在两面密集铺缀芝麻的胡饼，突出甘香。

在杭州城走街串巷兜售熟食的小贩手里，数度看到令人联想起韭菜合子的食物“羊脂韭饼”。饼馅配料包括肥瘦猪肉臊子、韭菜碎，还用到一小块剁碎的羊脂。烙熟的韭饼，咬开会有浓郁的羊油膻香，好在韭菜擅吸油，整体不会过度肥腻。使用动物的肥肉、髓脂为配料，在宋朝制饼业其实很常见，除拌成馅，另有做法是将其直接混入面粉中揉匀，为饼身增添“酥”。代表作有髓饼：一种添加了髓脂和蜜糖来和面、烤熟的无馅饼，吃起来甜而酥脆。还有更复杂些的肉油饼，面粉中掺合了熟油、切碎的猪羊脂肪、少量羊髓，制成饼皮，要包入肉馅，经过高温烘烤，饼皮估计会酥松得一咬即碎。

食材：

带肥猪肉 / 一百五十克
韭菜 / 二百二十克
羊脂 / 五十克
花椒粉 / 约三克
砂仁 / 半粒或一粒，籽仁磨粉
面粉 / 一百八十克
豆酱 / 量勺十毫升
酱油 / 量勺六毫升
盐 / 一克

【制法】

① 选择带肥猪肉，大约七分瘦三分肥，切成细肉臊子。炒锅烧热，倒入炒菜的油量，下肉臊翻炒至半熟，连油带肉盛出，放凉。

② 和面。面粉加少许盐，徐徐倒进温水（七十摄氏度），约用九十克水，边倒边揉拌，和成略软的面团，醒面半小时。用温水和的面团，口感会较松软。

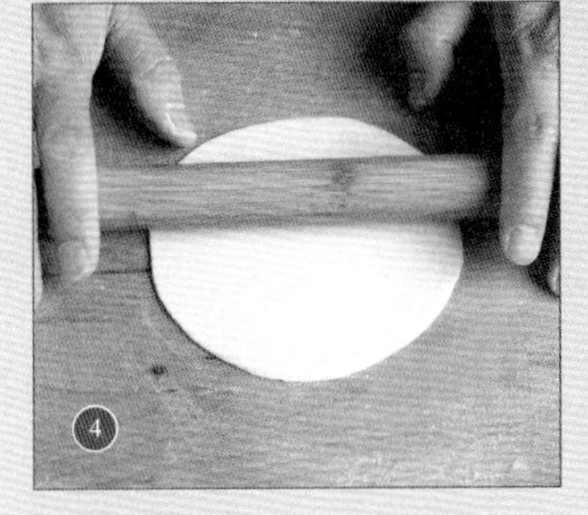

③ 将羊脂剁成碎末。韭菜摘去老叶，切掉老头，取净菜二百二十克。韭菜清洗净，沥干水，然后切碎，用大碗装起来。先将肉臊倒入韭菜里，拌匀。由于韭菜切口被肉臊里的油料包裹住，加热时就不会渗出很多水。接着，放羊脂、花椒粉、砂仁末、豆酱和酱油拌匀。馅料要略咸才好。

④ 待醒好面，将面团再揉二三十遍。面团揉成长条形，用刀切为十二个剂子。将每团面剂搓成圆球，用掌心压扁，擀成圆薄饼，可用碗口扣在面皮上，印出完美的圆饼。

⑤ 为使饼子有古典美感，可用一些就手的工具，如圈模、竹刀等，在圆饼上压印花纹。

⑥ 把印好的面饼翻过来，在光面上铺满馅料。

⑦ 再拿一张圆饼覆盖，捏圆饼的边缘，使两张圆饼粘紧，密封住馅料，然后再捏花边。

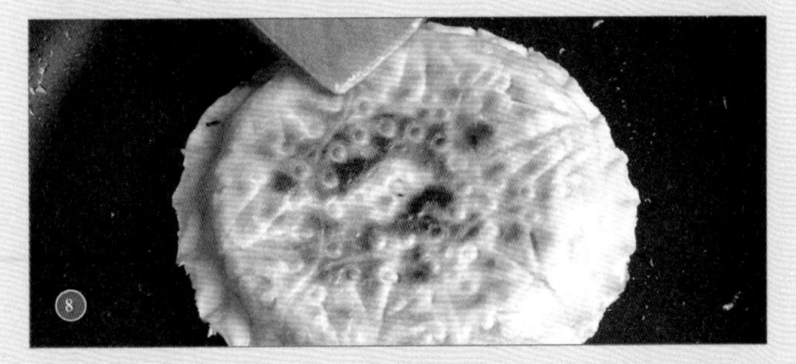

⑧ 煎锅倒少许油，烧热，捻小火，将面饼摊在锅底煎烙，待一面变硬后，翻面，烙至熟透。其间可加盖焖煎。

◆ 宋朝食谱中并无“羊脂韭饼”，此处根据《易牙遗意》的“韭饼”来制作这道点心。另，《竹屿山房杂部》《遵生八笺》《食宪鸿秘》均有记载类似的食方。

柳叶韭

柳叶初发芽，夜雨剪春韭

让一道普通菜品显得别具魅力的办法就是挖掘其背后的文化掌故。所以，介绍柳叶韭之前，我们不妨先来回顾一段关于杜甫的往事。

乾元二年（759）三月，唐军在安史之乱的邺城大战中全面溃败。战乱中，在河南洛阳探亲的杜甫，正急着赶回任职地陕西华州。因中途会路过奉先县（今陕西蒲城），故特意抽出半天时间，探望年轻时的挚友卫八处士。算起来，两人已阔别二十年，在这期间都已娶妻生子。杜甫终于谋得个官职，而卫八处士则并未出仕，仍旧留在乡间。

和很多人想象的不同，尽管生于声名煊赫的士族世家，曾祖父、祖父与父亲都曾在朝为官，家学渊博，但诗圣杜甫的出仕历程其实充满挫折——两次科举落第，不得不乞请权贵出面举荐，并向皇帝献媚，谱写歌功颂德的礼赋。在长安城寻找门路这十年，生活愈益困窘。四十四岁，才谋得八品低职“右卫率府胄曹参军”，负责管理盔甲仓库、巡查门禁等琐碎事务，谈不上施展抱负。

当晚，卫八处士款待杜甫的餐桌上，出现了这三样食物：掺入黄粱米（颗粒比小米稍大）一起蒸熟的杂粮饭，冒夜雨从院中菜畦剪收的韭菜[①]煮成的主菜，家酿的米酒。伴着雨声，就着粗简的饭菜，两人举杯频频，忆及往事谈及现状，不免唏嘘。这年，杜甫四十七岁，无法避免的衰老和离乱的战火，已使得近半数朋友亡故了，他不知道日后是否还有机会再见到卫八处士。事实上，这很可能是他们在一起“最后的晚餐”。因为当年秋天，杜甫就弃官逃入四川避难，后又漂泊于湖北、湖南一带，很少再回到陕西。杜甫十一年后去世，死因颇有悲情色彩，一说是在湖南遭受

① “剪”是当时流行的采收方法，“剪韭”通常表示采收韭菜，《齐民要术》也有“韭高三寸便剪之。剪如葱法”“触露不掐葵，日中不剪韭”的记载。而在《山家清供》中，林洪将“剪韭”解读为烹饪中处理韭菜的方法。

② 景明刻本《夷门广牍》中并无这一句，我根据涵芬楼《说郛》本补充。

下图：柳叶初发叶芽

杜诗『夜雨剪春韭』，世多误为剪之于畦，不知剪字极有理。盖于煠时必先齐其本，如烹薤『圆齐玉箸头』之意。乃以左手持其末，以其本竖汤内，少剪其末，弃其触也。只煠其本，带性投冷水中，取出之，甚脆，然必以竹刀截之。

韭菜嫩者，用姜丝、酱油，滴醋拌食，能利小水，治淋闭。

一方：采嫩柳叶少许同炸尤佳，故曰『柳叶韭』。②

——南宋·林洪《山家清供》

洪水围困，饿了十天，被救起后猛吃“牛炙白酒”，最终“饫死耒阳”。

两人分别后，杜甫创作长诗《赠卫八处士》，纪念那晚短暂的交集，“夜雨剪春韭”便出自其中。为什么会用“剪”字？韭菜是一丛丛一簇簇地生长，手摘的话很麻烦，更方便的收割办法无疑是使用剪刀，这样菜头便能齐刷刷地断开。作为盘踞市场长达大半年的常见蔬菜，韭菜口感的优劣，很大程度上受季节影响。品质最高的是早春韭，叶片水嫩少渣，香辛味较浓；入夏后的韭菜纤维粗硬，香气平庸，有“夏臭”之说，品质跌到最低点，秋季品质有所回升，但仍无法与春韭匹敌。到了冬季，宋人将韭菜根移至地窖，培以粪土，催发韭黄，韭黄香味清淡但更脆嫩，也是不错。

◆ 韭菜：细叶韭和阔叶韭都是常见的品种。细叶韭的叶片较窄，深绿色，纤维较多，香辛味也浓；阔叶韭的叶片宽，颜色发青，纤维少，更容易消化，但香味较淡。

◆ 柳芽：柳芽是一种传统野菜，约在三月下旬上市，采摘时间只有短短数天。略带苦味，一般是焯水后加酱、醋凉拌吃。清香似新鲜的茶叶，可晒干制柳叶茶。自己采摘或网购均可。

韭菜先焯至断生，过冷河后，加姜丝、酱油与醋拌过，这是南宋美食家林洪在《山家清供》中推荐的韭菜吃法，和现代版凉拌韭菜差不多。《山家清供》显然是写给文人看的食谱，在编辑思路上，用博采经典的手法赋予食物文化意涵，韭菜与杜甫这对组合便出自林洪的手笔。林洪建议，摘些嫩柳叶与韭菜同拌，尤佳。菜名因此跳出家常感十足的“凉拌韭菜”，变为气质优雅的“柳叶韭”。嫩柳叶略涩，但有一股清香，像龙井般鲜爽，早春韭拌柳芽，能让人吃出春天的感觉。

食材：

韭菜 / 二百五十克
柳芽 / 一把
姜 / 一片
生抽 / 一匙
醋 / 半匙
盐 / 酌量
熟油 / 酌量

【制法】

① 韭菜择去外围老叶，清洗两遍，甩干水。切去老头，平均切成三段。

② 把柳芽头上的枝梗稍微掐短，中心的花蕾掐净，只保留嫩叶，但注意不要把一撮叶子分离。用水漂洗干净，沥水。

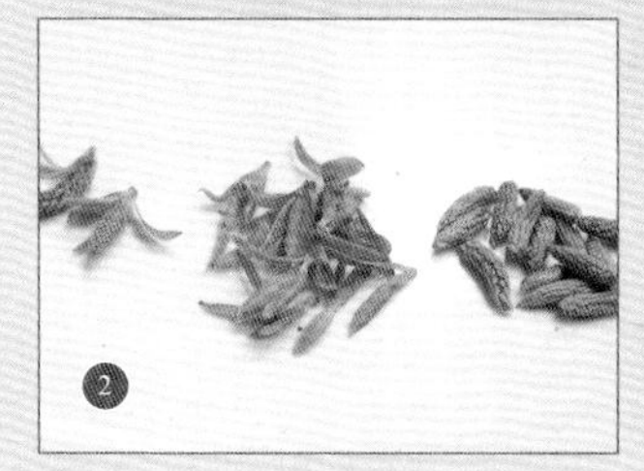

③ 半锅水烧开，先倒入韭菜，烫十秒至八分熟，用笊篱迅速捞起，入凉开水盆中过冷河。捞出，把水攥干。烫韭菜时，在沸水里加几滴油，能使韭菜的颜色更亮泽。

④ 放入柳芽，略焯三秒，至变色捞起，亦过冷河，捞起控干水分。

⑤ 韭菜放入大碗，加姜丝、生抽、醋，用筷子拌匀，你也可以按个人口味增减酱、醋用量。可酌量加少许熟油与盐，使之更可口。

⑥ 最后缀上一撮柳芽，装饰菜面。待菜品上桌后，拌开食用。

鲚鱼假蛤蜊

玉叶微卷堪似蛤

《武林旧事》不惜笔墨写到一场豪华宴席，洋洋洒洒地罗列了近两百碟美味佳肴——这是宠臣张俊在他的府邸招待南宋高宗皇帝。其中为进饮第十盏酒而奉上的劝酒菜，是一小盘生腌海蟹和一份“鲚鱼假蛤蜊”。

所谓“鲚鱼假蛤蜊”，即用鲚鱼（鳜鱼）肉来模拟蛤蜊肉。据陈元靓在《事林广记》中所载，这道匪夷所思的仿制菜做起来一点也不难：把鳜鱼起出净肉，切成蛤蜊肉般大小的薄片，先加葱丝、盐、酒和胡椒粉抓匀，再微腌，最后以鲜虾汤烫熟即成。小鱼片变白并微微卷起，口感嫩而滑，因经特定刀工处理，能明显感觉到比整鱼更富有弹性，最终所呈现的外观和口感，竟能引人联想到蛤蜊肉，刚入口的那一刻真的很惊讶。

虽说汴京的酒楼也供应“假蛤蜊”，但此菜的创意显然来自江南厨师，因为运用葱、椒、盐、酒四味料，再配合上爨烫法，是一套很典型的江南烹饪技巧，我们从倪瓒的《云林堂饮食制度集》中能看到数种爨羹，适用于料理鱼、虾、螺、鸡肉、猪肉和腰肚，追求的口感是爽脆滑嫩。至于不食真蛤蜊而费力打造蛤蜊的替身，估计和蛤蜊曾经很高档、生猛蛤蜊供货不稳定有关，鳜鱼显然是比蛤蜊更容易获得的生鲜食材。但考虑到南宋宫廷坐落在临安，这座离海不远的城市能买到的海货品种多到令人咋舌，蛤蜊也只是微不足道的一员而已，有时吃假蛤蜊指不定比真蛤蜊更费钱。

类似的食材模仿，在宋朝食谱中比比皆是：猪肚假江珧、假熊掌、假爊鸭、假煎肉、假河豚、假鱼脍、假炒肺、假牛冻、假驴事件、假羊

◒ 下图：《群鱼戏瓣图卷》局部
（传）宋 刘寀
圣路易斯艺术博物馆藏

-

鲚音“既”，鲚鱼即鳜鱼，俗称鲚花鱼，因鱼身花纹类似一种叫“罽”的毛织物而得名。

用鳜鱼批取精肉，切作蛤蜊片子，用葱丝、盐、酒、胡椒淹，共一处淹了，别虾汁熟，食之。

——南宋·陈元靓《事林广记》

眼羹、假大鹏卵……菜名一律带“假”字，大多使用廉价食材冒充名贵食材。完美营造“视觉”加“味觉”双重逼真感的关键，就在于对刀工、造型与调味的把控。比如“假熊掌”，满布筋肌与软骨的猪、羊头蹄煮烂后软糯绵韧，质地本身就与熊掌比较像，去骨压扁后加工为熊掌形状，然后糟渍。只不过，熊掌据说臊味很重，仅从口味而言倒不一定比猪、羊头蹄好吃多少。而江珧在上流社会备受追捧，一枚能卖千金，可改用便宜得多的猪肚头仿制。切粒烫熟的肚头，呈现特别爽脆的口感，与生鲜江珧柱颇为神似。

在视觉方面，假羊眼羹和假大鹏卵可算得上是怪诞之作。羊眼球如牛肉丸般大小，入口脆糯兼备，收集起来煮羹是读书人喜欢的吃法，认为能疗理眼疾。做假羊眼羹，你需要准备一根羊白肠、几十个熟田螺头、一碗绿豆淀粉。将熟田螺头与绿豆淀粉加水拌成稠糊，灌入羊白肠，扎紧两端，煮熟。把灌肠切作厚圆片，切面会呈现一幅眼睛图案，黑的螺头等于黑眼珠，白的绿豆淀粉等于眼白。

在《庄子》中现身的大鹏，是身长千里的巨型飞鸟，大鹏卵按道理会比普通禽蛋硕大得多。制造大鹏卵的必备辅助物是猪胞、羊胞（胞即膀胱）各一只，它们薄韧而半透明。至少要用十几只鸡蛋，蛋黄与蛋白分开装起，羊胞里灌满蛋黄液，扎紧，整只塞入猪胞，猪胞里多余的空间用蛋白液灌满，也是扎紧：一只生鲜的大鹏卵宣告诞生。将它放入水里煮熟，对半切开，能看到黄的羊胞嵌在白的猪胞里，蛋黄蛋白浑然一体。不了解其中奥妙的人，大概会被这样的巨蛋所震撼吧。

◆ 在《云林堂饮食制度集》中，有好几道类似的羹羹，这里参考“青虾卷爨”来熬制虾汁。

食材：

鳜鱼 / 一条（约五百克）
鲜虾 / 一百克
小葱 / 两根
黄酒 / 三毫升
白胡椒粉 / 少许
生姜 / 二十克
盐 / 酌量

【制法】

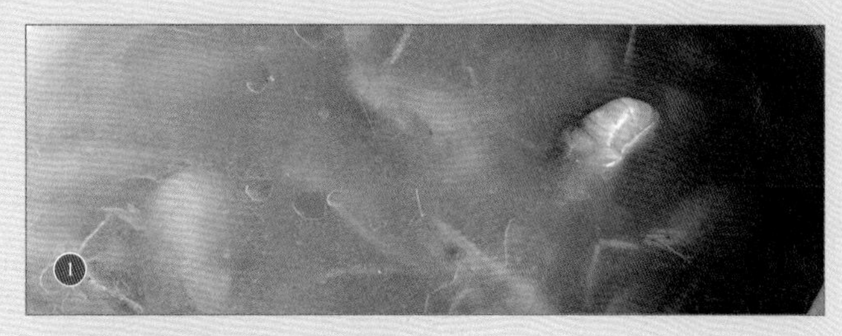

① 将鲜虾冲洗干净，沥水。放进锅里，加八百毫升水，放点切碎的生姜用来去腥增香。开火烧煮，水开后转小火。大约熬煮三十分钟，至鲜味析出，加盐调味。捞净汤渣，再用细滤网滤净絮滓，使汤汁澄清。虾汤味道鲜美，带微微的姜辣味。

② 在熬汤期间，将鳜鱼内外清洗干净，用厨房纸巾抹干水。先在鱼的头身连接处切一刀，再从鱼背入刀，分别将鱼身两片净肉起出。需用鲜活的鳜鱼，冷冻鱼肉的鲜滑度和弹性变差，肉质松散，成品效果不好。

③ 每片肉竖切作四五条。用斜刀法将鱼肉批成蛤蜊肉大小的薄片，最后剩下鱼皮一张，鱼皮不要。

④ 鱼片不要太薄或太厚。

⑤ 加葱丝、盐、黄酒、白胡椒粉，抓匀后腌一会儿（十分钟至十五分钟），然后拣去葱丝。

⑥ 虾汤重新入锅，可滴几滴油，煮至刚沸腾，关火。将鱼片倒入汤内，略拨动打散。

⑦ 利用沸汤的热度把鱼片烫熟，这样鱼片才会质地嫩滑，等它爨至嫩熟（约五分钟），就舀入汤碗里上桌开吃。若开火来煮，鱼片则会过熟，不但口感变粗，也容易散开。

青虾卷爨

生青虾去头壳，留小尾，以小刀子薄批，自大头批至尾，肉连尾不要断。以葱、椒、盐、酒水淹之。以头壳擂碎熬汁，去渣，于汁内爨虾肉，后澄清，入笋片、糟姜片供。元汁不用辣，酒不须多，爨令熟。

梅花汤饼

恍如孤山下，飞玉浮西湖

在宋朝人的宴会中，常见到花的元素。当时，插花是必备装饰，“四司六局”中的排办局就专门负责筵宴的“挂画、插花”诸事务。在《文会图》的方形大食案上，便整齐地摆着两排共六座花台（这显然并非鲜花，而是用罗帛或通草、蜡等巧制的“像生花”），将席面装饰得热闹又华丽。再看餐具，则有定窑白瓷的划花及花口盘盏、龙泉青瓷的莲瓣碗盘、金银质菊瓣或蜀葵酒盏，宋高宗曾用“黄玉紫心葵花大盏”亲自劝酒。

人们会在头上簪花，男子也不例外——在举行节庆宴聚或是朋友间的便宴时，那些漂亮的牡丹花、芍药花、蔷薇、菊花、杏花、石榴花，被精心插戴在女子的发髻或是男子的纱帽和幞头上。簪花在朝廷就更为普遍，甚至被列入礼仪制度中。正如杨万里所吟：“牡丹芍药蔷薇朵，都向千官帽上开。”每逢重大祭礼、寿礼，或举行新年、元宵等节日庆典，或赐宴、新进士闻喜宴时，无论是宰臣百官、禁卫吏卒还是殿侍伶人，都会得到皇帝赐花。

当牡丹开放时，皇帝常会邀请众臣到后苑赏花。宴会中，皇帝吩咐内侍剪牡丹花分赐在座辅臣，这对于官员来说可是值得炫耀的荣耀。比如，在某次后苑赐宴中，为了表示对陈尧叟的特殊恩宠，真宗竟将头上的一朵牡丹取下，亲自为陈尧叟簪戴。宴终离宫时，风一吹，陈尧叟所簪牡丹的一片花瓣落了地，他急忙喊来侍从捡起，然后小心地收在怀袖里带回府。话说，鲜花如此易萎，又大受季节的限制，故而人们尤其依赖像生花。此类由罗绢巧手精制的假花栩栩如生，华丽绚美。按照官

◒ 下图：《花篮图》
南宋 李嵩（款）
北京故宫博物院藏
-
蜀葵、萱草花、栀子花、广玉兰、石榴等折枝鲜花，被精心插在编织精巧的花篮中，用来观赏。

① 五出，意思是五瓣形。另在《夷门广牍》版中，此处为“五分”，是长度单位，相当于约1.6厘米。

泉之紫帽山有高士，尝作此供。初浸白梅、檀香末水，和面作馄饨皮。每一叠用五出①铁凿如梅花样者，凿取之。候煮熟，乃过于鸡清汁内。每客止二百余花，可想一食亦不忘梅。后留玉堂元刚亦有诗：『恍如孤山下，飞玉浮西湖。』

——南宋·林洪《山家清供》

◆ 冬春赏梅，也是张约斋“赏心乐事”之一。其私家梅园“玉照堂”，拥有移栽自南湖边曹氏荒圃里的老辣古梅数十株、西湖北山别圃的江梅三百余株、千叶湘梅与红梅各一二十株，规模十分可观。张约斋通常会在花期移居园中，与梅共处，体验一段隐士般的静居生活。

阶品级的高低，宫花式样不等：红、黄、银红三色的“大罗花”赐给百官；以杂色罗制成的“栾枝花”只给卿监以上的官员；红、银红二色的“大绢花”则赐将校以下。而在坊间，街头小贩多扑卖“罗帛脱蜡像生四时小枝花朵”，供人们簪戴。

清河郡王张俊的后人张约斋据说极尽豪奢，他以一场创意牡丹宴，颠覆人们对赏花的刻板印象。由歌姬代替花瓶，以衣裙加首饰的组合方式展示牡丹。百人团队分为十组，率先登场的十位歌姬身着衣领绣着牡丹的白衣裙，头簪浓艳无比的照殿红，只用红白两色呈现夺目的效果；另外九组，有的是紫衣配白花，有的是鹅黄衣配紫花，还有红衣配黄花等，衬托出牡丹的多变风姿。歌姬们伴着异香进入灯烛荧荧的堂内展示牡丹的同时，手执板击奏，并吟唱经典牡丹词曲为在座宾客侑觞，“客皆恍然如仙游也”。

还有一种花宴称为“飞英会”。英，是指花瓣。据《曲洧旧闻》所记，蜀公在许下的私宅中建了一排高大的花架，其上种满荼蘼花。每到春季，荼蘼开得正盛，他就在花架下摆设美酒佳肴，邀客饮宴。由于荼蘼开起来是一簇簇的，花瓣繁而小，容易落瓣。众人约定，荼蘼花瓣落在谁的杯中，谁就得罚酒一大盏。怎料，突然一阵微风吹过，花瓣纷纷飞舞，散落得到处都是。所有人的酒盏中竟然都有飞英，不得不同时认罚，气氛一下子就喧闹起来。

◒ 下图：《春游晚归图》局部
宋 佚名
北京故宫博物院藏

赏花是宋朝人一项重要的休闲节目，能列入赏玩名目的品种有一长串：梅花、樱桃花、杏花、李花、桃花、棠棣、蔷薇、海棠、梨花、桐花、牡丹、荼蘼、紫笑、月季、芍药、紫荆、香兰……踏春不必远行，首选近郊的名园芳圃。上层人士出门春游，会带上一支随行的侍仆队伍，负责牵马引路，搬椅扛案。图中荷担的左端是酒食盒，右端有一只燃着火苗的炭炉，上置汤瓶，可烧水点茶、温酒。

◓ 上图:《杂剧(打花鼓)图》局部
南宋 佚名
北京故宫博物院藏
-
图上的演员头戴罗帽，簪插了一枝大花。《宋会要》记，宫廷赐给教乐所乐师及杂剧演员的花朵颇为巧致，在“高簇花枝”中间安装上会活动的百戏人物，“行则动转”。

隐居于泉州紫帽山的一位高人，曾在便宴中以花馔“梅花汤饼”飨客。作为花卉类蔬菜，梅花薄且味淡，口感并不突出。食法有数种，如收集零落的花瓣煮梅粥，味道与白粥其实差不多，吃的仅是气质。相比起来，没有使用梅花的“梅花汤饼”更胜一筹，不仅形神似梅，还是集色香味于一身的美食。古语“汤饼”即为汤面，让平淡无奇的汤面片，改头换面为意境之食梅花汤饼，只需经历这三步：和面——白梅、檀香粉加水浸泡，用泡出的汁液代替清水揉面；擀印——面团擀作馄饨皮般的面皮，用梅花形铁印模，印取花形面片；调煮——先用清水煮熟，后浇热腾腾的清鸡汤做汤头。

白梅与檀香给花面片带来些许香气，不太明显但会给人风雅之感，鸡汤则打下精致的鲜味基调，整体口感细、软、滑。这碗表现出白梅之美好的汤面片，尽显宋朝文士刻意营造的诗意饮食理念。

◓ 上图：白檀香木

食材及工具：

白梅 / 十克
白檀香粉 / 十克
面粉 / 三百克
五瓣形花模子 / 一副
鸡汤 / 一大碗
盐 / 酌量

◆ 白檀香粉：块状檀香木呈淡黄至深褐色不等，有白檀、黄檀、紫檀等分类，常用于制香。大部分祭拜、熏香使用的线香都含檀香粉。其中，入药与食用首推白檀。正品白檀的木纹顺直，木质细腻，香气纯正而浓郁；市面常见的伪品“扁柏木片”，则是纹理弯曲，气味淡，入口微苦。可在药店或网上购买。

◆ 五瓣形花模子：选择形状和大小都像梅花的五瓣形模子，建议直径在2—2.5厘米，过大或过小都会影响成品的美观度。

◆ 面粉：按蛋白质含量的高低，分高筋、中筋、低筋三档。高筋韧性好，适合做饺子、面条，低筋的韧性差，一般用于制作蛋糕、饼干。馄饨皮略带韧性，可选择高筋或中筋面粉。

◆ 梅花：分大红、宫粉红、洁白三类颜色。入药通常是用一种白梅，学名绿萼梅，名下细分品种有几十个：单瓣、复瓣、长蕊、锦叶……可在药店或网上购买。

【制法】

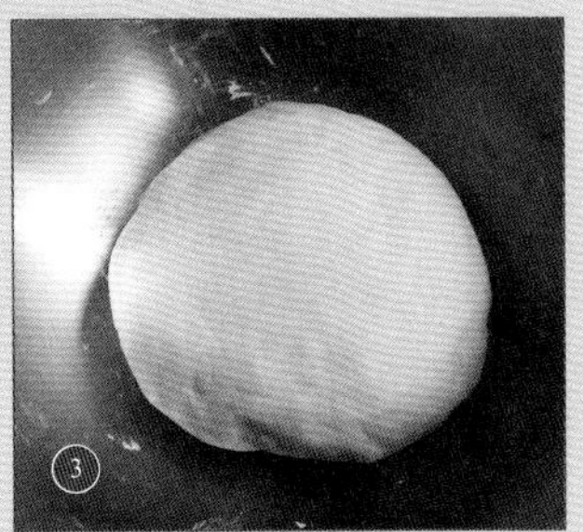

① 梅花在凉水中漂洗去灰尘，攥干水，再取檀香粉，一同放入杯中，倒入二百毫升开水，浸泡一小时左右，至水变凉。用极细的滤网过滤掉渣滓，只留汤汁使用。放凉。

② 盆里舀入面粉，加两克盐拌一拌，然后慢慢倒入汤汁，同时着手揉拌，防止水量过多，用水约一百四十毫升。

③ 揉成软硬适中的面团，加盖醒面半小时。醒发后，再次揉面二三十下。

④ 把面团分成两份，用擀面杖擀成一张馄饨皮厚薄的面皮，两面拍上干淀粉防粘。用梅花模子按压花片。注意，压花片的力度稍大，使边缘断开，然后轻压手柄，在花心中留下一个浅凹。每朵花片之间尽量挨近，这样就不会产生太多边角料。

⑤ 待花片全部印好，就可准备煮制。

⑥ 提前熬好清鸡汤。用半只或一只老母鸡，加生姜片和适量水，慢火熬两小时左右。将肉渣滤净，并撇掉一些浮油，加盐调好味备用。

⑦ 半锅水烧开，放花片，中火煮至八成熟（不要煮烂），就用笊篱捞起，在凉开水中过冷河。控干水，盛入汤碗，浇上刚煮滚的清鸡汤做汤底。

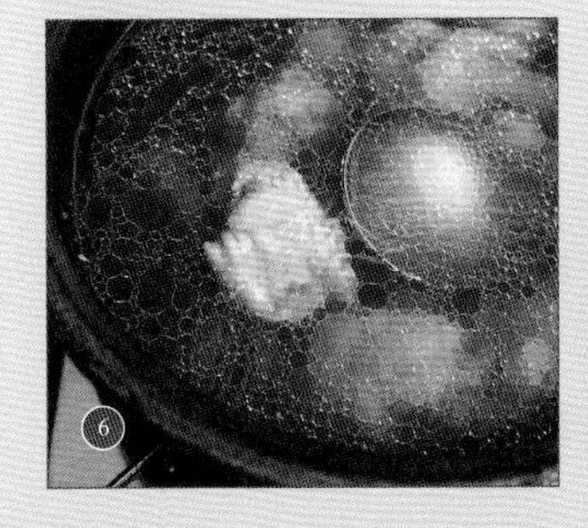

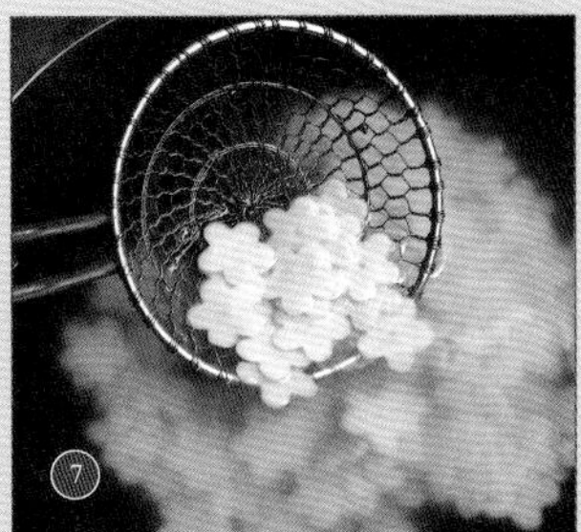

◆ “白梅”，不一定指白梅花，另有可能是指中药“盐白梅”：梅子经大量盐腌渍后暴晒成梅干，表面发白带盐粒，极咸，用它浸泡的汁水是咸酸的。

煿金煮玉

拖油盘内煿黄金，和米铛中煮白玉

竹笋在宋朝属于平民食材。在开封与杭州的食肆中，能吃到四五百种菜式，但涉及笋的其实屈指可数，且往往作为配菜出现。比如，间笋蒸鹅、三脆羹（笋、枸杞头、蘑菇凉拌），笋辣面与笋齑淘的浇头会使用笋块，笋肉馒头的馅里也加入笋丁来丰富口感。而竹笋出现率最高的地方，是在素分茶（素食店），它与面筋撑起斋菜的半壁江山。主妇也喜欢用笋制作家常小菜：无论是切条蒸熟，攥干水后撒上大小茴香、花椒等物腌成辛香风味的笋鲊，还是用大量油炒熟后连油盛起、美味又耐储存的油浸笋，都比较下饭。

笋的季节性很强，随着春雨纷纷冒出，挖出的鲜笋一两天就会变质，难以保存，因此人们往往会把它们制成笋干，以便一年到头都能食用。至于笋干，当时亦有多个品种：猫头笋干，笋去皮切条焯过，在烈日下摊开暴晒而成，使用前再浸软；指头般粗细的会稽箭笋，最好先蒸熟，用盐醋稍腌，以炭火焙干，可直接嚼食。

与此同时，竹笋在文化界具有相当高的地位。苏轼就表示："可使食无肉，不可居无竹。无肉令人瘦，无竹令人俗。"竹被定义为超脱的符号，由此也惠及笋，许多文士曾在诗歌中称颂这种食物。再加上禅僧的食笋情结——笋是他们食谱中非常重要的一项，唐有怀素以《苦笋帖》表露对苦笋的嗜好，北宋有赞宁编写史上首部《笋谱》，对竹笋的种类及分布、种植与加工小有研究。于是，笋和"清雅""禅味"两个词便画上了等号。

由文士与禅僧组成的食笋团体，为了享用笋的鲜味，大都使用清

◒ 下图：《竹林拨阮图》局部
南宋 佚名
北京故宫博物院藏

-

"竹林七贤"中的嵇康、刘伶、阮籍，携手入竹林，饮酒拨阮。在政局动荡的魏晋，竹林像是一块可供暂时放松的净土。这也影响到后世文士对待竹的态度。

笋取鲜嫩者，以料物和薄面，拖油煎，煿如黄金色，甘脆可爱。旧游莫干，访霍如庵（正夫），延早供。以笋切作方片，和白米煮粥，佳甚。因戏之曰："此法制惜精气也。"济颠《笋疏》云："拖油盘内煿黄金，和米铛中煮白玉。"二者兼得之矣。霍，北司贵公也，乃甘山林之味，异哉！

——南宋·林洪《山家清供》

简式烹饪法。比如，用冬笋片煮一锅不加任何调味料甚至盐的笋汤，或整只笋连壳水煮，或连壳架在锅中蒸熟。若到竹林里现挖出笋，就地扫一堆枯竹叶，覆在笋上，点火，煨熟后剥开吃，滋味颇鲜，林洪雅称之为"傍林鲜"。据说以墨竹画而闻名的文同（苏轼的表兄）就很爱吃烧笋，他在洋州就任期间，常到筼筜谷的竹林里散步，除了观摩竹态，多半也会顺便挖些鲜笋。某日游谷毕，晚饭正有烧笋，文同进餐时在读苏轼的诗信，信中取笑他这位"清贫馋太守"的胸中怀有"渭滨千亩"（借指竹，调侃他吃下了太多笋），读罢不禁喷饭满案。

一笋两吃法，就藏在南宋僧人济颠的诗句"拖油盘内煿黄金，和米铛中煮白玉"里。"煿金"即为油煎笋，嫩笋头蘸一层调味面衣，推入油锅，煎得表面金黄酥脆，咬开里面释出笋汁，满嘴笋香。"煮玉"即为煮笋粥，笋茎切方片，加米和水熬粥，象牙白的笋片与白米粒融为一体，颇能凸显笋的鲜味。如此，一份禅味浓厚的山僧早餐便新鲜出炉了。

有趣的是，济颠实为济公的原型人物，在电视剧《济公》中以蓬头垢面、衣衫褴褛、手持一把破蒲扇的经典造型示人，是正义的化身。当然，那些包子变金龟的神异本领与大快人心的惩恶桥段，不过是历代编剧的臆造。真实的济公生活于南宋绍兴年间，姓李，浙江台州人，祖上信佛，年少投入禅宗门下，法号道济，因故意表现出癫狂的行为而得名济颠。生平履历，虽也有几件出格的事迹，但其实远不及后人演绎的那么富有戏剧性。

◆ 原食方并未写明使用何种料物，可参考清代食谱《调鼎集》中的"面拖笋"（取笋嫩者，以椒末、杏仁末和面拖笋，入油炸，如黄金色，甘脆可爱），加入花椒粉和杏仁粉。

食材：

煿金
笋尖 / 八个至十个
面粉 / 五十克
杏仁 / 十克
花椒粉 / 一克
盐 / 两克
油 / 油煎的量

煮玉
笋茎 / 两段半
白米 / 六十克
油 / 少许
盐 / 少许

【制法】

焞金

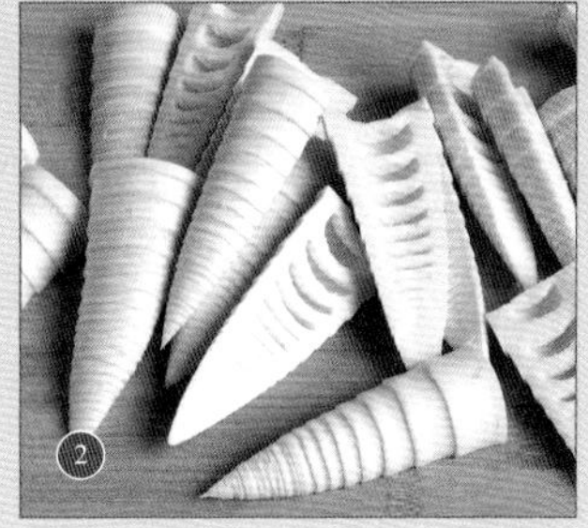

① 把春笋的外壳洗净，擦干，仔细剥下笋壳，尽量别伤了笋肉。将上半段笋尖切下待用。

② 笋尖对半切开。如果笋尖较大，可分为三瓣或四瓣。

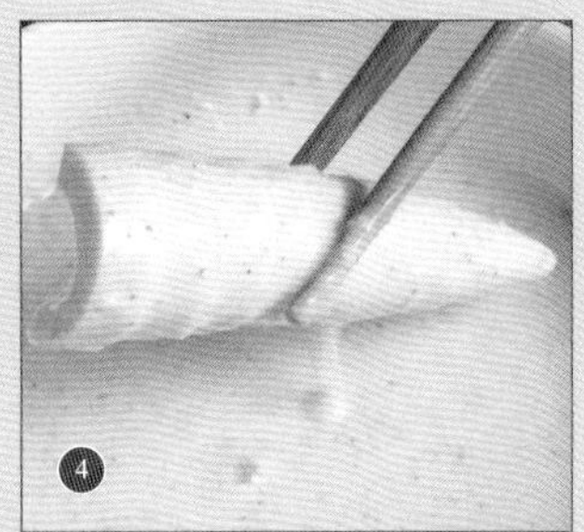

③ 调面衣。先将杏仁捣成碎屑状。取适量面粉、杏仁粉、花椒粉和盐，入碗拌匀，再注入一百毫升凉水，调成比酸奶略稀的糊状。

④ 煎锅烧热，倒入油，油热后捻小火。笋块先入面衣中滚一滚，注意面衣要挂得薄透，再夹入锅中煎制。注意不要叠着煎，否则面衣会粘在一起。

⑤ 待底部的面衣变硬，再翻面，重复翻面一两次，直至笋肉熟透，表面呈现金黄色泽，滋滋冒油。出锅趁热享用，入口甘香可口，有一点杏仁的香气，也微微带花椒的辛香，混合了笋汁的鲜味。放凉后会变绵软，风味大打折扣。

煮玉

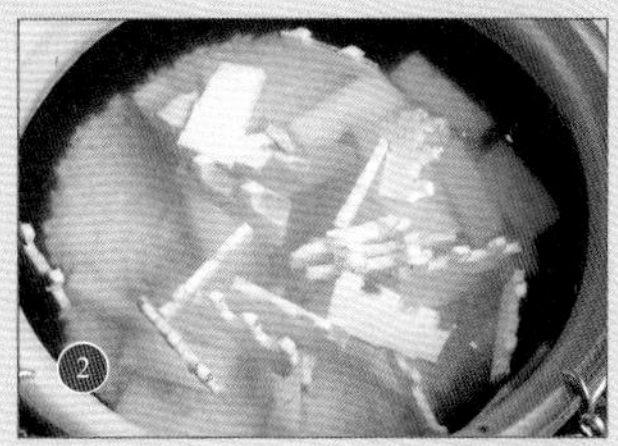

① 淘洗大米，倒进砂锅里，加水泡半小时。将笋茎切掉老头，对半切开，再均匀切成薄片，亦放进砂锅。

② 添入足量水（七百毫升至一千毫升），若喜欢浓稠绵密的口感就少用水，想喝稀粥就多用水。

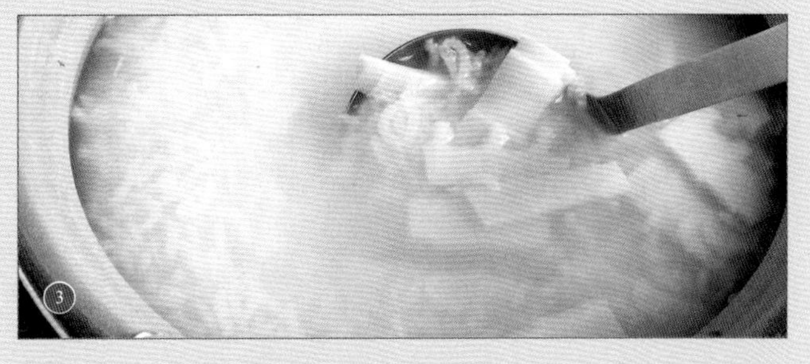

③ 开大火将水烧滚，捻小火，约煮二十五分钟，熬至米粒开花，关火前可滴少许油、撒一点盐调味，也可什么都不加。粥水融入了笋的鲜味，调味宜清淡。

山家三脆

人间玉食何曾鄙，自是山林滋味甜

蔬菜=贫穷？这条公式在平民阶层并无异议，但士大夫表现出对蔬菜的喜欢，抛开经济压力、个人口味和宗教信仰不谈，还有两个原因。一则，饮食简淡往往意味着节俭、淡泊和强大的自我约束力，会收获不错的社会名声，能营造出气质超脱的个人形象。固有印象中的奸佞必然是奢侈糜烂的，而忠良必然是清廉节俭的。二则，养生。酒肉被视为腐肠之物，增加谷果瓜菜的比例、尽量饮食清淡、只吃半饱，才是保持健康的法则。这条理念，被南宋人陆游奉为圭臬，他大量食用各种蔬菜，单是荠菜就有三种食法：剁成馅包荠菜馄饨，加盐、醋、姜、桂皮凉拌荠菜，煮荠菜小米羹。晚年陆游更是基本全盘素食。

菘菜、芥菜、黄芽、菠稜菜、莴苣、苦荬、韭、水芹、莴苣、苋菜、枸杞、荠菜、蕨菜、笋、萝卜、山药、芋、黄瓜、稍瓜、茄、瓠瓜、茭白、牛蒡、藕、鸡头菜、芦笋（当时的芦笋并非指石刁柏的幼苗，而是芦苇的幼茎）、各种菌菇……在宋朝浙江一带，市面上能买到的蔬菜品种和今天的重合率极高，甚至还有胡萝卜。文士们总是对其中几样特别垂青。比如象征清雅禅寂的各种笋（春笋、冬笋、苦笋、鞭笋），富含养生意味的山药、枸杞，带隐逸色彩的蕨菜、菊苗、菌菇等山林野菜。

关于士大夫的蔬食菜式，主要收录在《山家清供》中，大多制作简便。有煮羹法，如用萝卜或山药加白米糁烂煮而成的"玉糁羹"、以山药和栗子来煮成的"金玉羹"、用笋与莼菜煮成的"玉带羹"、以菜与萝卜细切煮烂而成的"骊塘羹"；有油煎法，将芋头煮熟切片后拖面糊来煎，或将菊苗叶焯过后与山药粉糊拌过煎作菜饼，鲜笋挂面糊后油

◒ 下图：《白莲社图》局部
北宋 张激
辽宁省博物馆藏
-
笋，象征清雅禅寂，是文士和僧道喜食的蔬菜。

嫩笋、小蕈、枸杞头，入盐汤焯熟，同香熟油、胡椒、盐各少许，酱油、滴醋拌食。赵竹溪（密夫）酷嗜此。或作汤饼以奉亲，名『三脆面』。尝有诗云：『笋蕈初萌杞采纤，燃松自煮供亲严。人间玉食何曾鄙，自是山林滋味甜。』（蕈，亦名菰。）

——南宋·林洪《山家清供》

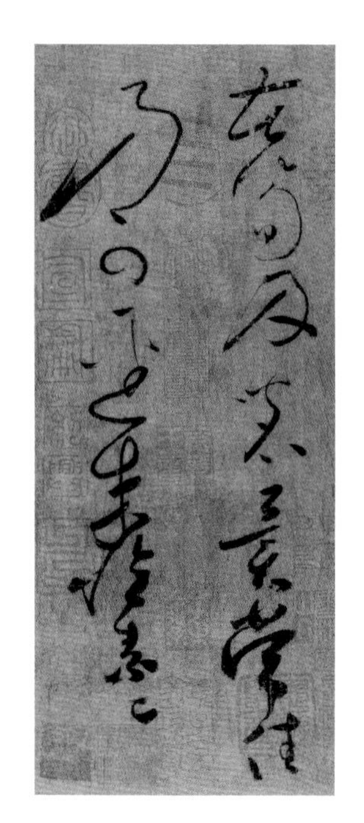

上图：《苦笋帖》
唐 怀素
上海博物馆藏
-
“苦笋及茗异常佳，乃可径来。怀素上。”

煎；也有煨笋、煨芋头、烤栗子之类。还有一些当今少见的别致吃法：例如“石榴粉”，将莲藕切丁块，在砂器上摩擦，使边角圆润似石榴籽，先拌梅水和胭脂（前者加酸、后者染色），然后与绿豆粉糊同拌，入鸡汤里煮熟，宛如一碗粉红色的石榴籽。若用熟笋细丝拌合粉糊来煮，即名为“银丝羹”。

但总体来说，凉拌是使用率最高的料理手法。稍微烫一烫，浇上味料，拌匀，因省时省力，还可保留食材的原味而受到各阶层的欢迎。

浦江吴氏《中馈录》所载“撒拌和菜”，意即通用凉拌法，适合搭配各种蔬菜。秘诀是要调出一碗百搭凉拌汁：麻油加花椒，煮沸，放凉，制成香麻的椒油。在椒油里加适量酱油、醋与白糖调好味。白菜、豆芽、水芹等蔬菜烫熟，过冷河后，都可淋上这款现成酱汁。

文士式凉拌蔬菜的代表作有山家三脆。选应季春笋、小蘑菇、枸杞头，分别焯至断生，撒一点胡椒粉、盐，淋上酱油、醋与麻油。入口后，笋鲜脆、枸杞头清香、蘑菇绵软，不同质地不同味道的三者，构成一种馨香之味，会令人联想到经细雨浸润后的青草地，颇有春日气息。其中，枸杞可入馔也可入药，是“药食同源”的典范，常用于道教服食养生。根、茎、叶、花、果实，均可被利用。春食枸杞嫩头叶，可煮成药茶饮用，据说能缓解口渴烦闷。深秋食红彤彤的果实“枸杞子”，一般晒干存放，可炮制为祛风明目的枸杞茶饮。晚年被视力衰退困扰的陆游，便每日服用枸杞子茶。冬季挖出根皮，焙干为清热药材“地骨皮”。

食材：

枸杞头 / 一百克
春笋头 / 三根
蘑菇 / 一百克
麻油 / 半匙
胡椒粉 / 少许
酱油 / 一匙
醋 / 半匙
盐 / 少许

【制法】

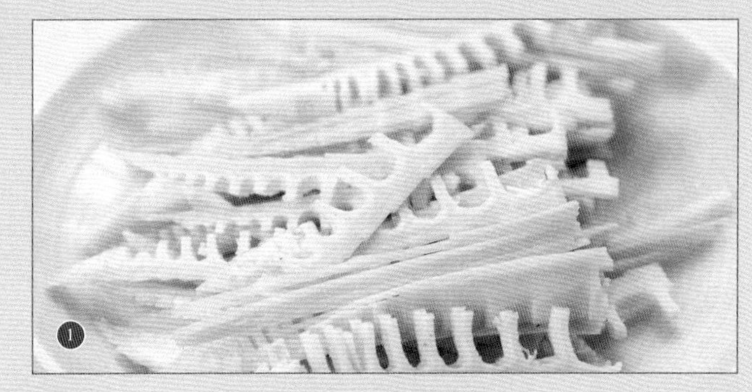

① 笋去衣，只取笋尖，均匀切薄片。蘑菇洗净，切掉根部。枸杞头择净，洗好沥水。

② 半锅水烧开，滴几滴油，分别将笋片、蘑菇、枸杞头焯烫。其中，笋片和蘑菇烫两分钟，枸杞头烫二十秒左右，不要久烫，断生即捞起。

③ 加麻油、胡椒粉、盐、生抽、醋，拌匀，盛盘。

◆ 在涵芬楼《说郛》本中，山家三脆的做法是："嫩笋、小蕈、枸杞菜，油炒作羹，加胡椒尤佳。"意思是，嫩笋、小蕈、枸杞菜用油来炒，炒时加少许水略煮，然后下调料，加点胡椒粉会更美味。

浦江吴氏《中馈录》撒拌和菜

将麻油入花椒，先时熬一二滚，收起。临用时，将油倒一碗，入酱油、醋、白糖些少，调和得法安起。凡物用油拌的，即倒上些少，拌吃绝妙。如拌白菜、豆芽、水芹，须将菜入滚水焯熟，入清水漂着。临用时榨干，拌油方吃。菜色青翠，不黑，又脆，可口。

食材：

白菜 / 一份，豆芽 / 一份，水芹 / 一份，麻油 / 小半碗，花椒 / 一把（约二十五克），酱油 / 一匙，醋 / 一匙，白糖 / 少许

制法：

① 小半碗麻油倒入炒锅，放一把花椒，中火煮滚，十秒后熄火，放凉。

② 白菜、豆芽、水芹分别洗净，白菜叶切段，水芹截段。

③ 三者分别入沸水锅中焯烫，至八分熟，笊篱捞起，过冷河，攥干水备用。

④ 舀一匙花椒油，加酱油、醋各一匙，白糖少许，拌和，浇入菜中，拌匀。

鳜鱼粥

糁如雪色，味绝甘

宋朝人的茶余饭后，充斥着各种荒诞不经或耸人听闻的谈资：关于神鬼妖怪、巫术梦卜、因果报应之类。南宋人洪迈热衷搜罗这类奇闻，编成厚厚一部虚荒诞幻堪比《聊斋》的志怪集《夷坚志》，成为后世小说、戏曲杂剧的模仿典范。鳜鱼粥，在《圆贞僧粥》这一篇亮相。事件发生在天台城郊的小寺院。一天，吕彦能路过此地，正巧僧主不在寺中。因长途行旅疲惫，吕彦能打算先在堂内的床榻躺下休息，等候僧主。不知过了多久，突然有股诱人的食物香味飘至。吕彦能起身循香走到厨房查看，目睹了古怪的一幕——只见炊烟一缕，灶上有一只铁釜，四根细丝线从釜盖的缝隙探出，线的末端各系一枚崇宁大铜钱，分别垂于铁釜四侧。

正当吕彦能退出厨房时，僧主圆贞回到寺院。他先是大方邀请吕彦能同来享用釜中的美食，末了，才笑着解开谜团。四根细线的另一端，其实绑在四条去了头尾及鱼皮的大鳜鱼的主脊骨上，鱼与粳米、水同时落锅，加姜、椒、酒、盐等调料熬制。待粥米煮烂，只要一并拉起四枚铜钱，借力抖动鱼骨，鱼肉就会轻松脱骨留在粥里。搅匀后，白白的鱼肉与米粥几乎混为一体，表面看似普通白粥，入口却特别鲜香。

这倒不是说鳜鱼粥这种食物对宋朝人来说有多么罕见，能被选入书中，全因丝线与铜钱的运用太过出人意料。事实上，粥是宋朝人生活中极为常见的主食，做法跟今天几无差别，其中，食疗粥值得加以细说。由于“食治”理念的盛行，当时涌现出大量据说具有指定医疗效果的药粥方，诸如“鹿肾粥”治老人肾气虚损、“枸杞粥”能缓解伤寒后

◒ 下图：《骷髅幻戏图》局部
南宋 李嵩
北京故宫博物院藏

南宋志怪集《夷坚志》，通篇充斥浓浓的诡异荒诞感，能给人类似体验的，有这幅南宋人李嵩所作的扇面画《骷髅幻戏图》。

僧正从外来，迎且笑曰：『手脚已露，不复自文，幸小留共享。』于是饮酒数杯，设粥一器，糁如雪色，味绝甘，不知为何品。僧曰：『恰见釜旁系钱，盖为此耳。其法用鳜鱼大者四枚，破除净尽，去首尾及皮，以线系骨端垂于釜中，然后下水与米。凡盐、酒、姜、椒之属，悉有常数。度其糜烂，则聚四钱为一，并掣之，鱼骨尽脱，肉皆溃于粥矣。所以美者如是。山僧酸寒，不足为贵公子道也。』吕醉饱而去。

——南宋·洪迈《夷坚志》

的虚羸劳热及背膊烦痛、“鲤鱼脑髓粥”对症老人耳聋不瘥，益处显而易见。正是因为如此，食疗粥才被大量记载下来，仅在当时三本医药出版物《圣济总录》、《太平圣惠方》和《养老奉亲书》里，药粥方就有近三百道。即便此数字包含重叠的方子，但想象真实数目仍让人吃惊。

粥的底料，常用粳米、粟米（小米）、青粱米，有时也会用糯米、大麦仁、薏苡仁等。配料五花八门，添加了肉类的粥品，有羊肉粥、羊脊骨粥、枸杞羊肾粥、鹿肾粥、鹿头肉粥、牛脾粥、猪肾粥、雌鸡粥、乌鸡肝粥、雀儿粥、兔肝粥、鲫鱼粥、鲤鱼粥，等等；而绝大部分药粥则是以植物药材熬制，姑且罗列其中某些：桃仁、酸枣仁、冬麻子、莲实、郁李仁、肉豆蔻、人参、天蓼木、荆芥穗、牛膝、肉苁蓉、商陆、荜拨、吴茱萸、木耳、地黄、麦门冬、苎麻根、牡丹叶、扁豆茎、芜菁子、赤白茯苓、竹叶、苍耳子……令人意想不到的是，还有寒水石粥、滑石粥、磁石粥和石膏粥，当然，人们将之煮汤，然后滤渣，只是拿这些汤来熬粥而已。

和“肉不拘多少”“葱一握”的普通食谱相比，药粥方给出的食材用量比较精确，颇有模拟药方的意思。举例来说，“羊肉粥方”是羊肉二斤，黄芪一两，人参一两，白茯苓一两，枣五枚，粳米二合；“竹叶粥方”是竹叶五十片，石膏三两，砂糖一两，浙粳米三合。同时，还必须遵循一套如同熬中药的烹饪程序，以确保疗效。比如竹叶粥，要先将竹叶和石膏下锅，加水三碗，煮成两碗，去渣澄清后再加米熬粥，最后加糖，在操作上比普通粥更加烦琐。

◆ 完美的米粥，一来讲究米与水的分量，水过少，粥会硬稠，水过多，粥又寡薄，1 ∶ 7左右的比例较好。二来讲究火候，火候未到，米粒不开花，就成了稀饭，煮得太过，米粒全部溶烂，则会缺少软糯的质感。

食材：

鳜鱼 / 一条（四百五十克）
粳米 / 一百二十克
姜 / 两三片
胡椒粉 / 酌量
盐 / 酌量
黄酒 / 量勺十五毫升

【制法】

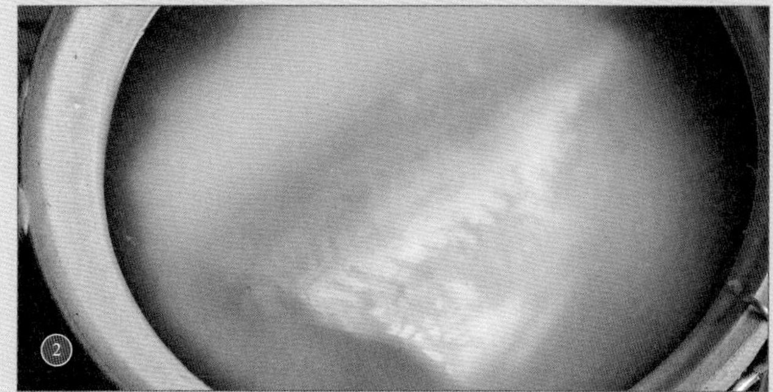

① 鳜鱼去脊刺、侧鳍，小心揭去鱼皮，再开膛去肠肚，切掉头部及鱼尾，只取鱼身。

② 米提前加水泡半小时。将鳜鱼与米放入砂锅，加足量水，下姜丝、黄酒去腥，煮开后捻小火。

③ 煮制期间尽量少搅动，煮至米粒开花，粥水黏稠（大约半小时），关火。

④ 用筷子夹出鱼的主骨，拣净侧骨和小骨刺。将米粥与鱼肉搅混，加盐、现磨胡椒粉调味。胡椒粉可多加一点，鲜辣可口。

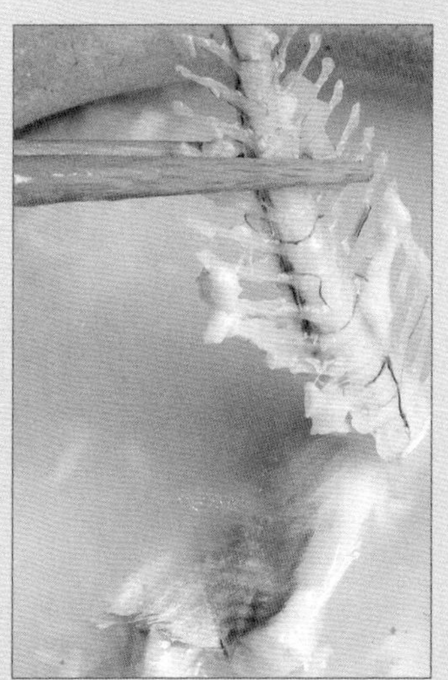

洞庭饐

不待归来霜后熟，蒸来便作洞庭香

烟波浩渺的洞庭湖是何气味？唐宋人的答案是：橘子香。

柑橘从果皮到肉瓣、树叶及花朵，都具有成分接近又特质分明的香调，闻起来辨识度很高。唐朝诗人马戴的名句“橘熟洞庭香”——橘子熟，则洞庭湖香，灵感来自湖畔那一大片柑橘园。古时，冠上“洞庭”名号的湖泊与山川为数众多，江苏太湖洞庭山上也以盛产“洞庭柑”而闻名，这种果皮细滑的丹朱色大柑曾被列入朝廷土贡的清单，也深得文士的垂青。

唐宋时期，由于洞庭与柑橘的关系相当亲密，以至催生出一种文化现象。在遣词造句上，文士习惯以“洞庭”来代替“柑橘”，比如，不直接使用柑橘两字赞美“柑橘香”，而吟作“洞庭香”，措辞会显得更为风雅。苏轼的好友安定郡王以黄柑酿造出果酒，亦不出意料得到“洞庭春色”的酒名——洞庭即黄柑，春色即酒，都是文士熟稔的文字游戏。

在浙江东嘉那位水心先生（叶适）的家宴上，林洪吃到的“洞庭饐”，即为一种带橘香的糕团。将米粉、蜜糖、蓬草泥汁、橘子叶汁混合，拌匀后的粉团呈现淡绿色。取铜钱大小的一块粉团，搓圆，用一片橘叶包夹起，蒸熟。可一口一个，柔韧、清甜，散发温和的青草味和橘叶芳香。值得注意的细节是，充当香味元素的橘叶被分为两份，一份捣汁拌入粉团，一份负责包裹粉团，起到内外添香的作用。林洪从弥漫齿间的气味，联想到一幅置身洞庭湖边的愉悦场景，这就是洞庭饐的由来。

用植物染青加香、以米粉为原料、甜味、蒸制，这些元素和清明节令食品青团一样。这不禁使人冒出“洞庭饐就是青团”的念头。

更直接的佐证在浙江丽水。现今当地仍流行的清明粿“蓬饐”，即

◒ 下图：《橘绿图》局部
南宋 马麟
北京故宫博物院藏

① 饐（yì），疑写错，原字似应是䭨（yè）。饐，意思是食物发馊变臭。䭨，一种用米粉蒸的糕糍。

旧游东嘉，时在水心先生席上，适净居僧送饐[①]至，如小钱大，各合以橘叶，清香霭然，如在洞庭左右。先生诗曰：『不待归来霜后熟，蒸来便作洞庭香。』因询寺僧，曰：『采蓬与橘叶捣汁，加蜜和米粉作饐，各合以叶蒸之。』市亦有卖，特差多耳。

——南宋·林洪
《山家清供》

◓ 上图左：鼠曲草

-

常见于田埂坡地。叶片似鼠耳朵（古名鼠耳草），叶茎附白色细绒毛（俗名棉茧头）。当顶部开出一簇鹅黄小花，意味着叶茎开始变老。

◓ 上图右：艾草

-

艾草是更常见的青汁来源。

◆ 青汁有两种，一种带叶渣，另一种只取汁液。只用汁液的粉团上不会出现斑驳的墨绿色草渣。

◆ 建议在每粒粉团内包入糖心馅，会很香甜。

◆ 和鼠曲草相比，艾草的香气较浓郁，浆麦草则更淡。浙江温岭也有用苎叶汁染色并包豆沙甜馅的青团，香气如同鼠曲草般温和。

◆ 由于“蓬草”身份不明，制作亦缺乏细节记载，所以我是在青团的基础上来进行仿制。

为青团的一员，主要使用俗称“蓬草”的青蓬（艾草）或绵蓬（鼠曲草）制作青汁。无论从原料还是从名称上来看，蓬飽与洞庭饐几近相同。另外，传统青团也会拿树叶包底，比如好闻的柚子叶、黄皮叶，一来防止团子相互粘连（如今多用塑料薄膜解决此问题），二来让团子吸收树叶的香味。换句话说，洞庭饐相当于是带橘香的迷你无馅青团。

宋代有多种团子。所谓团子，是用糯米粉（或掺粘米粉）包馅做成圆坨，如青团便是典型的团子。

有“水团”——煮熟的团子需泡在冷水中（不加水的为干团）。《本心斋疏食谱》所载水团，以糯米粉包糖馅，浸浴于沉香煎成的冷香汤里，食用时唇齿间暗香涌动。在北宋都城，人们在端午节要做水团，普通款的称“白团”，讲究的会做成“五色水团”，即诸色人兽花果等形状的团子（或有染色），某些还会掺入麝香。

还有砂团。把红豆或绿豆加砂糖煮至软烂，捏成一团馅（这种馅是带颗粒的），外用生糯米粉包作一个大团子，煮熟或蒸熟。若将焐烂的红豆去皮，澄洗细沙，再加糖拌制，用这种细腻的豆沙糖馅来包制的团子名为“澄沙团子”。

在开封旧宋门外售卖冰雪冷食的店里，你能看到黄冷团子、脂麻团子。而南宋都城那些粉食店中，有售金橘水团、澄粉水团（澄粉，即水磨糯米粉）、豆团、麻团。又有流动商贩叫卖粉团，人们可在孝仁坊红杈子前买到“澄沙团子”，在寿安坊买到“十色沙团”。若将糯米粉搓作无馅小圆球，煮熟后淋上糖汁，则是“圆子”。

食材：

鼠曲草嫩头 / 一百克
橘叶 / 一百克
糯米粉 / 九十克
粘米粉 / 六十克
蜂蜜或白糖 / 约八十克

【制法】

① 橘叶最好选择不老不嫩的叶片，它的气味会更浓郁。将老叶、嫩叶和坏叶挑出后，选取一百克，仔细清洗两三遍，沥干水。

② 选出二十来张大小相似的叶片，留下备用。其余的橘叶，先用剪刀剪掉叶柄，剪得尽量细碎。把碎叶铺在砧板上，用刀反复剁，直至成末状，再将叶末倒进捣臼，捣烂，总之弄得尽量细。

③ 拿干净纱布包起橘叶末，使劲挤压，挤出里面的叶汁。以上两步，建议用料理机来做，会轻松很多。

④ 鼠曲草头择净老茎叶，只取嫩头，通常四两能择出约二两嫩头。放进水里洗干净，捞起沥水。

⑤ 半锅水烧开，将鼠曲草倒进水里焯煮两分钟，用笊篱捞起，待降温后，攥干水分（这些汁水收集起来）。将鼠曲草均匀铺在砧板上，用刀来回剁三四十次，直至剁成碎末子，再放入捣臼中捣成泥状。

⑥ 按配方，量取糯米粉和粘米粉，放入盆中混合。橘叶汁、鼠曲草泥和十五毫升水，放入小锅，煮滚后立即离火，倒进米粉中，用筷子快速搅拌。我在这里所用的糯米粉与粘米粉的比例是 3 ∶ 2，或可纯用糯米粉，或按个人口味调节比例。糯米粉的米香味比较明显，但做成的团子又软又黏，容易扁塌；粘米粉相对硬实，黏度低，拌入适量的粘米粉，能使粉团容易造型，咬感弹牙。

⑦ 再添加适量蜂蜜，揉合成一个大粉团，以表面光滑、不粘手、软硬适中为宜。粉团不能太软，否则在蒸熟后容易塌陷。

⑧ 将粉团搓成粗条，切剂子，约可分为二十等份。逐个搓作圆球，用掌心稍按扁。

⑨ 拿一个小粉团，放在橘叶上靠近叶柄的一端，再将叶尖向内翻折，裹住粉团。蒸锅加水开火，水开后，将馇放入，蒸十分钟。刚出锅，可趁热在粉团上刷点油，可防止粉团的表皮结硬壳。

酥炸牡丹花片

明日春阴花未老，故应未忍着酥煎

花卉上餐桌的历史相当久远，很多时候只是作为一种蔬菜被食用。近年流行的花卉饮食有：面蒸洋槐花、茉莉花蕾炒蛋、南瓜花汤、玫瑰糖馅饼、桂花糕，云南人拿石榴花爆炒，广东人喜欢用木棉花和剑花煲汤。但并非随便什么花都能入馔，首选香味舒服，石楠花腥臭无比，实在太令人倒胃口，二要苦涩味轻，味道可口，三要无毒性，以免引发头晕肚痛等不适症状。别看花卉的品种成千上万，但大部分看起来虽然很美，入口却非常一般，筛选下来，在宋朝流行的花食不过十来样。

春日有牡丹。气质雍容的牡丹，是南宋高宗赵构第二任皇后宪圣慈烈皇后的心头好，这种花也征服了她的胃。相当于凉拌生菜的"牡丹生菜"，就是按她要求定制的：生菜里混入了现采的牡丹花瓣，加味料，拌合生食。相比起来，另一道酥炸牡丹花片更令人垂涎，花瓣蘸一层薄面衣，下油锅炸得酥脆。

夏初有栀子。据林洪回忆，他曾在刘漫塘家中品尝到一款用栀子花料理的"薝卜煎"，此菜风味不俗，"清芳，极可爱"，因而向对方讨教做法：挑选花瓣较大的栀子花，经沸水灼烫，然后挂甘草水稀面糊，油煎而成，亦酥脆可口。

炎夏有荷花，别名芙蓉、水芙蓉。无论荷花还是木芙蓉（秋天开花），都可以做"雪霞羹"。采粉红色的花朵，与豆腐同下锅作羹，米白的豆腐块，衬托绯紫渐淡的花瓣，犹如雪霁泛起晚霞。原本流于普通的豆腐羹，由于作出一点改变，立即减了平凡添了诗意——尽管单从口感上来说，两者毫无区别。

◆ 原方无菜名，这是我根据宋人语言习惯而取的菜名。

◒ 下图：牡丹花

宪圣喜清俭，不嗜杀。每令后苑进生菜，必采牡丹瓣和之，或用微面裹，炸之以酥。又，时收杨花，为鞋、袜、褥之用。性恭俭，每至治生菜，必于梅下取落花以杂之，其香犹可知也。

——南宋·林洪《山家清供》

秋日有桂与菊。桂花细碎，馥郁甜腻却胜过绝大多数花朵，且香气持久，很适合充当食用香料。可制糕点——鲜桂花一捧，与甘草水、米粉混合，拌为糕坯，蒸熟就是在文士界寓意登科的“广寒糕”（桂花糕），软糯的糕体中富含桂花的香味特质。可泡茶饮——鲜桂花捣烂成泥，同盐、甘草粉拌，装入瓷瓶密封并暴晒七日，“天香汤”的膏泥就做成了。将其舀入茶盏，用沸水来冲泡，香气四溢如其名。

菊花品种虽多达七八十，但不涩口又甘香、适合入药入馔的简直屈指可数。其中，紫茎黄花的甘菊、小白菊比较符合标准。当时养生人士食菊的方法是：捋下菊花瓣，洗净直接入口嚼；或先以甘草盐汤焯去涩味，再铺在黄色小米饭上焖熟为“金饭”。人们还会在九月九日把菊花晒干碾作碎末，用糯米一斗混合五两菊花末来酿“菊花酒”，据称能治疗头风。

冬日有梅。梅花瓣小而薄，香味比较淡，吃的只是一种风雅感。贯穿整个花期，人们尝试多种食法：当花苞半开，摘下，轻蘸蜂蜡封固花口，用蜂蜜浸渍至来年夏天。花、蜜入盏，用沸水一泡，花苞徐徐绽放，难怪称为“汤绽梅”。当花朵绽开，摘下蘸一点糖霜，入口嚼食，杨万里颇好此味，他说齿间有一股类似蜜渍青梅的香气。当花已零落，细心捡收地面的花瓣，洗净，可像牡丹那样拌生菜吃，也可加雪水、粳米熬作“梅粥”。还可调煮“梅花齑”——极清面汤内放切好的白菜，并加姜、椒、茴香、莳萝和咸酸的腌菜汁同煮烂熟，最后入梅瓣一掬即成。

◆ “炸之以酥”，意即用酥油来炸。苏轼《雨中看牡丹》诗云：“未忍污泥沙，牛酥煎落蕊。”另一诗《雨中明庆赏牡丹》亦写：“明日春阴花未老，故应未忍着酥煎。”看来，以酥油来煎制牡丹花瓣曾流行一时。

◆ 酥油类似黄油，用来炸物带着一股浓郁的奶香。也可用植物油代替。

食材：

牡丹花 / 两朵（不拘选哪种，我用了粉红色系的“花兢”。如无牡丹，可用大朵的芍药花代替。）
面粉 / 一百四十克
盐 / 一克
花椒粉 / 一克
水 / 二百四十毫升
酥油或黄油或植物油 / 油炸的量

【制法】

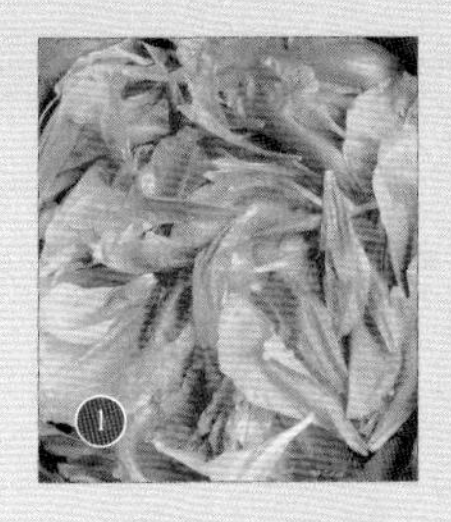

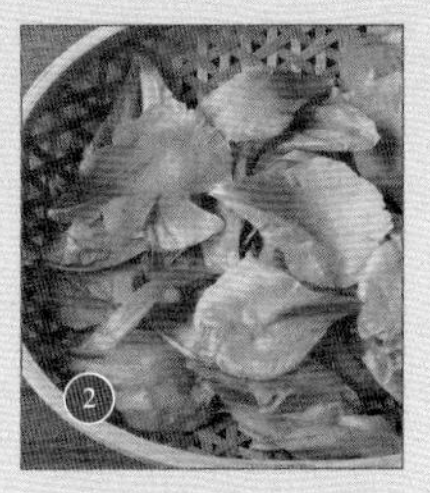

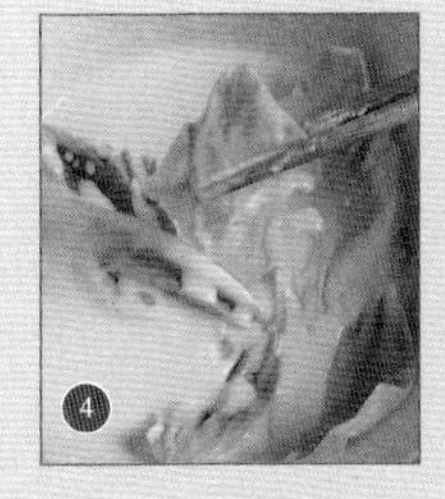

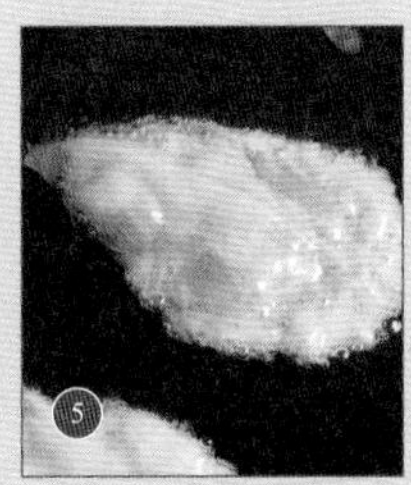

① 建议选择尚未全开的花朵，这时花瓣的新鲜度较好。从花瓣外围开始，将花瓣一片片小心摘下，动作要轻柔，以免撕坏，靠近花心的花瓣既细长又小，可不要。花心保留，用小刀削平底部；叶片也留三五枝，用来做摆盘的装饰。

② 将花瓣浸入清水中洗去灰尘，捞起，稍微甩水，放在沥水篮中。芯、叶亦洗过备用。

③ 调面衣。按照配方取中低筋面粉、盐和花椒粉（可按个人口味增减）放入碗中，注入二百四十毫升凉水，搅拌成面糊。为确保没有面疙瘩，可用细滤网过滤一遍，将滤出的疙瘩碾碎重新混入面糊中。

④ 面糊要调得稀一些，挂糊需透薄，使花瓣呈现通透的轻薄美感。若是太稠，会掩盖花瓣的脉络。

⑤ 锅里倒入油料约七百毫升。中火加热油温，待油温适中（往油里滴几滴面糊，若面糊入锅先是沉底，过两三秒浮起，就可以了。若面糊不沉底，且围满油泡嗞嗞作响，则油温过高）。将每片花瓣裹上薄面衣，展开放入油锅，注意不要叠靠，免得粘成一团。这一步比较需要耐心。

⑥ 从花瓣刚下锅算起，等待约两分钟，软趴趴的花瓣正慢慢变硬，然后翻面，炸至酥脆，四五分钟炸好一锅，每锅只能炸十几二十片。想让花片保持粉嫩色泽，就在变黄前夹起；想要更酥脆，就炸至边缘泛黄。

⑦ 最后将花心和叶子也挂糊炸脆。炸物出锅后须沥净油，然后装盘。先把花瓣一层层码入深碗，花心置于碗心，边上插枝叶，拼出一朵栩栩如生的牡丹花，即可端上餐桌趁热享用。这道餐前开胃菜不但颜值高，而且入口甘香酥脆，竟意外好吃。

《山家清供》薝卜煎

食材：栀子花，甘草水，面粉，盐，植物油

旧访刘漫塘（宰），留午酌，出此供，清芳，极可爱。询之，乃栀子花也。采大瓣者，以汤灼过，少干，用甘草水和稀面，拖油煎之，名薝卜煎。杜诗云："于身色有用，与道气相和。"今既制之，清和之风备矣。

① 采摘单瓣的栀子花，摘下花心及花蕊，轻手洗过。
② 将花瓣用沸水略烫，迅速捞起，沥干水。
③ 把煮好滤净并凉透的甘草水注入面粉中，加盐，搅拌成稀面糊。
④ 栀子花挂上稀面糊，入锅中油煎至金黄酥脆。

玉蝉羹

薄透似纸，宛如蝉翼

从默默无闻的鱼羹摊主，一跃成为炙手可热的饮食红人，宋五嫂略显戏剧性的命运反转，得益于南宋第一位皇帝：高宗赵构。

南宋京都（杭州）以风景秀美著称，西湖更是远近闻名的旅游胜地，常年游人如织。淳熙年间，新的继承人孝宗，陪伴已退位的太上皇赵构出游西湖。御用座驾是一艘多层豪华大龙舟，一出场，左右跟随几百艘护卫船只，浩浩荡荡入里湖，出断桥，遍赏风光。只是，这并非纯粹的游山玩水，按当朝惯例，皇帝定期出宫上演一幕与民同乐的戏码，往往出于政治需要，因此不刻意清场，市民完全可以同游在侧，湖面一度挤满了纯观光与凑热闹的舫舟。

精明的生意人沿着湖岸摆上货架，罗列各色吃喝玩物：果蔬、羹酒、花篮、画扇、漆器、织藤、瓷器、玩具之类，还有专门招徕仕女的珠翠、冠梳、销金彩段布匹。有人甚至用更轻便的小艇载上货物，穿梭于游船之间兜售。这里也是卖艺人的天堂，歌姬舞女、笙箫管琴乐人、滑稽杂剧脚色、杂技马戏好手、烟火表演者、圣花魔术师等，正为赏金使出浑身解数。可以想象，他们渴望吸引那位皇室豪客的目光，因为高宗总是沿途随性消费，并掏出比原价高得多的奖赏，以彰显君恩浩荡。据说，有人因此一夜成名、一夜暴富。

宋五嫂就是其中的幸运儿。她原本在开封经营餐饮，前朝沦陷后，被迫随大批流民逃到杭州定居，继续以兜售鱼羹为业。高宗传唤宋五嫂登上御舟觐见，而且尝了她亲手调煮的鱼羹。这倒不是说“宋五嫂鱼羹”有多么惊艳，更吸引高宗目光的，是其北宋遗民的特殊身份。也许

◒ 下图：《天中水戏图》
南宋 李嵩
台北故宫博物院藏
-
皇家游湖所用豪华大龙舟，宛如一座移动宫殿。

大鱼去皮骨，薄抹，用黄纸荫干，以豆粉研，将鱼片点粉，打开如纸薄，切为指片，作羹。

——南宋·陈元靓《事林广记》

是为了彰显怀忆前朝善待旧人的姿态，高宗为这碗家乡味，付出金钱十文、银钱一百文、绢十匹的赏赐，出手异常阔绰，并将鱼羹列入御膳的外购名单中，方便随时享用。这对宋五嫂来说无疑是莫大的荣耀，鱼羹店的生意因而愈益火爆，后来晋身名优字号，堪称业界神话。

放在南宋杭州，鱼羹大概是再普通不过的食物，因当地既内湖密布也靠近外海，新鲜鱼虾的产量大。煮鱼羹，首选鲈鱼、石首鱼、鳜鱼、鲤鱼、鲫鱼，家常吃法无非是整鱼煮、切块来煮，或切成片来煮。在食肆中不乏诸如撺鲈鱼清羹、鲑鲫假清羹、虾鱼肚儿羹、虾玉蝉辣羹、石首玉叶羹、鱼辣羹、耍鱼辣羹之类。

在《事林广记》中有一道“玉蝉羹”，菜名灵感出自纸片般薄透的鱼片，宛如白玉雕琢的蝉翼。其中诀窍在于如何使鱼片变身，你需要把鱼片撒上绿豆淀粉，然后通过“打开”（即捶打开来）的动作，得到一张面积翻倍的薄透鱼片。同时，由于部分淀粉与鱼肉混为一体，其煮熟后的口感比普通鱼片更为滑溜，吃起来十分过瘾。而另一道用石首鱼料理的“玉叶羹”，估计也是鱼片羹，猜测是把鱼肉切成白玉叶子状（厚一点的小片），烹法和玉蝉羹差不多。当然，宋人还会只取用鲫鱼肥美的两块鱼腩，来料理一碗“鱼肚羹”。

前面几道鱼羹都具有鲜明的江南风味，至于宋五嫂鱼羹，考虑到它原属开封菜，猜测是汤汁浓稠，多用胡椒，或许加醋，甚至不妨往胡辣汤方向发挥想象。

◆ 原方对“煮羹”的具体做法缺乏描述，我根据当时的烹调习惯来仿制。至于味料，宋代江浙人偏好以葱、椒、酒来料理鲜活鱼虾，加辣更是常规操作，像“鱼辣羹”“耍鱼辣羹”“虾玉蝉辣羹”，辣味多来自胡椒、花椒和生姜。

◆ 今天在浙江某些沿海城市，人们会从鲜海鱼（像海鳗鱼、鮸鱼或黄鱼等）刮下净肉泥，再撒上番薯淀粉，拿木槌慢慢敲打为一张大薄饼，再经过烙熟、晾干，然后切成面条，这种做法称为“敲鱼面”。“玉蝉羹”与之颇有一些相似的特征。

食材：

青鱼 / 净肉三百克（须选体型较大的淡水活鱼，且尽量找刺不多的品类）
绿豆淀粉 / 约五十克
白胡椒粉 / 两克
葱 / 五根
黄酒 / 二十毫升
生姜 / 二十克
酱油 / 量勺六毫升
盐 / 酌量

【制法】

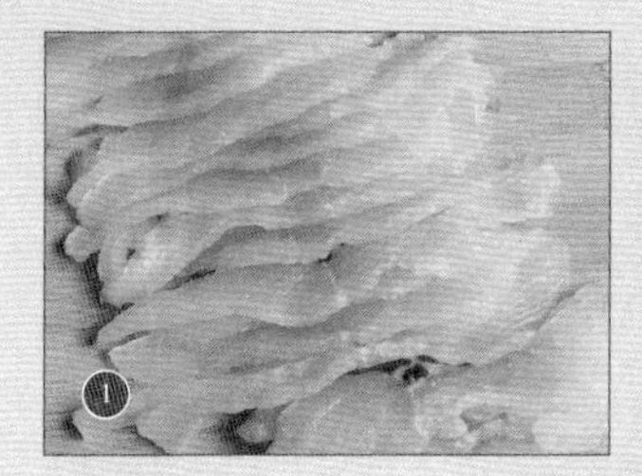

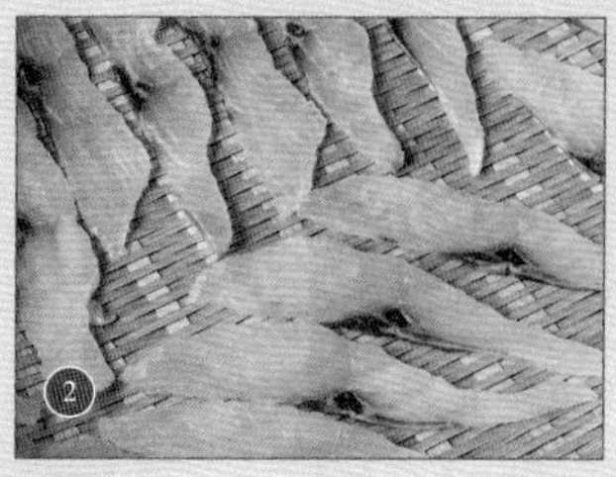

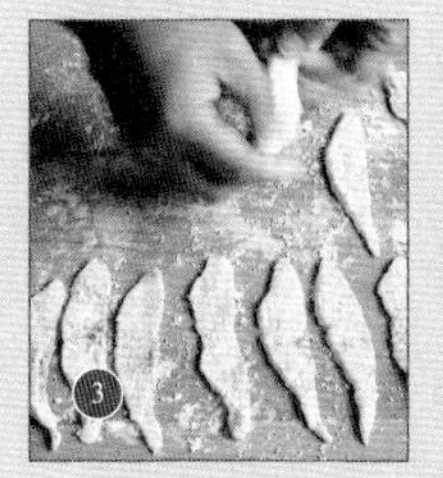

① 取鱼肉最厚实的中段来制作。将中段冲洗净血污，用厨房纸巾抹干水。从背脊处入刀，起出鱼身两面的整块鱼肉。鱼皮朝下放置，将鱼肉横着切下鱼片（约三毫米厚）。注意刀及鱼皮时要稍微往外一斜，这样切出来的鱼片不带皮。

② 鱼片用厨房纸巾吸干水，再摊在竹簸箕中，晾至表面干身（晾两小时）。

③ 鱼片在豆粉中滚一下，使之沾上一层粉衣。

④ 鱼片摊开在案板上，拿木杵来回敲打鱼片，注意力度要均匀，且不能过重。其间需要补粉，使鱼片表面干身。通过敲击，鱼片延展了两三倍大，变得薄而略带透感。

⑤ 拿刀或剪刀将鱼条修剪成小指头宽的长条。

⑥ 可用清水来煮鱼羹。建议最好用一些鱼肉和鱼骨（鱼段剩下的边角料），加水（两升左右）和切碎的姜，煮滚后转小火，熬煮三十分钟。熬出约一千八百毫升鱼汤。鱼汤用细滤网滤净渣滓和悬浮物，取得清汤。在这里，我将鱼羹分两锅来煮。先将一半鱼汤倒进小锅，煮热，加盐、黄酒、酱油、胡椒粉，滴几滴油，调成鲜美的汤。汤继续加热至沸腾，放入一半鱼条，不要搅动，否则会使汤水浑浊，煮一分钟关火，静置让热汤将鱼条烫熟即可。上桌，撒点葱末，趁热享用。鱼条滑溜，汤羹鲜浓。不妨多放点白胡椒粉，辛香辣更会提升鱼羹的鲜美。

鱼肚羹

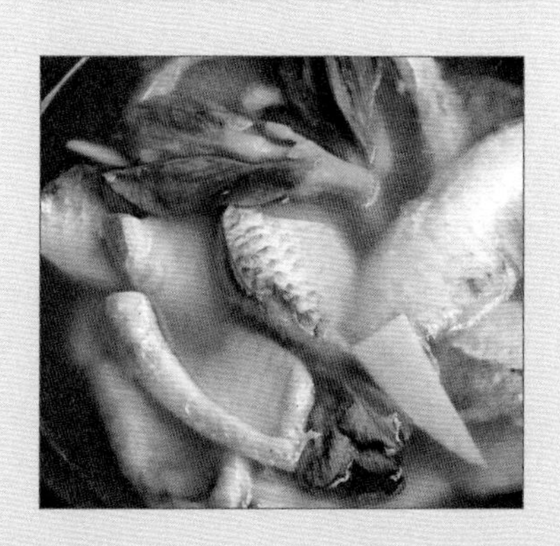

出自南宋吴自牧的《梦粱录》卷十六。制法参考元代倪瓒《云林堂饮食制度集》中的鲫鱼肚儿羹：“用生鲫鱼小者，破肚去肠。切腹腴两片子，以葱、椒、盐、酒浥之。腹后相连如蝴蝶状。用头、背等肉熬汁，捞出肉。以腹腴用筲箕或笊篱盛之，入汁肉焯过。候温，镊出骨。花椒或胡椒、酱水调和前汁，捉清如水，入菜，或笋同供。”

食材：
小鲫鱼（八条），小葱，姜片，胡椒，盐，黄酒，黄豆酱或酱油，青菜，鲜笋

① 鲫鱼去净鱼鳞及肠肚腮，用厨房剪刀剪下腹部的两片鱼腩。
② 鱼腩放少许葱末、胡椒粉和酒、适量盐，抓匀腌渍。
③ 熬鱼汤。取三条剩下的鱼料，加三大碗水，放姜片，小火熬半小时，关火。捞出汤渣。
④ 鱼汤煮开，用笊篱盛起鱼腩，浸入鱼汤中汆至断生，捞起。散热后，夹出鱼腩中的横骨刺。
⑤ 鱼汤加盐、少许胡椒粉、黄豆酱或酱油调味，滚几滚，用极细滤网滤清。
⑥ 鱼汤再次煮沸，浇入汤碗中浸泡鱼腩，点缀上焯过的笋片和青菜。

山海兜

趁得山家笋蕨春，借厨熟煮自吹薪

北宋的都城开封人口稠密，大量异乡人涌入使这里如同移民城市，饮食风味也相对多元。“北食”指当地菜，多有羊肉，是市场主流；辣椒还未攻陷川蜀，川椒（花椒）大行其道，“川饭店”里的插肉面、大燠面、大小抹肉淘（冷面）、煎燠肉、杂煎事件（煎肠肝等内脏），也许会是麻辣型的重口味；而因南方籍官员实在吃不惯膻味北食（据说枢密院的南方官员王钦若便曾向皇帝提起他“不食羊”，皇帝建议他到市集采购“南人所食”），“南食店”应运而生，这类食店尤其集中在小甜水巷内，除桐皮熟脍面、煎鱼饭之类，招牌小吃还包括“鱼兜子”。

兜子是什么？

答曰：一种由薄外皮加馅料组合成的食物，类似饺子、馄饨。外皮是半透且略微弹牙的绿豆粉皮，馅料可荤可素，一律切成细粒状，个别生肉还会事先弄熟才入馅，并加油、盐、酱、葱、姜、椒之类调咸淡。包制时，需借助小盏来定型，粉皮先铺在小盏内，搁馅料，将粉皮的四角向中心翻折，封好馅料。由于盏心是圆凹状，倒扣过来的兜子，猜测会呈现底部平、上部圆拱的包子形。像这样用皮子兜住一撮菜码的状态，估计就是“兜子”之名的来由。蒸熟后绿豆粉皮变得更透，粒粒馅料隐约可见，跟潮州粉粿有点像。

在两宋都城所售卖的兜子，口味相对单一，馅料元素离不开水产，品类有鱼兜子、决明兜子、石首兜子、鲤鱼兜子、江鱼兜子、山海兜等。细说制馅食材，有小黄鱼、鲤鱼、江鱼、鲜虾，甚至有鲍鱼。当时鲍鱼不叫鲍鱼，而呼为鳆鱼或石决明，属高档货色，加鲍鱼料理的决明

◒下图：《水墨写生图卷》局部
（传）南宋 法常
北京故宫博物院藏

春采笋、蕨之嫩者，以汤瀹过。取鱼、虾之鲜者，同切作块子，用汤泡，暴蒸熟。入酱油、麻油、盐，研胡椒，同绿豆粉皮拌匀，加滴醋。今后苑多进此，名『虾鱼笋蕨兜』。今以所出不同，而得同于俎豆间，亦一良遇也，名『山海兜』。或即羹以笋、蕨，亦佳。许梅屋（棐）诗云：『趁得山家笋蕨春，借厨烹煮自吹薪。倩谁分我杯羹去，寄与中朝食肉人。』

——南宋·林洪《山家清供》

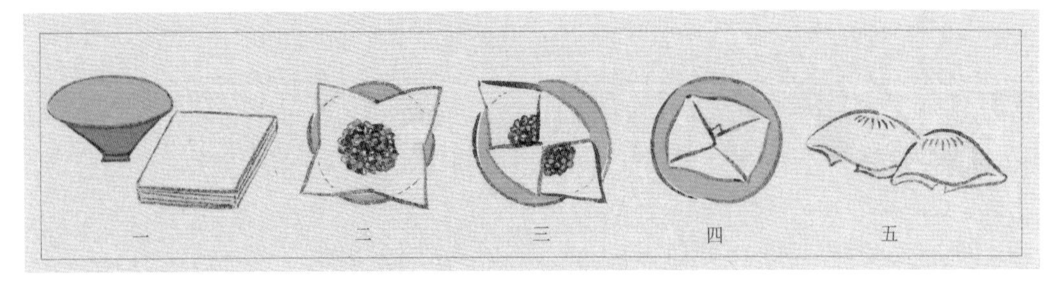

◓ 上图：古代版兜子制作过程。

兜子，肯定会比其他品种贵得多。对于禽畜肉食风熏陶下的北人来说，生猛鱼虾自带浓郁的江海风情，这就不难理解，为什么北宋开封的兜子通常与南食店画上等号，而在南宋杭州能找到更多种兜子口味。

以“鲤鱼兜子”为例，每一斤净鲤鱼肉，搭配四两猪膘和三两羊脂，一束韭菜，均切细，添加粳米饭少许，以及陈皮、生姜、炒葱、胡椒粉、面酱、姜末、面芡和盐，拌在一起作为馅，然后如法包好蒸制。其他鱼馅兜子的做法也许差不多。

至于“虾鱼笋蕨兜”，传言常见于南宋宫廷御膳，这是以鱼虾打底的一种兜子，搭配笋与蕨菜两种春季时令蔬菜，均切粒，拌熟油、酱、盐、胡椒粉为馅，如法料理。因一兜内同时包含山蔬与水产，故被文士冠以雅名“山海兜”。相比鲤鱼兜子，这款兜子的味料较为清简，再加上虾鱼鲜滑，笋蕨和绿豆粉皮都表现出爽口感，吃入口中，如春风拂面般清爽，值得回味。

◆ 笋和蕨菜的季节性很强，最佳赏味期只有大半个月，要抓紧时间尝新。

而在 14 世纪初的食谱中，则能看到若干非鱼虾款兜子。有以熟蟹肉和生猪肉、炒鸭蛋，或以熟蟹肉及黄蓟鱼为主料的“蟹黄兜子”，有以熟制羊肺、羊肚、羊白肠为主料的“杂馅兜子”，也有用熟鹅肉（野鸭、野鸡肉亦可）为主料做成美味的“鹅兜子”，更有配料出奇丰富的“荷莲兜子”，以熟羊肉为基调，辅以多达十种食材：莲子、鸡头米、松子仁、核桃仁、榛子仁、杨梅仁、乳饼、蘑菇、木耳、鸭蛋丝。蒸熟后，还要淋上以麻酱和乳酪拌的酸味稠酱。令人疑惑的是，兜子的记载集中在宋元时期，而在明清食谱中却几乎销声匿迹。

◆ 绿豆粉皮：粉皮的厚度，会影响兜子的最终口感。太厚的话，粉味会掩盖馅料的味道，太薄则又很容易弄烂，弹牙感也不足，比馄饨皮略厚一点会比较合适。

食材：

鳜鱼 / 一条（约三百五十克），河虾 / 三百克，春笋 / 两根，蕨菜 / 十根，绿豆粉皮 / 十五张，麻油 / 酌量，酱油 / 小半匙，胡椒粉 / 酌量，盐 / 酌量

【制法】

① 蕨菜冲净泥沙和绒毛。挑出最嫩的十根，只切上半段使用。笋剥壳，只用上半段嫩头，对半切开。半锅水烧开，先焯笋两分钟，再焯蕨菜十秒，沥水放凉。

② 笋和蕨菜分别切成细丁。建议笋丁与蕨菜丁的分量相等。

③ 鳜鱼治净抹干，从鱼背入刀，片下两侧净肉，切成五毫米见方的细丁。青虾剥壳，挑出虾线，切成同等大小的细丁。

④ 鱼虾丁放入深碗，加热水至鱼虾一半的高度，待蒸锅水开后，入锅蒸三分钟，至鱼虾丁嫩熟。鱼虾丁滤净水，稍放凉，打散，与笋蕨丁同入深碗。加麻油、盐、酱油、胡椒粉/碎，调匀成馅。

⑤ 绿豆粉皮提前做好，每片切成十三厘米的等边三角形。可先剪出三角形的纸样，贴在粉皮上，用小刀沿纸样边缘切出规整的形状。粉皮铺开，中心搁一勺馅料。

⑥ 上面一角往内折，整理馅料，酌情增减。

⑦ 在内折的一角表面，抹一点绿豆淀粉糊，然后把右边一角往内折好。

⑧ 抹一点粉糊，再把左边一角也往内折叠。绿豆粉糊可在加热后起到黏合粉皮的作用，防止兜子散开。兜子入碟排好，蒸两分钟上桌，可配一碟蘸醋。

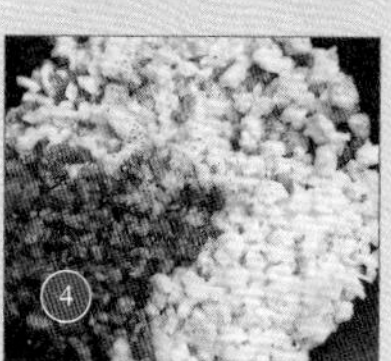

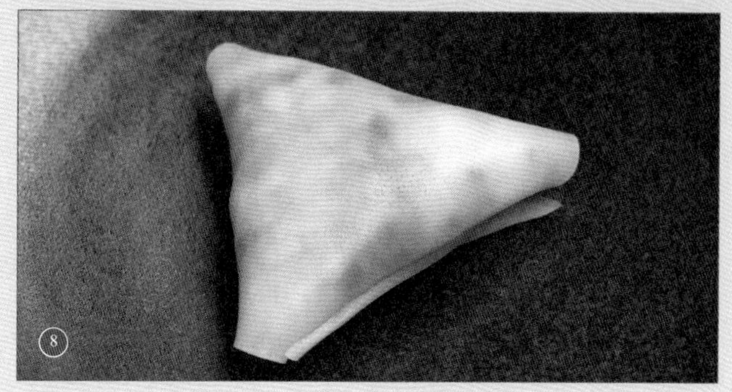

绿 豆 粉 皮

食材：绿豆淀粉/二百克，水/四百毫升

① 绿豆淀粉按配比加凉开水，充分搅匀成浆水。

② 准备一壶开水，一只凉皮专用的圆形平底金属浅盘（直径约十八厘米），一大盆凉水。

③ 大半锅清水烧开，捻中小火，使水始终保持沸腾。

④ 金属盘漂在沸水上，烘热，单手拿起，另一手舀一汤勺（约四十毫升）浆水，浇入盘中，迅速荡匀，放回沸水上。旋转，以保证粉皮厚薄均匀。

⑤ 见粉皮从液态变为干白色的固态，倒入少量开水覆盖粉皮。

⑥ 待粉皮呈透明状，表明已经烫熟。拿起金属盘，浸入凉水盆里，轻刮四周小心揭出整张粉皮。做好的粉皮要洒上水，用湿布盖好，否则容易失水开裂。

要点：

因绿豆粉皮容易折断，若按照古方的描述来折叠兜子，不但费时费力，且进食时容易散开，所以，此处是参考《中国豫菜》（河南省烹饪协会编著）里面的“决明兜子”来复原。

笋蕨馄饨

惯识春山笋蕨甜

在士大夫、僧隐的诗歌中，时常出现笋、蕨菜（如释宝昙的“惯识春山笋蕨甜”）。除单独食用，两者往往组成固定的口味搭配，比如“笋蕨羹”“山海兜”，还有“笋蕨馄饨”。

春笋和蕨菜，分别焯水，切粒，油锅爆炒，加酒、酱水、香料提味，拌为馅料，包作馄饨。笋质爽脆，蕨菜爽而滑，整只馄饨吃起来爽口度很高，带一股蕨菜独有的野香，使人感受到浓浓的春日气息。这是林洪客居在江西林谷梅府期间，多次吃到的清雅之食。林谷梅对风雅的追求，还体现于其他细节上，比如在赏玩玉茗（山茶花）的古香亭内开设茶会，用川芎与菊苗配入茶汤。这种文人式的生活颇有美感。

从《事林广记》所载馄饨食谱中，可了解宋人做馄饨的细节：馄饨皮需要加盐来和（每五百克面粉，加盐十五克），扑面则用绿豆淀粉，这能使皮子更透亮光滑；如以猪肉或羊肉为馅，必须将精肉和肥膘肉分开，精肉切碎，肥膘剁为泥，再加香油、酱、香料末（花椒、缩砂仁）、炒葱和盐调好；煮馄饨时，水保持冒小泡就好，不时加凉水以免大滚。当时的人还会食用鸭馄饨、荠菜馄饨、椿根馄饨等，椿根馄饨属于食疗菜，特点是用香椿根粉与面粉混合制皮，包馅捏作形如皂荚子的大馄饨。

宋朝食肆已出现专门的馄饨店，情形大概和如今遍布街巷的馄饨店类似，现点现煮，价格实惠。其中一家店，坐落在南宋杭州城的行政机构“六部”的对面，因主打丁香馄饨而小有名气。这种馄饨的卖点就在丁香上——药典提到的母丁香，俗称鸡舌香，是丁香树晒干的果实，气味芬芳，可充当食用香料，能祛口臭。为了在与皇帝面对面交流时保

◒ 下图：《陶潜赏菊图》局部
（传）北宋 赵令穰
台北故宫博物院藏
-
对花饮酒、品茗，是很有美感的文士雅趣。

① 原文为“药”，我根据景明刻本《夷门广牍》版更正为“焯”。

采笋蕨嫩者，各用汤焯①，炒以油，和之酒、酱、香料，作馄饨供。向者江西林谷梅少鲁家，屡作此品。后坐古香亭，采芎菊苗荐茶，对玉茗花，真佳适也。玉茗似茶少异，高约五尺许，今独林氏有之。林乃金石台山房之子，清可思矣。

——南宋·林洪《山家清供》

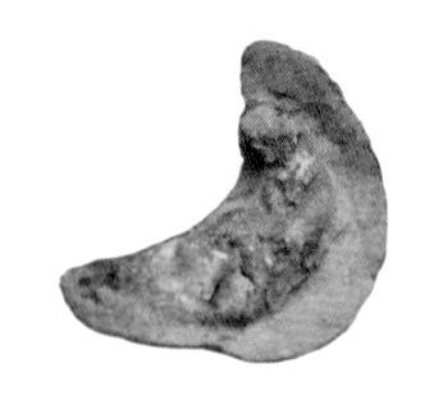

◓ 上图：唐代的饺子

-

新疆吐鲁番阿斯塔那唐墓出土。形状与现今的饺子并无区别。

持口气怡人，官员们时常将鸡舌香含在嘴里。不难想象，频繁出入六部的政府官员，会是这家馄饨店的重点客户。

在两宋都城的冬至日，不论贫贵富贱，一碗馄饨是不可缺少的祝节食品，就如过大年时约定要吃“年馎饦（面条）”那样。开封城有俗语“新节已过，皮鞋底破。大担馄饨，一口一个”。刚出锅的馄饨，先要用来供奉神灵与祖宗，行毕祭礼，才会分到每一个家庭成员的碗里。杭州城富豪之家供碗里有所谓的“百味馄饨”，百味仅为夸张的说法，并非真有一百种口味，最多也不过十几种而已。

不必对宋朝人吃馄饨这件事感到讶异，其实，馄饨的诞生比宋朝要早得多。雏形期的馄饨与饺子有点儿像，据公元 6 世纪的颜之推称，馄饨形似偃月（半圆形），似乎到唐朝才衍生出独自鲜明的风格。如今常见的馄饨，是用方形或梯形面片做皮子，皮要薄，猪肉鲜虾荠菜做馅，馅料细剁并调过味，造型不下十种。入水煮熟，盛碗带清汤，葱花、虾米、紫菜、蛋皮是常见的汤中配置，考究的会用大地鱼熬的汤（老广云吞）、鸡汤或猪骨汤。

◆ 蕨菜：蕨类植物在初春抽发的嫩芽头，是山坡上常见的野菜，近年兴起人工种植。叶茎有的呈青绿色，有的呈紫红褐色，其中紫蕨更受宋朝文士欢迎。新鲜蕨菜通常在三月初上市，可网购。不要用经加工的袋装蕨菜，其鲜味几近全失。宋人还会从蕨根提取淀粉，将之蒸成粉糍来代替米粮饱腹，俗名“乌糯”。

在唐朝重臣韦巨源的“烧尾宴”上，馄饨曾耀眼亮相。其时韦巨源刚获皇帝擢升，官拜尚书左仆射，相当于副宰相级别的高位。按习俗，升为高官后一般会摆大宴，“烧尾宴”是这类宴会的专称。席间端上“二十四气馄饨”，是用二十四种菜码做馅心，分别包成二十四种造型。概念源自二十四节气，也许“立春”馄饨蕴含立春的节气特质，“白露”又带白露的风味，意在表现单一食品的多元口味。

食材：

春笋 / 三根
新鲜蕨菜 / 四十根
馄饨皮 / 十五张
黄酒 / 小半匙
酱油 / 一匙
盐 / 酌量
油 / 酌量
胡椒粉 / 酌量

【制法】

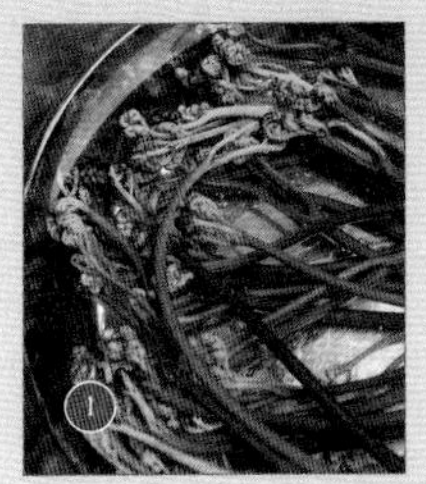

① 蕨菜冲净绒毛和泥沙，切下较嫩的上半段使用。入沸水锅里焯十秒，捞起，投入凉水中浸泡一会儿。

② 切成碎粒。不要切得太大，否则很容易戳破馄饨皮。

③ 笋剥壳，只取上半部嫩笋尖使用。切成两三毫米厚的薄片，沸水锅里焯一分钟，捞出，散热后，切成与蕨菜同等大小的碎粒。注意，蕨菜和笋的分量比最好是 1 ∶ 1。

④ 炒锅烧热，倒少量油，油热后，倒入蕨菜粒、笋粒，翻炒至出香。关火前，加黄酒、酱油、胡椒粉、盐，炒匀，盛出放凉。你也可以将炒好的笋蕨放凉后，再加调料拌馅。

⑤ 取一勺馅，搁在馄饨皮上，用包大馄饨的手法包好，造型不拘。

⑥ 馄饨全部包好。半锅清水烧滚，保持中火，下馄饨。水开后，倒半碗凉水，煮约两分钟，馄饨浮起就可捞出。可用笋汤加盐、麻油、少许胡椒粉调成汤底，也可用清鸡汤做底。

◆ 还有一版做法：“采笋、蕨嫩者，各用汤焯，以酱、香料、油和匀，作馄饨供。”笋、蕨分别焯烫后，加酱、香料、油拌和成馅。无需油炒这一步。

馄饨皮

购买现成的馄饨皮，或自己动手擀制。

① 量取一百五十克面粉，加一克盐，拌匀。
② 注入六十五毫升凉水，边倒边揉拌，揉成光滑的面团。
③ 加盖醒面三十分钟，再次揉面百下。
④ 扑面用淀粉。将面团擀成一张大面皮，用刀切成方形。或将面团切成小面剂子，逐个擀薄使用。
◆ 浦江吴氏《中馈录》给出的馄饨皮配方：白面一斤，盐三钱和，如落索面，更频入水搜，和为饼剂。少顷，操百遍，摘为小块，捍开，绿豆粉为粹，四边要薄，入馅，其皮坚。

菊苗煎

爽然有楚畹之风

那年春天，林洪到杭州武林门外的西马塍（花卉培养基地）游玩，并获邀在将使张元府上饮宴。宴会上，林洪领命创作一首《菊田赋》诗，并即席挥毫写墨兰，主人因此很高兴。酒过三巡，一碟颇应春景的菜饼“菊苗煎”端上。采摘菊苗的嫩头，先焯过水，蘸上以山药粉和甘草汤调成的面衣，油锅里煎熟。面衣把松散的菊叶团成饼，入口后既能感受到山药的软糯，又明显有菊苗独特的清凉和芳香，此等搭配，使林洪联想到清涧幽兰之风韵，回味不已。

后来，菊苗煎被林洪收录入《山家清供》。所谓“山家”，表义是静居山林的隐士，自诩山家的士大夫大多有如下特点：无官职，以清高自居，喜好风雅，奉陶渊明为精神偶像，赞颂田园牧歌式的生活。作为山家的标杆人物，林洪起先走的也是科举入仕的主流路线，为绍兴年间进士。据说他因受江浙士林的排挤，未能如愿做官。而“林逋七世孙”的身份，给林洪指向了另一条人生退路：投身隐逸事业。林逋在隐士界的声誉很高，以古怪的个性和同样古怪的绰号“梅妻鹤子”（以梅花为妻、以仙鹤为子）闻名，还曾获北宋真宗赏识。

《山家清事》和《山家清供》是林洪的代表作，充分展现了他所推崇的风雅甚至略显矫情的生活理念。前者涉及驯养仙鹤、栽植竹景、折花插瓶等提升个人品位的闲雅事务，读者可从中获得一系列技术性的指导；后者则是一本文人雅士的饮食指南。

使《山家清供》和普通菜谱区别开来的，是故事性。在煎炒煮炸葱姜椒醋之外，可读到衍生的诗文、背后的掌故，有的还附带时间、地

◒ 下图：《林和靖图》局部
南宋 马远
东京国立博物馆藏
-
林逋长年隐居杭州孤山，喜与梅相伴，死后，宋仁宗赐谥号“和靖先生”。

春游西马塍，会张将使元（耕轩），留饮。命予作《菊田赋》诗，作墨兰。元甚喜，数杯后，出菊煎。法：采菊苗，汤瀹，用甘草水调山药粉，煎之以油。爽然有楚畹之风。张，深于药者，亦谓『菊以紫茎为正』云。

——南宋·林洪《山家清供》

◓ 上图左：菊花脑
菊花脑是菊花菜顶部的嫩头叶，即菊花菜头，具有典型的菊科特征，叶片呈现羽状裂。

◓ 上图右：菊花菜
菊花菜最嫩在春季，秋季时茎叶变得很老，顶部长出花蕾。

◆ 菊花菜：菊有观赏型和食用型两大类。观赏型菊花，通常花盘大而妖娆，但茎叶却很苦。最常见的食用型，比如杭白菊，摘下花头阴干制作的菊花茶，泡饮很甘甜。而宋朝人爱吃的“真菊”，具有生长山间、花盘细碎、菊茎发紫等特征，推测应该是南京人熟知的野菜“菊花菜”，江浙地区常见。只吃植株顶部的嫩头叶，采摘期横跨春季至秋季，尤以春季最嫩。一般做菊花脑蛋汤，因含菊类甘香，入口微带清凉感。在菜市场偶尔能买到，最好网购。

点、人物等丰富细节，让人更清楚每道菜的来历。挑选菜式方面，把符合山林气质摆在首位。素菜占据了大半篇幅，被贴上隐逸标签的笋蕨、甘菊叶和梅花反复出现，那些奢侈的富豪味和不入流的市井味都不会被收录。其中典型之作要数“石子羹”——在溪涧拣带苔藓的白色小石子一二十个，舀一瓢泉水，煮羹。据说，尝起来比小螺蛳还要甘甜清冽，隐约有泉石韵味。食客只想体验心灵的超脱感，不为果腹。烹饪方式上也有偏好，大多以蒸、凉拌、水煮等简单的手法加工，拒绝过度调味。林洪还很关注造型优美的食物，比如莲房鱼包（嫩莲蓬酿鳜鱼）、雪霞羹（芙蓉花豆腐羹）、梅花汤饼（梅花形汤面片）。

养生菜是书中另一大亮点。药材被出乎意料地加工为普通饭菜：地黄馎饦、椿根馄饨、百合面、黄精果、松黄饼、栝蒌粉，“食疗圣品”山药则被磨粉做成汤面。菊苗煎便是其中一道养生菜。不过菊苗并非观赏菊的幼苗，推测是江南一带俗称“菊花菜”的野菜，属菊科，亦带菊的芳香，口感泛清凉，分紫茎和绿茎两种，会开出硬币大小的正黄色花朵。由于食菊成仙的观念长期盛行，坊间发展出多种菊馔。北宋官方医学著作《圣济总录》建议，采食五月前的菊叶，或用干花捣末煮粥，都能治虚补益。捋下紫茎黄菊的花瓣铺在小米饭上焖熟，就是林洪提到的“金饭”。

食材：

菊花脑 / 择净一百四十克
山药粉 / 三十克
甘草 / 十片
盐 / 一克
油 / 油煎的量

◆ 山药粉：
山药干粉的制作流程是：生山药切片、煮熟、晒干、磨粉。直接购买成品就好。

◆（明）高濂《遵生八笺》除了介绍菊苗煎，还有一道菊苗粥：“用甘菊新长嫩头丛生叶，摘来洗净，细切，入盐，同米煮粥食之，清目宁心。”（采甘菊的嫩头及嫩叶，洗净切碎，加盐调味，和米煮粥。）

【制法】

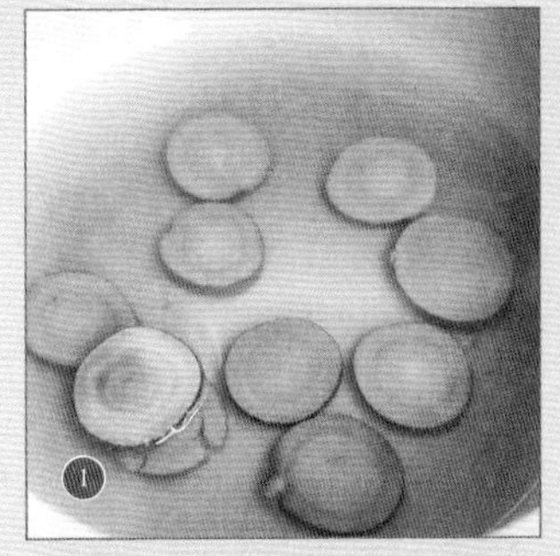

① 甘草片用水冲洗净，放入小锅中，倒一百毫升水，烧开，捻小火煎煮十分钟，关火。放冷后，滤去甘草片和渣滓（滤出约七十毫升净汤）。

② 将菊花菜逐个择净，只用嫩头，然后洗净，沥干水。

③ 小半锅清水烧开，放菊花脑焯烫几秒，看菜叶变色就马上用笊篱捞起。菜叶久烫的话容易变黑，不能保持鲜绿色。将菜叶中的多余水分轻轻压出，但不能把叶汁攥得很干（要是菜叶含水量多，煎制时会滋出水；要是菜叶太干，煎出来则会感觉干枯）。然后把菊花脑打散，使之散热。

④ 山药粉舀进碗中，加盐略拌，徐徐注入七十毫升甘草水，拌成能直线流动的稠粉糊。

⑤ 将粉糊倒进菊花脑中。先倒八成，拌匀，不够再加，以免放多了。让叶片都裹着薄薄的面糊即可。（如粉糊太少，饼子不容易黏结成形，粉糊太多又会影响口感，可多试几次来找出平衡点。）

⑥ 将叶子平均分为十堆，然后团成一个个小饼子。平底煎锅里倒入薄油，油热后，捻小火。小心放入菜团煎制。

⑦ 待一面煎至定形后，再翻面煎一煎，反复两次，至粉糊熟透（若饼子太厚，里头容易夹生），饼子表面略有酥脆。趁热享用，甘香与芳香交织，颇得春之风味。

蒿蒌菜

蒌蒿满地芦芽短，正是河豚欲上时

林洪客居江西林谷梅的山房书院期间，每逢春天，餐桌上时常会有一盘"蒿蒌菜"。蒌蒿去叶，只留茎，切段微焯，加油、盐、醋凉拌，可浇一勺肉臊，香脆的口感使他后来数度回味。因为含有大量菊类芳香素，蒌蒿的口味辨识度很高。搭配肉、鱼、香干同吃，也掩不住一股浓浓的蒿香，给人清爽之感。

"蒌蒿满地芦芽短，正是河豚欲上时。"提及蒌蒿，便绕不开河豚。作为食材界最具争议的角色，河豚集美味与危险于一身。其肉细而紧，皮下脂肪含量高，入口肥腴的感觉像昂刺鱼的鱼肚。而据食客总结，最好吃的部位并非鱼肉，而是雄鱼体内小小的一团精巢（俗称"西施乳"），肥嫩得入口即化。另外，稍经油煎的褐色肝脏也甘香无比，就连满布小尖刺的鱼皮都是公认的美味，整张一卷塞入口中，脂肪柔韧，口感弹牙。但必须承认，河豚的超高名气，部分是缘于毒素给河豚披上的神秘外衣。目前，世人对这种威力强大的神经毒素仍缺乏有效的治疗手段，微量便足以致命。出于畏惧，大多数人终身不沾河豚，只好用想象填补体验，其美味程度难免被放大了。

彼之砒霜吾之蜜糖。支持派视河豚为顶尖美食，甘冒风险。尤其在江淮地区，初上市的河豚往往非常抢手，有钱人会提前给渔民支付订金，每条高达一贯钱也在所不惜。当地人认为，能在春宴中端出一道河豚羹——鱼羹在清晨煮好，待客人入席，再重新温热上桌——无疑是最有面子的事。

据闻苏轼便颇嗜河豚，《示儿编》记载了这么一个故事：苏轼寓居

◒ 下图：市面能找到的三种蒌蒿

-

上：菜市场里的带叶蒌蒿。

中：洞庭湖边的野生藜蒿，紫茎，茎部粗肥，比蒌蒿脆爽，无渣，芳香更浓郁。

下：超市货架上去叶切齐的蒌蒿。

旧客江西林山房书院，春时多食此菜。嫩茎去叶，汤焯，用油、盐、苦酒沃之为茹；或加以肉臊，香脆良可爱。

——南宋·林洪《山家清供》

◓ 上图：《海错图 · 河豚》
清 聂璜
北京故宫博物院藏
-
河豚生活在海洋，初春洄游进入各大江河产卵（其中长江的洄游量最大），故渔汛集中在春季，如苏轼所吟《惠崇春江晚景》："竹外桃花三两枝，春江水暖鸭先知。蒌蒿满地芦芽短，正是河豚欲上时。"
据考证，长江流域的河豚大多是东方鲀属，常见种类包括红鳍东方鲀、暗纹东方鲀、横纹东方鲀等。图中这条河豚显然是东方鲀属，身上具有条纹，但具体品种不明。

◆ 肉臊的调味，可参考《易牙遗意》中的臊子蛤蜊法："用猪肉，肥精相半，切作小骰子块，和些酒煮半熟。入酱，次下花椒、砂仁、葱白、盐、醋，和匀。再下绿豆粉或面水调，下锅内作腻，一滚盛起。"使用黄酒、酱、花椒粉、砂仁末、葱白、醋与盐。上文是带芡汁的臊子炒法，你也可以不带汁，直接炒成甘香之感。

常州时，有同里的士大夫家中擅长烹河豚，听闻苏轼爱吃此味，就邀请他前来享用。待端上河豚，士大夫的妻儿都悄悄潜入厅堂躲在屏风背后，希望能听到这位大文豪的点评。然而，苏轼只顾着低着头大嚼，良久一言不发，众人大为失望。吃到尾声，苏轼突然叹道："也值一死。"众人听了十分高兴。而反对派的代表，南宋诗人梅尧臣则表示，天下美食那么多，完全没必要"拼死吃河豚"，相比而言，他宁愿将筷子伸向面目狰狞的蛇与蛤蟆，只因它们是安全的。还有退而求其次的选择，是用口感相仿的鱼类仿造出"假河豚"，聊以过瘾。

为避免中毒，宋朝人总结出几条据称有效的解毒偏方。比如灌粪水催吐法，虽极恶心，但其类似洗胃的效果，确实能挽救轻微中毒者的性命。此外，被反复提及的解毒食材就包括蒌蒿。南宋官员严有翼在丹阳宣城任职时，目睹当地人普遍食河豚，却鲜见有人中毒，他把这归功于煮河豚的配菜：菘菜（白菜）、蒌蒿、荻芽。辛弃疾也提出过河豚搭配蒌蒿食用的建议。

但事实上，没有任何科学证据表明蒌蒿具备相关解毒能力。被宋朝人寄予厚望的蒌蒿，或许仅是放心食河豚的一帖安慰剂。正确处理河豚毒的方法是：先择净含毒的部位，如卵巢、血筋、脾脏、肠胃，并在流动的水下反复冲净血液。可将河豚批成茧纸般透薄的刺身生吃（日本常见吃法），但彻底煮熟才是主流食法，因为毒素经半小时以上的高温加热就会分解，清炖也好红烧也佳，各有各的美味。当然，今天食河豚的风险已大大降低，一来做河豚的厨师都要通过专业的资质认证，二来人工养殖也使鱼体内的毒素含量直线下降。

食材：

蒌蒿 / 一把，猪肉 / 一百克
葱白 / 两段，麻油 / 一匙
醋 / 一匙半，酱油或豆酱 / 一匙
黄酒 / 一匙，花椒粉 / 少许
砂仁 / 少许，盐 / 酌量

◆ 猪肉：
猪肉用来做肉臊，最好选择带肥的五花肉，有肥肉会更甘香。

【制法】

① 带肥猪肉去皮，切成小肉丁。砂仁剥去壳，籽实在捣臼中捣成碎末。葱白切粒。

② 炒锅烧热倒油，放肉丁，翻炒至变白。加黄酒、酱油（豆酱），炒至肉丁上的肥肉冒油，再放花椒粉、砂仁碎、葱白、半匙醋、盐，迅速炒匀，盛出。

③ 蒌蒿洗净，甩去水，均匀切成三段。

④ 小半锅水煮沸，滴少许油，放蒌蒿焯一分钟，变色即捞起，不要久烫，否则就不脆了。

⑤ 加麻油一匙、醋一匙、盐适量，用筷子拌匀调料。建议用盐稍轻，这样更能凸显蒌蒿的本味。上碟排好，搁一勺肉臊，即可上桌。蒌蒿香脆，肉臊甘香，两者搭配相得益彰。

玉带羹

吾有镜湖之莼，雍有稽山之笋

鱼生在中国曾经相当流行，但原料、吃法与日本刺身多有不同。日本四面环海，刺身原料主要取自海洋，有比目鱼、黄鰤鱼、鲷鱼、金枪鱼、章鱼等；蘸酱方面，除了经典款“淡酱油加山葵泥”，针对不同食材还会添加紫苏叶、青梅肉、橙醋。而中国“鱼脍”（或称“鱼鲙”“鲙”，生鱼片的古名），大多选择鲫鱼、鲤鱼、鲈鱼、鳊鱼、鲂鱼等取自江河的淡水鱼。在食脍风行的唐宋元三朝，鲜鱼起出净肉，精心批作薄片，摊在麻纸上晾一会儿，使表面稍微风干，然后切成细丝享用。简单的就捣一盏橙齑做蘸酱，复杂的则用萝卜丝、生姜丝、香菜（兰香）、芫荽或蓼叶伴碟，再以芥末、炒葱、盐和醋拌成芥辣醋佐味，也可调一碟专用的“脍醋”：煨葱四支，姜一两半，榆仁酱半盏，花椒碎二钱，胡椒碎一钱，擂碎搅匀，以酸醋、少许盐、糖调好。如今想体验一番古味，还可从顺德捞鱼生入手——鲜鲩鱼切成透明薄片排满碟，十几种条条丝丝配菜与油、盐、胡椒、酱汁同上桌，这显然跟鱼脍相似度很高。

在众多脍材中，又以“松江鲈鱼”名气最盛。松江鲈鱼的真实身份比较混乱，学术界主要聚焦于两种鱼，二者从外貌到体型都差异显著：一种是灰白色鱼体上点缀有黑色小斑点、身长一尺左右的“银鲈”，俗称花鲈，即海鲈鱼。它生活在近海及淡水河流，重两三斤至十来斤不等，体肥肉厚特别适合切脍。一种是样貌像塘鳢鱼、满布玳瑁黑斑、鱼鳃盖骨上有两对显眼的橘红色凹陷带的“四鳃鲈”。此鱼比较迷你，长不过一掌，重约二两，难以下刀切脍。而今市面上那些一斤来重背部渐黑的淡水鲈鱼，其实是原生北美洲的大口黑鲈。

◒ 下图：《群鱼戏瓣图卷》局部

（传）宋 刘寀

圣路易斯艺术博物馆藏

-

四腮鲈的头部扁平，身布黑斑，有一对扇形大胸鳍，跟图中这条鱼颇相似。

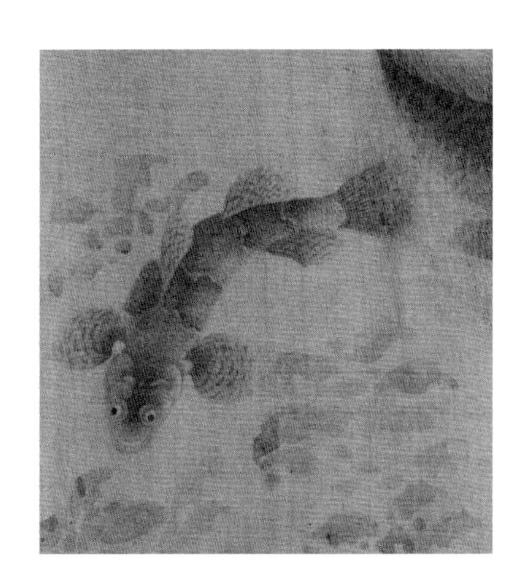

春访赵莼湖（璧），茅行泽（雍）亦在焉。论诗把酒，及夜无可供者。湖曰：『吾有镜湖之莼。』泽曰：『雍有稽山之笋。』仆笑：『可有一杯羹矣！』乃命仆作『玉带羹』，以笋似玉、莼似带也。是夜甚适。今犹喜其清高而爱客也。每诵忠简公『跃马食肉付公等，浮家泛宅真吾徒』之句，有此耳。

——南宋·林洪

《山家清供》

◓ 上图:《海错图 · 鲈鱼》
清 聂璜
北京故宫博物院藏
-
海鲈鱼，俗称花鲈，银白色鱼鳞，身上有黑色小斑点。

为鲈鱼脍带来巨大文化影响力的，是晋代名士张翰。当时宫廷正上演八皇夺权的混战，政局动荡频繁，害怕站错队的官员终日惶恐。在齐王司马冏门下任职大司马东曹掾的张翰，为全身而退，趁刮起秋风，以惦念家乡吴地的两大特产：菰菜羹（唐代误抄为“莼菜羹”，曲误至今）和鲈鱼脍，以及离家太久实在是思乡情切为由，向齐王请辞归田，齐王应允。不久后，齐王冏的阵营惨败，冏被擒杀，张翰可以说是非常幸运地逃过了一劫。

后世对张翰逃离政界的评价褒贬不一，而用鲈莼制作的“鲈脍莼羹”（鲈鱼斫脍，莼菜煮羹，同时上桌）及“鲈莼羹”（鲈鱼加莼菜煮羹），却成为文士表露归隐情结的一件寓物。林洪认为张翰心绪郁结以致呕逆，才会想吃能下气止呕的鲈莼羹。但事实上，鲈莼羹更多是一种文化产物，两者同羹并非主流吃法。此外，常与莼菜搭配的鱼类还有鲫鱼、鳢鱼（黑鱼）、白鱼等。

◆ 鲈鱼用鲜活的花鲈，如无，以大口黑鲈代替。

◆ 莼菜中的单宁元素会与铁质发生反应变黑，不要用铁锅烹饪，宜用钢锅、瓷锅或陶锅。

◆ 莼菜的最佳时令是四月底至七月。鲜莼菜叶背有的略泛紫色，而刚焯过水的叶片，紫色褪去只呈现青绿色，放置一会儿则逐渐变为黄绿色。鲜货的口感纯正，但不容易找到，可在产地或网上购买。市面上更常见的是经加工的包装莼菜，以焯烫杀青或添加冰醋酸等方式来延长保鲜期，叶片整体是绿的，但香鲜味大减。

莼菜属水生蔬菜，只采摘水面下新发的嫩芽来吃，长出水面就老了。形似卷曲的小荷叶，通身被一层厚厚的透明黏液包裹着，有莼之清香。最大亮点是鲜爽顺滑的口感，可将之略焯烫后加姜、醋来拌，但首选吃法是煮羹。除了煮鱼羹，莼菜与笋同羹称为“玉带羹”，因笋似玉、莼似带而得名，且两者时令接近，亦同属清味食材。清初文学家李渔在《闲情偶寄》一书中表示，他曾经将四种鲜美的食材，包括陆产之蕈（蘑菇）、水产之莼、蟹黄和鱼肋（疑为鱼肚）同作羹，并取名为“四美羹”。

食材：

莼菜 / 二百五十克
春笋 / 一根
姜 / 一片
盐 / 少许
油 / 少许
酱油 / 量勺五毫升

【制法】

① 莼菜拣去老叶，冲洗两遍，用沥水篮控干水。

② 笋剥去壳，切成细丝。姜片切丝。

③ 砂锅里倒入两大碗水（约六百毫升），烧开，下姜丝滚一下。

④ 接着放入笋丝，煮十秒。

⑤ 倒入莼菜，加热至水滚后关火。

⑥ 加适量盐、少许油、半匙酱油调味。莼羹调味宜偏淡。

◆ 原文并未描述做法，我参考当时常用调料来仿制这道羹汤。

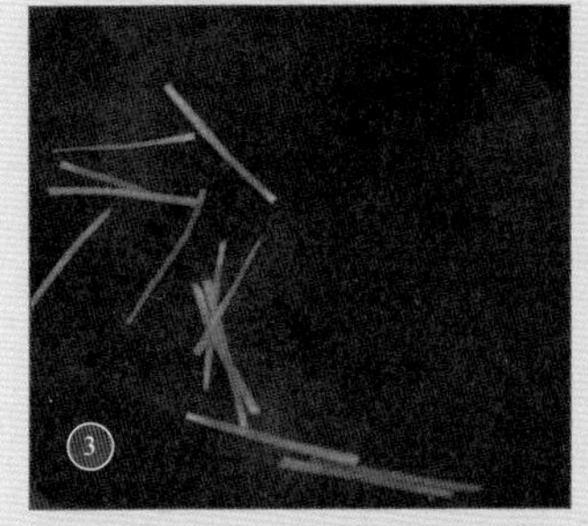

鲈莼羹

《食经》曰："莼羹：鱼长二寸，唯莼不切。鳢鱼，冷水入莼；白鱼，冷水入莼，沸入鱼与咸豉。"又云："鱼长三寸，广二寸半。"又云："莼细择，以汤沙之。中破鳢鱼，邪截令薄，准广二寸，横尽也，鱼半体。煮三沸，浑下莼。与豉汁、渍盐。"

——北魏·贾思勰《齐民要术》

食材：

莼菜 / 二百克，鲈鱼 / 一条（取净肉一百五十克），姜 / 三片，盐 / 少许，油 / 少许，酱油 / 酌量

① 鲈鱼治净，清洗抹干。片下鱼身两侧鱼肉，然后将鱼肉横切成薄片。

② 莼菜冲洗，用笊篱沥水。小半锅水烧开，倒入莼菜焯十秒，捞起。

③ 砂锅里倒两大碗清水，大火烧开，下一撮姜丝，滚几滚。

④ 捻中火，放入鱼片，略搅开。

⑤ 鱼片变白后，放莼菜，水滚后关火。加盐、油、半匙酱油。

◆ 在《齐民要术》中介绍了几种脍鲈莼羹，煮制时都需添加咸豉或豉汁。将咸豉加少量清水略煮，至汁水呈新琥珀色，滤去咸豉并滤清，即为豉汁。放入豉汁的莼羹带可口的酱鲜味；而不放豉汁的莼羹，能清晰品尝到莼菜叶的原味。

夏食

蜜煎樱桃

烂樱珠之煎蜜

新鲜樱桃去核，盛入琉璃大碗里，浇上似酸奶般浓稠的甜乳酪，拿匙一勺一勺舀着吃，再饮用一银杯能解樱桃“热毒”的清甜蔗浆，这是唐朝人吃樱桃的高级配置。这样的甜点，连餐具搭配也颇讲究，多用金瓯、玉碗和琉璃碗，当时精美的琉璃器（即玻璃）几乎全靠进口，晶莹剔透的质地能提升樱酪的品相，亦能彰显主人的富有。

因上市月份较其他水果早，樱桃含尝鲜的意味，从上古周朝起，就被视为敬祭皇室宗庙的必备供品。到唐朝，樱桃宴在上流社会风行，许多重要活动都有樱桃的参与。一类樱桃宴是由皇帝主持，群臣应邀到御苑樱桃园中，在樱桃树下饮酒作乐，恣意享用刚摘下的樱桃果，宴会结束还给每人赏赐两笼朱樱。话说，唐玄宗还曾命大臣们“口摘”樱桃，即用嘴巴摘取枝头的果子，然后细细品尝，游戏感很强。另一类“进士樱桃宴”，则是专属于新科进士的盛会，因为皇榜发榜之日恰逢樱桃成熟之时。一般情况下，樱桃宴由全体进士缴纳份子钱合办，是联络彼此感情、结交朝中公卿的大好时机。

但也有例外，王定保在《唐摭言》中特意提到：唐乾符四年（877），宰相刘邺的二儿子刘覃得中进士。重臣之家权钱兼备，与朝中公卿又熟络，刘覃干脆撇开同门，单独举办一场进士宴。当时樱桃初熟，恐怕连达官贵人也吃不上，市面更是难得一见。好在刘覃派人四处花重金采办，最终竟购得逾千公斤，堆起来像座小山。在吃之前，也会浇上糖酪，每位嘉宾能分到好几升这样的樱酪（唐朝一升约合六百毫升，一瓶啤酒的容量），足可尽兴享用。

◒ 下图:《樱桃黄鹂图》
南宋 佚名
上海博物馆藏
-
唐段成式《酉阳杂俎》所记“樱桃饆饠”，据学者考证，这是一种以樱桃为馅的面点。

樱桃不以多少，挟去核，银石器内，先以蜜半斤，慢火熬煎出水，控向笴箕中令干。再入蜜二斤，慢火煎，如琥珀色为度，放冷，以瓷器收贮之，为佳也。

——南宋·陈元靓《事林广记》

◓ 上图：瓣花纹蓝色琉璃盘
唐代
-
陕西省扶风法门寺地宫出土。深蓝色，半透明，造型规整，工艺精致，盘底以细线刻绘伊斯兰风格的装饰花纹，属舶来品。

◓ 上图：蓝色玻璃菊瓣碟
南宋
福州市博物馆藏
-
浅蓝色，不透明，厚薄不均，兼有气孔，为宋代常见的菊瓣形，应是国产。

◆ 唐宋时期的琉璃器，有透明与不透明两种。从伊斯兰国家进口的器具比较精美，在透明度和坚固度方面都更好，但价格不菲。市面也存在平价的国产货，缺点是杂质多，易裂。北宋开封有家高级瓠羹店，盛羹的餐具是一种名为“碧碗”的琉璃浅棱碗，从颜色和质地来看，大概类似上图的玻璃菊瓣碟。

樱桃宴在唐朝如此辉煌，奇怪的是，随后在宋朝进士那里却受到冷遇。尽管提起樱桃宴仍会心生向往，但并没有谁大设此宴，取而代之的是御赐的琼林宴，地点通常设在皇家花园琼林苑，重要配角也非樱桃果。樱桃宴的潮流已退，但樱桃加乳酪的吃法仍旧流行了一阵子。

在品种方面，宋人常吃的樱桃至少有四类：深红色的朱樱，淡黄色的蜡樱，紫红带细黄点的紫樱，珍珠般小巧而朱红的樱珠。除了鲜吃，樱桃还会被制成可长期存放的小食：樱桃蜜煎。

蜜煎，加蜂蜜来煎制，相当于制作古代版蜜饯，此法主要用于料理各种水果，但偶尔也使用瓜蔬，比如姜、莲藕、冬瓜、笋。苏轼爱吃的“烂樱珠之煎蜜”，即为蜜煎樱桃。樱桃去核，先加蜜，慢火煎熬，使果肉析出较多水分，控干水；再次加蜜，煎至水分收干、果肉呈现琥珀色。这样处理，果肉的水分几乎被糖分取代，酸度大幅降低，也适合长期存放。假如加盐和香料（如花椒、甘草、白芷、豆蔻、官桂、橘皮等）进行炮制，则名“砌香樱桃”，属咸酸果子类。《山家清供》还提到一款樱桃饼——鲜樱桃用梅子水煮软，去核，果肉捣烂如泥，加蜜糖，揉匀成团状，再用模具压成小饼。

梅子、橄榄、橙、樱桃或金橘等制作的系列蜜煎咸酸果，谓之“下酒果子”，主要用来待客，有点像今人常摆的瓜子、花生、糖果。最夸张的是清河郡王奉宴高宗，在进入礼饮环节前，先端上二十四碟这类果子开胃。

食材：

樱桃 / 一千克
蜂蜜 / 二百克
砂糖 / 四百克

◆ 选择本土红色樱桃。不要选欧洲甜樱桃，即深红而大粒的“车厘子”。

【制法】

① 将樱桃洗干净，控干水，摘去果柄。左手拿一个樱桃，右手持一根竹筷，用筷子较粗那头，从樱桃底部（不带柄那一面）戳入，并戳穿，果核随之被戳出来。樱桃果肉接触空气后会快速氧化，去核后最好尽快使用。

② 选择陶瓷锅或钢锅。把樱桃倒入锅中，再倒二百克砂糖。这里我将部分蜂蜜替换为砂糖，做出来的甜度会低一些，你也可以按照原方，全部使用蜂蜜来煎煮。

③ 用勺子把樱桃和砂糖搅匀。

④ 开中火，烧煮至砂糖溶化，糖汁沸腾，然后把火捻小，煮上二十分钟，至樱桃析出很多水分。其间要不时小心翻拨樱桃，防止粘锅。

⑤ 用漏勺捞起樱桃，并用汤勺轻轻按压，挤出汁液。然后装入滤篮中，沥干汁水。

⑥ 汁液内含大量樱桃果汁，可用玻璃瓶盛起存放，加凉开水或冰块，稀释调作饮料，酸甜开胃又天然。

⑦ 樱桃再次入锅，加二百克砂糖、一百克蜂蜜，开小火，糖、蜜溶化后，再煎煮约二十分钟。再次捞起樱桃，挤干。这样做是为了让糖分慢慢置换出樱桃中的水分。

⑧ 将樱桃入锅，放一百克蜂蜜，小火熬十分钟以上，直至糖汁收稠，色如琥珀。要使果子所含水分尽量蒸发掉，不然久存容易长毛。

⑨ 用滤网滤去多余蜜汁，放凉，装瓶密封保存或在烈日下晒干。煎煮过程需要耐心，要一直在旁边密切关注是否煳锅，焦煳的樱桃有股难吃的煳味，无法补救。

肉生法

肉丝酱瓜糟萝卜，食箸不停资大嚼

家庭主妇在宋朝叫作“中馈”。据说《中馈录》便是浙江浦江县一位主妇吴氏所编著，这本食谱收录时下各色小炒、凉拌、糕点、面食，以及腌鱼、腌肉、腌咸瓜、酱瓜菜、晒笋干等系列腌腊酱渍，共约七十种食物，所用食材比较大众化，烹调方式不花哨，都是实用的家常菜。

其中，“肉生法”属凉拌菜：半熟的精肉丝，加细切的酱瓜、糟萝卜，以及大蒜、砂仁、草果、花椒、橘丝、香油拌匀，临上桌再加醋调足味。从原料到味道，清楚地透露出其家常菜属性。腌缸里的酱瓜、糟萝卜给肉丝提鲜，带来重度的咸与爽脆，五种辛香料及食醋的加入，构成咸香酸味型，很适合配白饭吃，是杭州人俗称“下饭”的佐餐小菜。

女子“主中馈”是当时的社会主流。然而跟固有印象中足不出户的“闺秀”不同，女性也会外出工作，比如经营茶楼饭馆，到集市摆摊贩卖茶水、鱼羹、水果、点心，或出售亲手纺织的布匹、刺绣的领抹、缝制的幞头帽子等物，或在附近酒店帮忙倒酒、温酒、剥洗食材，甚至以职业女性身份登场——买卖婢仆的中介人“女侩”、说媒的媒婆、接生的稳婆、占卜问卦的卦婆。北宋首都开封是皇室、权臣与富商的聚居地，换句话说，集中了大量有钱人，因而带动服务业的兴盛。这竟左右了市井小民的生育观：重女轻男。女儿被视为潜力股，百般呵护，仿佛掌上明珠，自幼年起便根据自身资质教以业艺。有的被调教成伎艺人，比如在北宋徽宗崇宁、大观年间，汴京以“小唱”著称的歌姬李师师、徐婆惜、封宜奴、孙三四，她们有机会接触上流社会并结识权贵，许多富豪也喜欢蓄养些歌舞艺人。有的被士大夫收作身边人（侍妾），或雇为专业女

下图左：河南偃师宋墓画像砖（拓片）

-

绾好头发绑好袖口的厨娘，正着手将案板上的生鱼批成薄片，做一道唐宋人都爱吃的鱼脍。

下图右：《杂剧〈打花鼓〉图》
南宋 佚名
北京故宫博物院藏

-

虽然着装似男性，但表演杂剧的两人均为女子。

用精肉切细薄片子，酱油洗净，入火烧红锅，爆炒，去血水，微白即好。取出，切成丝。再加酱瓜、糟萝卜、大蒜、砂仁、草果、花椒、橘丝、香油拌炒肉丝。临食加醋和匀，食之甚美。

——宋元·浦江吴氏《中馈录》

◓ 上图：葱芯

-

把小葱叶层层剥掉，可得到葱芯，厨娘就是用它来做“葱齑”。《事林广记》有载“压黄葱齑”，所用原料更考究。须把采收的葱都堆在阴室，由于缺乏光照，葱头新冒出的嫩芽叶会像韭黄那样呈淡黄色。将其摘下，切寸段，用小钵装起，淋入沸水略烫，然后立即把水滗净，以肉齑酱佐味。

佣：本事人、供过人、针线人、堂前人、杂剧人、拆洗人、琴童、棋童、厨娘。上流社会还需要大批包揽粗活的婢女。

厨娘的社会地位卑微，但收入并不低，尤其是具专业素养的京厨娘，唯有富豪才请得起。在宋人笔记《旸谷漫录》(《江行杂录》亦转载）中，有一个关于京厨娘的故事：老郡守向来素俭，却突然动了聘请一位京厨娘的念头，他不计较价钱，托人多方物色，才找到合适人选。只见这位厨娘身着整洁的红裙翠裳，行为端雅，懂笔墨书算，随身携带的锅铫盂勺等私人厨具，全由贵重的白金精制，更衬出了其不凡的气质。

次日试厨宴会上，这位厨娘高超的烹饪水准，在“羊头签”和“葱齑”两道菜肴上体现得淋漓尽致。所谓羊头签，是以羊头肉为馅的油炸小卷；葱齑，可理解为一碟经淡酒醋微渍的葱段。将这种普通食物，做到堪称神品的境界，厨娘的秘诀在选料——每只羊头，只剔用羊脸颊两侧最嫩滑的一小块肉（南宋皇室做羊头签亦是如此）；而葱，则是把葱叶层层剥掉，只取中心那根黄绿色的嫩葱芯。也难怪，完成羊头签和葱齑各五份，竟然耗费十只羊头，五斤细葱。再配合恰到好处的火候、调味，最终呈现“精馨脆美”的口感，在场宾客一致称好。

但不久后，郡守却借故将如此出色的厨娘辞退。原因是聘金太高，加上每次大宴后还要另外支付一笔“绢帛数匹或二三贯钱”的巨额赏金，郡守无奈感叹“此等厨娘，不宜常用”。

◒ 右页下图：《歌乐图》局部

（传）南宋 佚名

上海博物馆藏

-

歌姬打扮的女子。据学者考证，这组艺人正准备表演“北曲杂剧”。

食材：

猪里脊肉 / 一百二十克，酱瓜 / 六十克，糟萝卜 / 六十克，大蒜 / 三分之二个，草果粉 / 量勺一克草果籽研磨的粉，砂仁粉 / 量勺一克砂仁籽研磨的粉，花椒粉 / 量勺两克，橘皮丝 / 两克剪成细丝，香油 / 二十五克，盐 / 一克至两克，香醋 / 六十毫升，酱油 / 十五毫升

◆ 最好用传统酱园生产的酱瓜，味道比较醇厚，可在当地酱园销售点或网上购买。

◆ 这里使用了福建古田传统的红糟萝卜，红色是因为加入红曲。

【制法】

① 大蒜外皮剥净，每粒蒜子切成薄片。如果爱吃生蒜，不妨多放一些。

② 酱瓜和糟萝卜提前蒸熟放凉。酱瓜不用洗，切成七厘米长条细丝，糟萝卜亦切长条细丝。

③ 猪里脊肉顺纹切成肉片，就像切肉丝那种厚度就好。加一匙酱油抓匀，浸渍五分钟。

④ 炒锅烧热，可放少许油润锅。下肉片，快速爆炒至肉色变白，且肉嫩熟的状态。（原食谱是炒到半熟、微白，还略带点生，故有“肉生法”之名。考虑到猪肉半熟会有食品安全风险，建议炒至嫩熟。）

⑤ 肉片盛出散热。拿厨房纸巾将肉片表面的油和汁水擦干，使肉片干身。然后，切成条丝。

⑥ 将肉丝、酱瓜丝、糟萝卜丝、大蒜片、橘皮丝、砂仁粉、草果粉、花椒粉，适量盐，淋上香油充分拌匀。上桌前，加入醋来调匀。（原食谱未给出醋的用量，可参考同书的类似菜式“肉鲊”，添加较多醋）入口酸香，生蒜片和香料带来浓烈滋味，十分开胃。

◆ 调整原料的比例，会得到不同的口感。上面给出的配方，肉丝比酱瓜、糟萝卜略多一些，香料和醋都放得比较重，是一盘咸酸的下饭菜。你也可以根据个人口味来进行调整。

蛤蜊米脯羹

雪指玉质全身莹，金缘冰钿半缕纤

◒ 下图：白蛤、文蛤、白蚬子

文蛤：古称花蛤，壳面满布羽状斑纹，个头较大，壳厚，贝肉肥美。在古人天马行空的想象中，认为蛤蜊是由钻入水中的雀鸟幻化，小雀鸟化为花蛤，五百年的神雀则能变身巨型蜃蛤，吐一口水气，能生成一幅海市蜃楼的景象。

白蛤：贝壳以灰白为主色调，比较厚实，贝肉肥腴多汁。

白蚬子：学名四角蛤蜊，两壳鼓胀，贝肉肥厚。其壳上有紫色环带，很可能就是宋人所推崇的"紫唇"。

在物流水平远逊于今日的古代，食材的地域性非常明显，沿海人常吃的生猛海鲜，在内陆人看来却是稀罕物。比如，宋之前蛤蜊早已跻身内陆上流社会的餐桌上，但因售价不菲，仅供权贵大快朵颐（传言唐文宗就好食蛤蜊），还未在民间流行。大约在北宋初期，蛤蜊才逐渐打入开封市场，经历了从陌生到熟悉，从昂贵到普及的过程。

起初，输入开封的蛤蜊不多，使其一度仍是昂贵的珍馐，普通人恐怕难以染指，连士大夫也只能偶尔买一点打打牙祭。《后山谈丛》写道：在初秋的私宴上，新宠十阁娘子为仁宗献上一盘蛤蜊作为下酒。其时蛤蜊初运至京都，虽说这盘蛤蜊只有二十八枚，但采购价是惊人的"每枚千钱"。仁宗深感奢靡不堪，遂拒绝食用。

当时很多人从未见识过蛤蜊的真面目，更遑论吃它。北宋官员沈括在《梦溪笔谈》提到一次极为失败的烹蛤蜊的事件：庆历年间，打算在玉堂殿小聚的学士们，提前采购来一竹筐新鲜蛤蜊，交给那里的一位北方厨师料理。良久，见蛤蜊还没上桌，学士派人到厨房催促，却得到令人哭笑不得的回复。原来厨师直接以惯用的油煎法，像煎鱼煎肉那样，将整只带壳的蛤蜊入麻油煎制，但直到焦黑，蛤蜊仍是硬邦邦的状态，这使得厨师深感困惑。

随着越来越多蛤蜊经由漕河从产地运至开封，一定程度上冲击了市场，其身价才直线下滑，委身为平民食材。再对比沿海城市杭州，完全是两番景象。当地人餐桌上不乏各种海贝，如江珧（江珧清羹、酒烧江珧、生丝江珧、酒浸江珧、江珧炸肚）、牡蛎（酒掇蛎、生烧酒蛎、煨

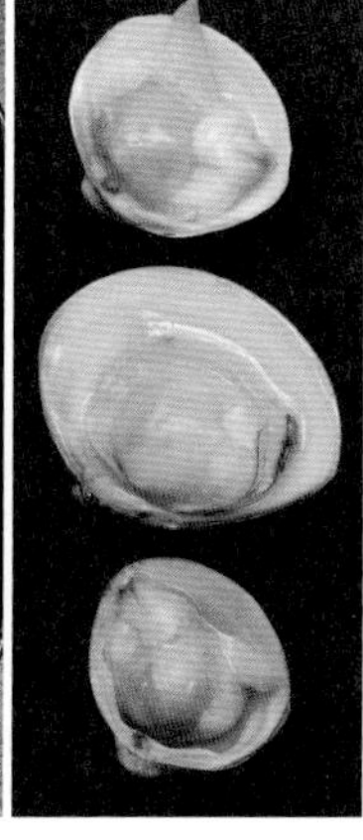

倾来百颗恰盈奁，剥作杯羹未属厌。
莫遣下盐伤正味，不曾著蜜若为甜。
雪指玉质全身莹，金缘冰钿半缕纤。
更渐香秔轻糁却，发挥风韵十分添。

——南宋·杨万里《食蛤蜊米脯羹》

牡蛎）、蚶子（生蚶子、炸肚燥子蚶、枨醋蚶、五辣醋蚶子、蚶子明芽肚、蚶子脍、酒烧蚶子、蚶子辣羹、酒垅子、酱蜜丁）、决明（糟决明、姜酒决明、五羹决明、二陈羹决明、签决明）、淡菜（淡菜脍、改汁辣淡菜、米脯淡菜）、车螯、蛏子、龟脚等。当时四明地区（宁波）的海民已学会将蛤蜊幼苗播种于滩涂中来进行人工养殖，因而杭州城的蛤蜊更是又多又便宜，酒楼食店供应酒焐鲜蛤、米脯鲜蛤、酒蛤蜊、炒蛤蜊，而在贩夫走卒经常帮衬的简陋小酒馆里，能吃到下酒菜“蛤蜊肉”。

士大夫为蛤蜊写下大量赞美诗，也会与僚友分享这种海味，北宋诗人梅尧臣就曾收到好些同事寄来的蛤蜊礼盒。由于保质问题，很少人会直接寄鲜货，一般渍作蛤蜊酱、用盐腌成咸蛤蜊或浇酒浸泡为酒蛤蜊，都非常适合下酒。

对南宋人杨万里来说，吃一次鲜蛤蜊不是难事，因他正在岭南沿海地区上任，本地盛产海鲜。逗留潮州左近时，有人赠他一包约有百来颗的鲜蛤蜊。既不用油煎炒也没有加酒酱煮，杨万里拿它煮了一碗蛤蜊米脯羹。蛤蜊去壳，只取贝肉，添加少量香粳米，加水滚成羹。蛤蜊肉汁本身含有微微的咸水味，连盐粒也不用加，便成原汁原味的佳肴。米糁形成粥类稠滑的口感，蛤蜊肉鲜度饱满，集大海的鲜与谷物的香于一碗，令人垂涎。于是，杨万里写下《食蛤蜊米脯羹》记录这一美馔。此外，他还创作了关于“酒蛤蜊”、“食蛎房”、“食车螯”（一种大蛤）、“食银鱼干”、“乌贼鱼”等海产的多篇诗歌。

◆ 加米煮羹，是比较古老的烹饪手法，先秦至南北朝时期相当流行，名为“糁羹”。在北魏《齐民要术》中，做鸭臛、鳖臛、兔臛、羊蹄臛、鳢鱼臛、鳢鱼汤这些肉汤时，都会添加少量米同煮，有的是用整粒的“全米糁”，有的是用经捣研的“研米汁”“破米汁”。

◆ 米脯糁羹似粥但又不是粥，所用米量显然比粥少得多，只起陪衬作用，突出主角蛤蜊肉。而考虑到蛤蜊不宜久煮，这里我将米粒研碎来煮，既能有效缩短烹煮时间，又使汤汁加倍稠滑。此外，除了蛤蜊米脯羹（米脯鲜蛤），在南宋杭州食肆中还会供应米脯淡菜、米脯风鳗、米脯羊和米脯鸠子。

食材：

蛤蜊 / 约一百粒
粳米糁 / 五十克
生姜 / 两片

◆ 蛤蜊：可选贝肉肥厚的品种，如白蛤、白蚬子等。蛤蜊一年四季都能买到，其品质受气温影响，温暖的四月至九月，蛤蜊掂起来沉甸甸的，里面贝肉肥厚，鲜甜度很足，是大啖的好时机，而在寒冷的冬春季节，蛤蜊则比较干瘦。

【制法】

① 将粳米放入捣臼里捣成碎粒，但切勿捣成粉。用研磨机来处理这一步会更好。你还可以将之过筛，筛去细末和粗粒，就得到一份颗粒均匀的砂糖状的碎米粒。取五十克使用。

② 如果蛤蜊含沙，就将蛤蜊放进加了几滴香油的淡盐水中，浸养几个小时催吐泥沙。用小刷子刷净蛤蜊的外壳，洗过沥水。将锅里的水烧开，关火，倒入蛤蜊，淥二十秒，见贝壳微开缝就捞起。

③ 掰开蛤蜊的贝壳，剥出蛤蜊肉，壳内肉汁也要用小碗收集（用极细滤网将肉汁的杂质滤净）。

④ 砂锅里加六百毫升至七百毫升清水，倒入蛤蜊肉和肉汁，加细姜丝，烧开，撇去浮沫。

⑤ 倒入米糁，搅一搅，中火煮约十分钟至十二分钟，至米糁熟透。想要口感更嫩，可将顺序调换：先煮熟米糁，后放蛤蜊肉。煮制过程中不时用勺搅动汤水，以免煳锅，煮好的蛤蜊羹浓稠如小米粥，口感顺滑。由于蛤蜊带有海盐的咸味，不用加盐，也足够咸鲜。

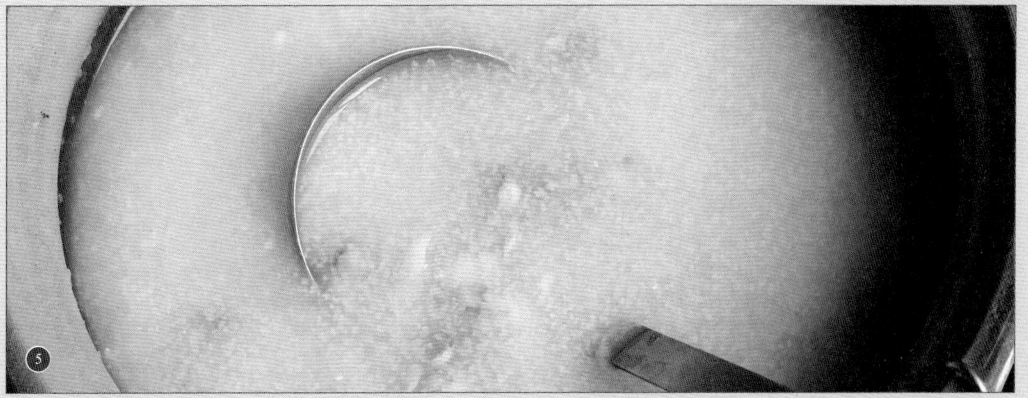

玉灌肺

佛门素食得御爱

四月初八，西湖比平日热闹得多，湖面船只拥堵，成千上万的游人聚集岸边，是为慈善“放生会”而来——将动物放归大自然，远离厨房杀戮的痛苦。除了由皇家出面主持，市民也自发购买生类参与其中。讽刺的是，小贩兜售的雀鸟、乌龟、泥鳅、螺蛳与蚌壳，或许是清晨才刚捕获的，而现在却又被善男信女争相买下，放飞空中或投入西湖。卖家生意兴隆，买者自觉行善积德，竟皆大欢喜。

由于是浴佛节，人们的备选节目还包括到寺院观看浴佛仪式。据《佛传》记载，从母亲右肋出世的悉达多太子刚落地便周行莲花七步，一手指天一手指地，宣称“天上天下，唯我独尊”，招来龙王浮飞空中，吐出几股香汤水，将太子洗浴得洁净无比。浴佛仪式就是模拟龙吐水浴佛的情景，金盆中心安放一尊释迦牟尼手指天地的金铜像，然后往盆中注满用香料煎制而成的香水（《高僧传》载：以都梁香为青色水，郁金香为赤色水，邱隆香为白色水，附子香为黄色水，安息香为黑色水）。大德僧手持长柄金勺，舀起香水，从铜像头顶浇灌，重复若干次。待仪式完毕，观者甚至会讨取这些浴佛水，用来饮用或洗漱。

为什么重视佛教节日？原因是宋朝人普遍接纳朴素的佛教观念，笃信因果轮回，会烧香叩拜念经，并在固定的斋日茹素。佛诞是约定的斋戒日之一，而在七月十五的盂兰盆节，杭州茹素者的比例更高达十之八九，连城中屠宰户也会关门罢市，歇业一天以缓解杀气。这意味着素斋饭馆和素面店将会生意火爆。今天的素食苑，一般会有素鸡、素鹅、素鱼，菜名虽见荤，本质其实是豆腐、面筋、粉面、笋菇和各种瓜果，用一套特别的

◒ 下图：《清明上河图》局部
北宋 张择端
北京故宫博物院藏

-

头顶托盘小贩
托食盒小贩
当时有很多沿街叫卖熟食的小贩，除了托小盘、托盒，还有担架子的。在南宋杭州城，夜市中有人担架子叫卖香辣灌肺、香辣素粉羹、细粉科头、姜虾、海蜇鲊、清汁田螺羹、羊血汤诸物。

真粉、油饼、芝麻、松子、胡桃、莳萝，六者为末拌和，入甑蒸熟，切作肺样块，用辣汁[1]供。今后苑名曰『御爱玉灌肺』。要之，不过一素供耳。然以此见九重崇俭不嗜杀之意，居山者岂宜侈乎？

——南宋·林洪《山家清供》

① 原文作“枣汁”。结合其他版本来看，应为“辣汁”，故改之。

◆ 玉灌肺方还有两个版本，总体来说都差不多，只有一些细小区别。一是景明刻本《夷门广牍·山家清供》版，在糕坯中另添加“白糖、红曲少许”，可能带浅淡的红色，微有甜味。二是吴氏《中馈录》版，以茴香代替莳萝。

◆ 原方建议，玉灌肺要用“辣汁”佐味。只是，辣汁的具体做法不明。你也可以不加任何汁料来食用这道点心，其口感类似核桃糕，具有浓郁的果仁香味，适合充当茶点。

◆ 白芝麻：不要选黑芝麻，黑芝麻会使糕体的颜色加深，无法体现玉灌肺的“玉”字。

◆ 油饼：油炸的饼或烤制的油酥饼都可。这里选择比较脆的馓子，容易捣粉。

◆ 小茴香粉或莳萝粉：莳萝的香味比较浓烈，而小茴香则相对温和，且具有香甜味。

◆ 绿豆淀粉：在宋朝，绿豆淀粉常被用于制粉皮。如今这种淀粉使用较少，市面上有其他更便宜的同类产品，如马铃薯淀粉、木薯淀粉、红薯淀粉、玉米淀粉、豌豆淀粉、小麦淀粉。

烹饪手法来仿造肉类的口感，有的还尽量模拟动物原本的外形，强调以假乱真。相似的情景，也出现在南宋杭州城中那些素斋馆里。

灌肺，原是要用一具洗得白净的羊肺，肺叶内灌满以豆粉、面粉和姜汁、麻泥、杏泥、熟油之类调制的面浆，扎紧口子，煮熟切块，浇酱吃。如今，在吃羊盛行的山西、新疆，仍能寻到这类古老食物，俗称面肺子。而在两宋都城开封与杭州，都有小贩叫卖灌肺，通常作为早餐和夜市小吃，便宜又顶饱。可选择香料味浓郁的“香药灌肺”，也可来一份辛辣开胃的“香辣灌肺”。

灌肺属于荤食，其纯素仿制品在当时至少有三种。有“假灌肺”。将蒟蒻（魔芋）切成片，焯过，加杏泥、椒末、姜末和酱腌上两小时；再用葱油、水、乳品和椒姜煮成汁，放蒟蒻片略烫，然后连汁起锅。话说，蒟蒻的弹口感有点像灌肺，而所拌汁水既有乳香又带着辛辣，难以想象有多奇怪。

有“素灌肺”。把一团熟面筋切如肺样块子，加杏酪、麻饮、姜汁、盐、酱等腌透，然后滚上薄薄的绿豆粉衣，下油锅里炸至皮脆，最后浇上用腌料调和的咸辣酱汁佐味，看起来似乎味道不赖。

还有“玉灌肺”。油饼、芝麻、松子、胡桃、莳萝，分别研末，拌入绿豆淀粉制成糕坯，蒸熟后，切作肺样小块，浇辣味酱汁。糕体的味道和核桃糕比较像。在文士食谱《山家清供》与家常食谱《中馈录》里，都能找到玉灌肺，传闻皇帝也是其忠实食客，御膳菜名为“御爱玉灌肺”。多吃素食，大概很能彰显皇帝崇尚俭朴、不嗜杀生的美德，也具有政治意义。

食材：

核桃仁 / 五十克
松子仁 / 五十克
白芝麻 / 五十克
油饼（馓子）/ 五十克
小茴香粉或莳萝粉 / 五克
绿豆淀粉 / 一百二十克

◆ 核桃仁：核桃仁上的褐衣要去净。可以加热水浸泡两分钟，待衣被泡软，滗水，就能比较容易撕掉。撕好衣的核桃仁有水，要晾干或烘至十分干燥才能使用。或购买已经去衣的净核桃仁。

【制法】

① 将核桃仁和松子仁分别研捣细腻，白芝麻用磨粉机打成粉，馓子也捣成碎末。

② 将核桃仁、松子仁、芝麻和馓子的细粉拌在一起。

③ 添加小茴香粉、适量绿豆淀粉拌匀。（原方并没有给出每种原料的用量。若淀粉加得少，果仁香味较浓，但糕体容易散开；淀粉加得多，糕体会比较结实，但香味稍淡。需要找到恰当的配比，这样糕体才能既呈现果仁甘味，也不易松散。）

④ 加入凉水，边倒边搅拌，约用水一百六十毫升。（原方并未说明需要添加水，但如果不加水，糕坯蒸过仍是散粉状，凝结不起来。）

⑤ 拌和均匀，和成一个湿软面团。再将面团拍扁擀平，放入蒸笼中。如果不拍扁，需要蒸制更长时间，否则糕坯容易夹生。

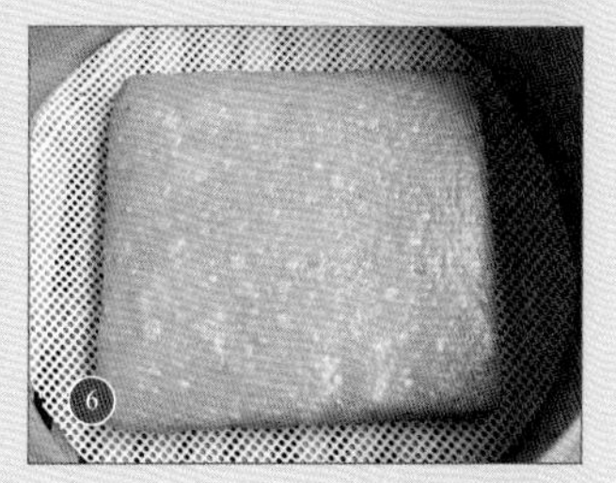

⑥ 等蒸锅水烧开，将蒸笼架锅上，加盖蒸制二十分钟。关火，取出散热。

⑦ 可以像面肺子那样切三角块、切片或切条，悉听尊便。

真君粥

争似莲花峰下客，种成红杏亦升仙

在道教体系中，名望很高的神仙会被尊称为“真君”。不过杏子熬的粥被冠以“真君粥”之名，则与董奉有关。

汉末三国时期的董奉，据说是与华佗、张仲景齐名的医界圣手，可从东晋葛洪《神仙传》所载这个添加了神话色彩的行医故事中，感受到古人对他的敬仰：

交州太守士燮突发重疾，已病死三日。董奉取出三颗药丸，放入其口中然后灌水，令人捧其脸颊轻摇。不一会儿药丸生效，奇迹显现，死者冷硬的手脚竟略略动弹，惨白的脸庞也重回血色。半日后可以勉强坐起，四日后能张嘴说话，不久就康复如初，实乃起死回生。

大夫给病患诊治，通常都会收取一些钱物作诊金，但董奉的收费方式与众不同，既不收金钱也不要米粮，只接受杏树苗。顺利康复的患者大都遵守约定，在董奉隐居的庐山下，栽种一些杏树作为回报，具体数目，视医治的难易程度而定，比如病情很重的要栽杏树五株，病情比较轻的只要栽一株。不出几年，这片山坡居然有超过十万株杏树，连成了蔚为壮观的杏林。每一株，都是董奉悬壶济世的见证，这就是当今医学界被喻为“杏林”的原因。

到夏季，杏树结出大把果实，收获的杏子堆得像小山，吸引来很多想买杏子的人。为免去接待的麻烦，董奉想出一个好办法。他在林中搭建一座存粮的草仓，并发布消息称，将实行自助买卖模式，人们只需把粮食送到草仓，然后自行摘取杏子，一罐粮食可交换一罐杏子。后来，这些粮米被用作慈善业，比如救济特别穷苦的家庭，施舍给不幸遭受灾

◒ 下图：《炙艾图》局部
（传）南宋 李唐
台北故宫博物院藏

收入高又体面的官医集中在京城，重点为皇室服务，而乡村人治病，多靠行脚村医。图中的村医正用点燃的艾条为病人艾灸。

杏子煮烂去核，候粥熟同煮，可谓『真君粥』。向游庐山，闻董真君未仙时多种杏。岁稔，则以杏易谷；岁歉，则以谷贱粜。时得活者甚众。后白日升仙。世有诗云：『争似莲花峰下客，种成红杏亦升仙。』岂必专而炼丹服气？苟有功德于人，虽未死而名已仙矣。因名之。

——南宋·林洪《山家清供》

◓ 上图：《清明上河图》局部
北宋 张择端
北京故宫博物院藏
-
这家城里的医药铺名“赵太丞家”，左右置数幅广告牌，如“治酒所伤真方集香丸”“大理中丸医肠胃丸”等。

荒的人，困顿的旅行者也能从这里得到援助。

由于身兼医生与慈善家两重身份，董奉广受敬仰。他辞世后，人们更乐意相信他只是暂别人间，到天界去当神仙，会继续为人间谋福祉，所以尊称他为“董真君”。元朝人编撰过厚厚一本收录了大量神仙传记的《历世真仙体道通鉴》，在其中可以看到经神话包装后的董奉：一说他的饮食习惯很怪异，每顿只吃肉干与枣，也爱喝酒，但从不碰其他饭菜；一说他常年以三十岁的年轻外貌示人，活了整整一百岁也未见老态，俨然一副神仙做派。

杏仁粥，用的是杏子核里面那颗甜杏仁，多部药典都有收录这道食疗粥，据称可缓解气喘咳嗽，也能润滑肠道。而真君粥使用的是杏子。杏子一般作为水果来吃，用于烹饪倒是很少见。杏子先煮软去核，米另起锅熬粥，待米粒开花，倒入杏肉搅拌，滚几滚。由于生鲜杏子大都甜里带酸，加热后，酸味会呈几何级数增长，变得难以入口。为了降低酸度，最好加一块冰糖同煮，可使杏粥吃起来酸酸甜甜，特别开胃。

杏子原产中国，这种水果在宋朝很常见，多作为鲜果食用，也被制成蜜煎。每逢端午节，北宋都城的人们会把杏肉与梅肉、李肉、生姜、紫苏、菖蒲，均切成细丝，经盐腌曝晒，制成咸酸的杂色果干丝，名为“百草头”；又或把这些丝加蜜渍制，塞入一张张梅皮内（黄梅盐腌后晒半干，去核）做成“酿梅”（或名替核酿梅）；两款皆是端午果子。

食材：

杏子 / 四颗（共二百五十克）
粳米 / 八十克
冰糖 / 约八十克，酌量添加

◆ 尽量选择较熟的甜杏子，半生杏子煮过会很酸。

◆ 建议选用土法凝制的多晶冰糖。与透明洁白的单晶冰糖相比，这类传统冰糖的颜色带黄，甜度更高。

【制法】

① 杏子放入锅，加水没过，烧开后约煮五分钟，至果肉变软。

② 捞出杏子，稍放凉，去掉果核与外皮。

③ 粳米洗过，加水浸泡半小时。倒入砂锅，约加八百毫升水，煮开后捻小火，熬至米粒开花。

④ 待粥煮好，先放冰糖块煮溶。其间用汤勺上下翻动，加快冰糖溶化速度。

⑤ 杏子肉倒入粥里，与米粥搅匀。

⑥ 熬煮五分钟使之混合。你可试一下味道，若仍太酸，酌量加冰糖。

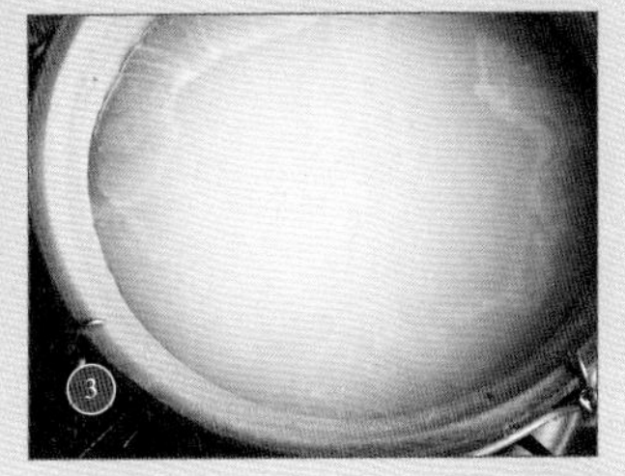

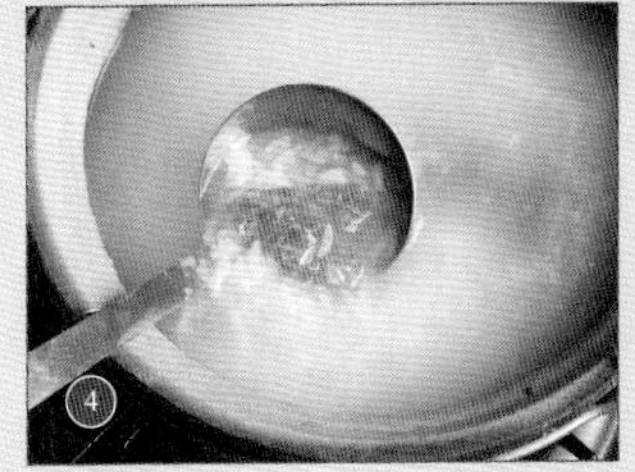

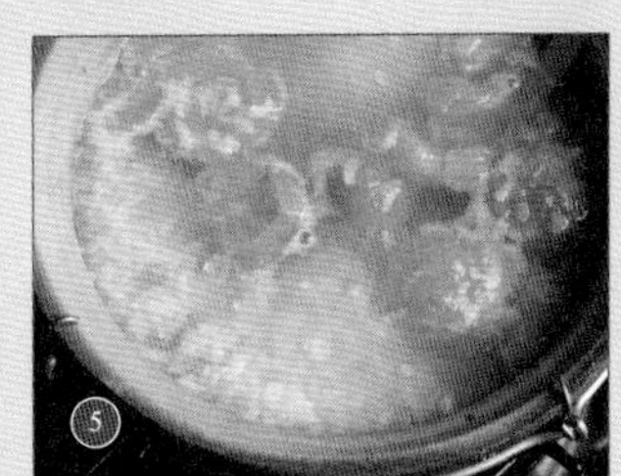

莲房鱼包

涌身既入莲房去，好度华池独化龙

家宴是宋朝上流社会比较热衷的社交活动，在推杯交盏间，便加深了与他人的情谊。北宋司马光颇怀念父辈请客的轻松感：酒水可以从酒肆沽买，别怕不够喝，客人只饮三五行，最多也不过七行酒；下酒果子就用本地产的普通货，像梨、栗、枣或柿等，再摆上几盘肉脯（肉干）、醢（肉酱）和菜羹，已然足够。就连餐具也无须特意准备，直接端出瓷漆质地的日常碗盏，就像是在布置一桌家常晚餐。

到司马光这一辈，宴会标准已发生巨变，竞相铺张成为主流，这使筹备一方备感压力，担心会因酒食粗陋而被人讥笑，故而投入大量财力，暗自筹备几个月才有递出请帖的底气。想象一下，从果盘、冷盘、热菜、羹汤，到主食、酒水，各色美馔铺满整张餐桌，甚至撤换几轮，少则二三十，多则上百个品种。过分家常的东西都不好意思端出来，酒水首选宫廷御酿，果肴最好是少见的外地特产和公认的山珍海味：西域的紫驼峰（骆驼的肉峰）、沿海的江珧贝和鳆鱼、雪天腊制的野味牛尾狸（果子狸），一出场绝对惊艳四座。

这般置宴，其实也有比拼的意味。除了炫耀珍馐，还会显摆美器，有人拿出一套錾刻精美的金银劝酒杯来震撼宾客，有人则请到当下著名的歌伎舞伶出场助兴。饭后同赏主人新近入手的收藏品——奇花异鸟、怪石修竹、钟鼎古玩、名人书画，也是一种风潮，炫富方式是如此之多。据见惯大场面的《武林旧事》作者周密回忆，盛世年间，在富豪们的家宴上，曾流行一道令人印象深刻的江珧柱刺身。每粒大江珧，由度身定制的精美小碟盛装——乌银造，呈半扇江珧贝壳状，并逼真地仿刻出壳

◒ 下图：《文会图》局部
北宋 赵佶
台北故宫博物院藏
-
成熟大莲蓬被整齐地堆叠成一座塔，作为看盘装饰席面。

◒ 下图：《春宴图卷》局部
宋 佚名
北京故宫博物院藏
-
盘中有三只莲蓬，也许是下酒果子。

将莲花中嫩房去须，截底，剜穰留其孔，以酒、酱、香料加活鳜鱼块实其内，仍以底坐甑内蒸熟。或中外涂以蜜，出碟，用渔父三鲜供之。三鲜，莲、菊、菱汤瀣也。向在李春坊席上，曾受此供，得诗云：『锦瓣金蓑织几重，问鱼何事得相容。涌身既入莲房去，好度华池独化龙。』李大喜，送端研（砚）一枚，龙墨五笏。

——南宋·林洪《山家清供》

◓ 上图：莲蓬

-

左侧为荷花中的黄色小莲蓬，盘面直径 2.5 厘米左右，内有米粒状的小莲子。右侧是成熟的大莲蓬，直径可达十一二厘米，外壳更硬，整体呈现青绿色，颗颗莲子都圆润饱满。

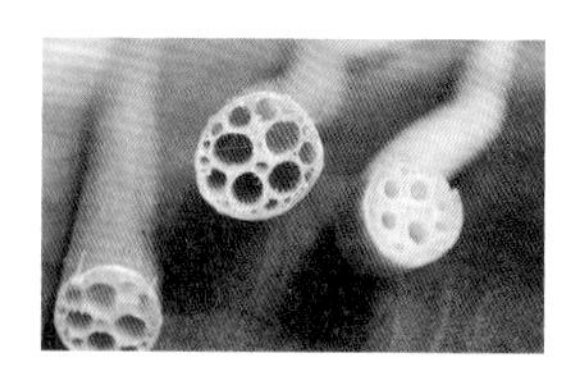

◓ 上图：荷叶柄截面

-

碧筒饮：士大夫阶层流行一时的夏日劝酒法。用一片连柄大荷叶充当酒杯，往荷叶中心倒入米酒，然后拿簪子尖刺破荷叶的蒂心，打通叶面与长柄之间的孔洞，饮客从长柄末端，吸饮荷叶中的酒水。

面的天然纹路——餐具细节也兼顾到位，堪称华筵的典范。

标榜创意也是一大亮点。李春坊的家宴，就凭一道创意菜而被铭记。大概是在夏季，猜测宴席就摆在荷塘边的水榭旁，因为压轴主菜的灵感和食材均来自荷塘。莲房鱼包，顾名思义是用是以莲蓬为外皮的鱼肉包。将莲蓬切底，然后挖空内瓤，填入鳜鱼肉，据说也可在莲蓬中及外部都涂上蜂蜜，然后蒸熟即成。旧时宴席有成对出菜的习俗，即每次上两盘菜，或一菜一汤，莲房鱼包上桌时，则配了一道名为“渔父三鲜”的羹汤。林洪解释道：三鲜，是用莲（疑为莲子或莲花）、菊（疑为菊花瓣或嫩菊叶）和菱（菱角），切碎后烹煮的鲜汤。

说实话，莲蓬壳微微发苦，纤维也韧，嚼起来跟荷叶一个味道，并不能吃；而这道菜品制作起来不但费时费力，味道也无甚特别之处，只不过看起来足够赏心悦目，散发着一种文人式的清雅气质，这正是主人家所在意的吧。

在文人宴会上，通常穿插一些助兴节目。比如，主客分别围绕主题临场作诗，相互酬唱，活跃气氛。为刻意奉承，林洪就“莲房鱼包”吟诗一首，点出鱼入莲房是为了“好度华池独化龙”，暗喻李春坊日后必定会“鱼跃龙门”（金榜题名，读书人的终极梦想）。李春坊大喜，赠送林洪一枚端砚和五块龙墨致谢，这一场主客双欢，就在餐桌上欣然达成。

食材及工具：

鳜鱼 / 取净肉三百克
黄酒 / 量勺六毫升
面酱 / 十五克
酱油 / 量勺五毫升
盐 / 少许
白胡椒粉 / 酌量
小葱 / 一根
油 / 少许
鲜荷叶 / 一张
小莲蓬 / 十个（面盘直径五厘米左右）

◆ 最好摘那些小点、嫩点的荷叶。

【制法】

① 将小莲蓬冲洗一下，把表面的灰尘洗净。切下莲蓬的底部，大概在四分之一处，刀面须平整，使它能站立，并尽量使每个莲蓬的高度大致相等。

② 从刀口处，小心挖出内瓤和小莲子。这步需要一定的耐心，因为莲蓬壁较为薄嫩，很容易撕裂，可借助一把小镊子、竹签和金属小勺来慢慢完成。

③ 莲蓬容易风干变褐，最好用湿布盖上或泡在水里备用。

④ 荷叶也如法清洗，剪出十个小圆形片（直径六厘米左右，视莲蓬大小而定），用来垫在莲蓬底部。

⑤ 将鲜活鳜鱼治净，起出两侧鱼肉，并去皮，取净鱼肉三百克使用。将鱼肉先切成条，再改刀为小丁块，装入碗中。

⑥ 加黄酒、面酱、酱油（可酌量撒少许盐，调足味）、胡椒粉和葱末，拌匀。原方用"酒、酱、香料"来拌鱼肉，我多加了酱油来增添风味；香料，则选按当时的习惯，选用胡椒粉和葱。

⑦ 鱼肉填入莲蓬壳内部，塞满即可。注意不要按压，若按实了，中心不易蒸熟。

⑧ 将莲蓬倒扣过来，垫上荷叶，码入平底盘中。蒸锅加水烧煮，待水开后，放进锅里蒸制约六分钟，至鱼肉嫩熟就好，不要蒸老了。取出上桌，用筷子从切口夹出鱼肉进食。

◆ 原方所写，用"莲花中的嫩房"，似乎是指花瓣尚未掉落时花心中的嫩黄色小莲蓬。然而，这种迷你莲蓬不过拇指大小，难以塞进"鱼块"，所以我选择了稍大的嫩莲蓬，既方便挖瓤，也能满足酿入"鱼块"的功能，个头也像小包子，颇符合菜名。

◆ 杭州八卦楼在 20 世纪 80 年代研发的宋代风味菜"莲房鱼包"，是用成熟大莲蓬做酿壳。制法如下：

① 莲子挖出，莲蓬表面形成一个个圆窝形孔洞。

② 鱼肉与莲子肉斩碎，加味料搅匀成胶状，再搓成莲子大小的鱼丸。

③ 小鱼丸填入原本属于莲子的圆窝内。蒸熟，用牙签挑出鱼丸，蘸酱汁吃。

◆ 杭州杭帮菜博物馆展示的"莲房鱼包"，正是沿用此法制作。

大耐糕

既知大耐为家学，看取清名自此高

某年夏天，林洪在向云杭公府上饮宴，向公命仆人制作“大耐糕”以奉客。这道私房点心的设计灵感，出自祖上向敏中“大耐官职”的掌故。

所谓大耐官职，专指人品可靠、处理政事能力特别强，且对待升赏宠辱不惊的模范官员，享有此荣誉称号的人屈指可数。作为历经了北宋第二位皇帝太宗、第三位真宗两朝的元老，向敏中在正史里的履历颇为优秀：进士出身，以清正廉洁、沉稳多谋著称，政绩斐然，比如成功平定了西部边境的乱况。他的从政道路比较顺畅，尤其得真宗赏识。

关于向敏中荣获“大耐官职”称号的经过，在《宋史》里有生动的记录。宋真宗自即位以来，从未任命仆射一职，基于用贤任能的考虑，决定提拔向敏中为右仆射兼门下侍郎，并负责监修国史，相当于宰相的级别。颁诏日，真宗很想知道向敏中的反应，于是派翰林学士李宗谔到向府察看究竟。正常情况下，官职升迁总是伴随着大摆筵席，用美酒佳肴招待前来道贺的同僚和亲友。皇帝猜想，今日向府的场景，肯定是宾客盈门，餐桌上酒食丰盛，人们推杯换盏，笑语喧阗。

◒ 下图：《历代帝王像——宋真宗像》
清 姚文瀚（款）
纽约大都会博物馆藏
-
正史对宋真宗的评价较高，他在位二十五年间，宋朝经济趋向繁荣。

但实际情况恰恰相反，李宗谔到达向府，见门庭并无车马，气氛出奇冷清，走进厅堂，里面同样寂静得过分。原来向敏中打算闭门谢客。李宗谔不动声色，先是向这位僚友热情地表示祝贺，接着大赞对方既功勋卓著又德高望重，说尽好话的同时暗地观察向敏中的神色。但无论李宗谔如何吹捧，向敏中总是表现得很淡然，问答间仅礼貌地点头称

向云杭公（兖）夏日命饮，作大耐糕。意必粉面为之。及出，乃用大李子。生者去皮剜核，以白梅、甘草汤焯。用蜜和松子、榄仁、去皮核桃肉、去皮瓜仁铲碎，填之满，入小甑蒸熟，谓『耐糕』也。非熟，则损脾。且取先公『大耐官职』之意，以此见向者有意于文简之衣钵也。

夫天下之士，苟知『耐』之一字，以节义自守，岂患事业之不远到哉！因赋之曰：『既知大耐为家学，看取清名自此高。』《云谷类编》乃谓大耐本李沆事，或恐未然。

——南宋·林洪《山家清供》

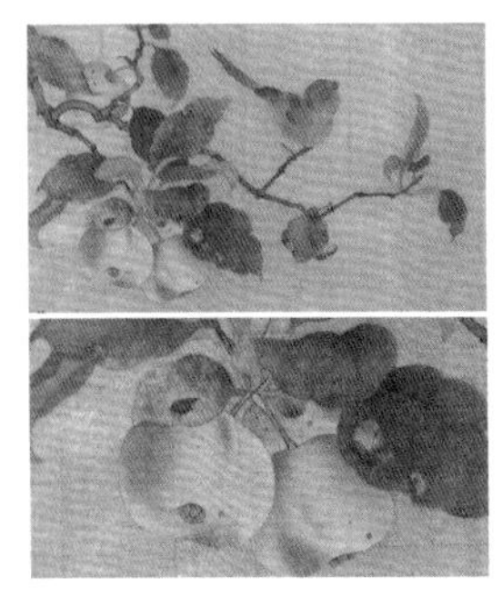

◓ 上图：《果熟来禽图》局部
宋 林椿
北京故宫博物院藏
-
这种果子像缩小版苹果，应该就是柰，亦称花红、沙果、林檎、来禽。

◓ 上图：花红

是，并不多说一句，脸上也看不出些许喜悦情绪的流露，让人难以判断其真实想法。最后，李宗谔又派手下到厨房察看，询问厨师今晚是否开酒宴，对方答，根本没有请客。不出意料，第二日皇帝在听完汇报后，极为满意，笑称向敏中为“大耐官职”。在这次事件中，向敏中将谨言慎行的一面表现得淋漓尽致，他以惊人的自我克制彰显不为荣辱所动的态度，实在是聪明的行为，因为这会为其收获良好的声望，进一步提升政治资本。

对向云杭而言，向敏中是家族荣誉的代表，据此事而研制的大耐糕，亦富有纪念意义。和常见糕点很不同，大耐糕虽名为“糕”，但其实并没有用到制糕的基本原料米粉或面粉，取而代之充当主体的是大柰李（或大柰子）。大李子削皮，挖去果核，将研碎的松子、核桃肉、榄仁和瓜仁加蜂蜜拌匀成馅料，酿入李内，蒸熟吃。蒸的原因，是古人认为吃生李子容易引起积痰，伤及脾胃，蒸过才会降低对身体的伤害。经加热的李子酸度会升高，而蜂蜜甜馅正好带来糖分，中和口感，吃进嘴里，酸、甜、果仁的甘香同时呈现，是一道开胃而别致的点心。

食材及工具：

大李子 / 七个（每个六十克左右）
松子 / 二十五克
榄仁 / 二十五克
核桃 / 二十五克
南瓜仁 / 二十五克
蜂蜜 / 酌量（约用二十毫升）
甘草 / 二十片
盐梅 / 五粒（或用食盐代替）
特殊工具 / 挖核的金属小勺（可用 1.25 毫升金属量勺，大小正合适）

◆ 清《调鼎集》亦有转录这张食谱，名为“瓤李”：取李，挖去核。青梅、甘草滚水焯过，用洋糖、松仁、榄仁研末，填满，蒸熟。
◆ 大李子：理想的品种有红肉的福建红心李、广东三华李、浙江嵊州桃形李，青皮黄肉的福建油柰（柰李）等。建议选红肉李，成品比较好看。
◆ 榄仁：砸开橄榄核得到的果仁，其中以乌榄仁的质量最好，甘香似松仁。榄仁很少当零食直接吃，常用于制作糕点，传统广式月饼“五仁”用到五种果仁，其中一种就是榄仁。
◆ 盐梅：用大量盐腌后晒干的梅子，入药用，极咸，可以在药店或网上买到。

【制法】

① 李子清洗，抹干水，去果柄。用小刀转圈削去外皮，皮要尽量削得薄，保持果子的圆润感。

② 从李子顶部入手，拿金属小圆勺旋转挖出果核，中心正好形成一个圆窝，注意不要弄穿底部。（可分两步，首先用小圆勺挖掉果核上面的果肉，勺子就能伸进果核左右，旋转一圈，将果核挖出。）

③ 提前煎汤。锅里放入洗净的甘草片和白梅，倒水大约七百毫升，烧开后捻小火，煎煮十五分钟至二十分钟。此汤甘甜中带有咸味。若无白梅，添加四毫升食盐代替，味道不会有太大区别。

④ 将渣滓捞净，保持汤水沸腾，放入李子，焯烫十五秒，捞起。这时果肉已经变软了。

⑤ 提前备馅。取等份的松仁、榄仁、核桃仁（去褐色外衣）、南瓜子仁（去绿色外衣），研成碎屑。注意，果仁的外衣必须去净，不然会有股苦味。

⑥ 酌量加入蜂蜜，边倒边揉，以能揉合成团状为宜。果仁团看起来是湿润的、不硬不稀。

⑦ 取一小团馅料填入李子中，稍微按压修整形态，并把表面抹得光滑。

⑧ 可在酿馅顶部插上瓜仁或松仁之类，作为装饰。比如，插一颗松仁，或三颗瓜仁，或插两圈瓜仁做成菠萝顶的样子。蒸锅烧开，将码在盘中的大耐糕放入，并用笼盖倒扣以防蒸汽落入，中火蒸六分钟左右。上桌，可一口一个，或用刀对半切开进食。李子肉软而酸甜，馅料带来果仁甘香和蜂蜜的甜。若单吃李子肉，会感觉太酸，单吃果仁馅又会感觉太腻，两者配合食用刚刚好。

◆ 在《说郛》版《山家清供》中，此菜名“大柰糕”，用“大柰子”来制作。柰子，即今天所说的花红，长得像小型苹果，味道也像苹果，俗称沙果。
由于“李”和“柰”的字形十分接近，不排除古代出版商在校对、上板或雕刻过程中，把“柰”弄错成“李”的可能性，所以才出现两种版本。
至于说，林洪曾享用的大耐糕究竟是用柰李还是用柰子制作，已无从考究。用大李子来做这道糕点效果不错，当然，你也可以找花红果来如法炮制。

河祇粥

鲞脯造粥，能愈头风

南宋杭州人的餐桌上不乏鱼鲞。城内外鲞铺约一两百家，常年出售黄鱼鲞、郎君鲞（石首鱼制）、石首鲞、鳗条弯鲞、带鱼鲞、老鸦鱼鲞、鳓鱼鲞、鲭鱼鲞、鳖鲞、鲞鱼鲞等物，质优价平，种类丰富。其实杭州并不怎么产鱼鲞，货源大多来自渔业发达的温州、台州和四明郡（宁波），经海路运输而至，在杭州城南浑水闸设有“鲞团”，是鱼鲞的流通集散地。

鱼鲞，可理解为腊鱼干，因江浙毗邻东海，鲞的主料即为海鱼。一般做法是，将海鱼剖洗后，抹上海盐腌渍，用支架撑开鱼身，吊挂或平摊，再经风吹日晒制成。受鱼汛期影响，不同季节会生产不同的鱼鲞品种，腊制手法也有区别。比如鳗鱼的捕捞旺季在深冬，那时阳光很弱，西风却猛烈而干冷，适用风腊法；黄鱼要到炎热的五六月才够肥美，最好以烈日暴晒法使它迅速脱水；子多的鲞鱼也在夏季大量出网。制作一条上等鱼鲞的关键点有二，一要选准天气，阴雨天制作的鱼干软趴趴且容易发臭；二要把握鱼体的含水量，晾三四天或一周左右，达到表面干身但肉质尚有弹性的状态即可。新鲜出炉的鱼鲞呈现出恰到好处的油脂香与柔韧口感，尤为美味。过度晾晒的话，整条鱼会硬邦邦的，虽更方便长期贮存，但香味和口感都大打折扣。

腊晒能提升鱼肉的美味度，特别适合对付鲜肉毫无亮点的普通鱼类，像鳠鱼（长相奇特似魟鱼）吃起来松散而平庸，变身鲞干后，则口感紧致、咸香味浓郁，俗称“老鸦鲞”。众鲞中，名气最大的是黄鱼鲞（一种石首鱼），假如用整鱼制作，先盐腌后晒，即为“郎君鲞”。宋末元初书法名家赵孟頫的夫人就曾在孝敬婶婶的礼包中放入了二十条郎君鲞。

◒ 下图：《深秋帖》局部
元 赵孟頫
北京故宫博物院藏

-

赵孟頫替夫人管道昇执笔，给婶婶的一封家书，随信馈送“蜜果四盝、糖霜饼四包、郎君鲞廿尾、柏烛百条”。

《礼记》：「鱼干曰薨。」古诗有「酌醴焚枯」之句。南人谓之鲞，多煨食，罕有造粥者。比游天台山，有取干鱼浸洗，细截，同米煮，入酱料，加胡椒，言能愈头风，过于陈琳之檄。亦有杂豆腐为之者。《鸡跖集》云：「武夷君食河祇脯，干鱼也。」因名之。

——南宋·林洪《山家清供》

四明人还用一种缩脖的"短鱼"制鲞，据说色泽微红，味道极美。

重咸，是绝大多数鱼鲞的味觉基调。用大量海盐腌渍这道程序有助保鲜，好处还在于使成品拥有足够强大的下饭能力，这也是鱼鲞广受平民欢迎的主要原因。不过，淡口的"白鲞"才是高档货。它必须少用盐或尽量不用盐处理，直接晒干，食材首选石首鱼。晒白鲞，特别讲究原料的新鲜度，鱼越新鲜，品质越好。一条上等白鲞应是油脂透亮，嚼起来带一股淡淡的海味鲜甜。

鱼鲞的吃法，在宋朝有以下这几种。先用火烤得表面微焦，撕成小条，就着甜酒下肚，这是自汉朝起就流行的经典搭配"酌醴焚枯"。老鸦鲞最好直接吃，连烤也不用，揭去鱼皮，肉撕作细丝，就是一碟佐酒之物。当时的人能在专卖家常饭食的小饭馆里，吃到煎鲞和冻鲞，前者应是用油煎至两面金黄，后者估计是将鱼鲞与猪肉同炖软烂后制成肉冻（今天绍兴仍流行此菜）；此外还供应醋鲞，均价廉物美。林洪在浙江天台山游玩期间，见识到一种少见的吃法：煮粥。鱼干浸软，切小块，与大米同熬粥，加酱料、胡椒调味。为什么煮粥呢？原来当地人认为鲞粥可治疗头风，疗效胜过"陈琳之檄"（陈琳公开声讨曹操系列罪状的长檄文，通篇笔锋尖锐言辞激烈，正偏头风发作的曹操，读罢惊出一身冷汗，头痛竟得到舒缓）——想必是胡椒的辛辣导致发汗，从而减轻头痛吧！

食材：

鱼鲞 / 半片
粳米 / 半碗
胡椒粉 / 酌量
酱油或豆酱 / 一匙

◆ 选择体型较大的鱼干（鱼鲞），不拘黄鱼干、柴鱼干或其他海鱼干。

【制法】

① 鱼鲞对半剪开，放入盆中，加温水浸泡一小时至软。

② 剪掉鱼头、鱼鳍，清理鱼鳞，反复冲洗后抹干水，剪成窄条或小块。

③ 粳米落锅，加足量水浸泡半小时，然后放鱼干。大火煮开后捻小火，按平时煮粥法煮约四十分钟。

④ 关火前，加酱、胡椒粉，用勺搅匀。可多放胡椒粉带出辛辣味，吃起来会更美味。

◆ 鲞，大概算是浙东特用名词。每逢春节前后，台州、宁波人家的窗台上和菜市场里，会挂满这类鱼干，不少老一辈人还掌握着晒鲞的手艺。

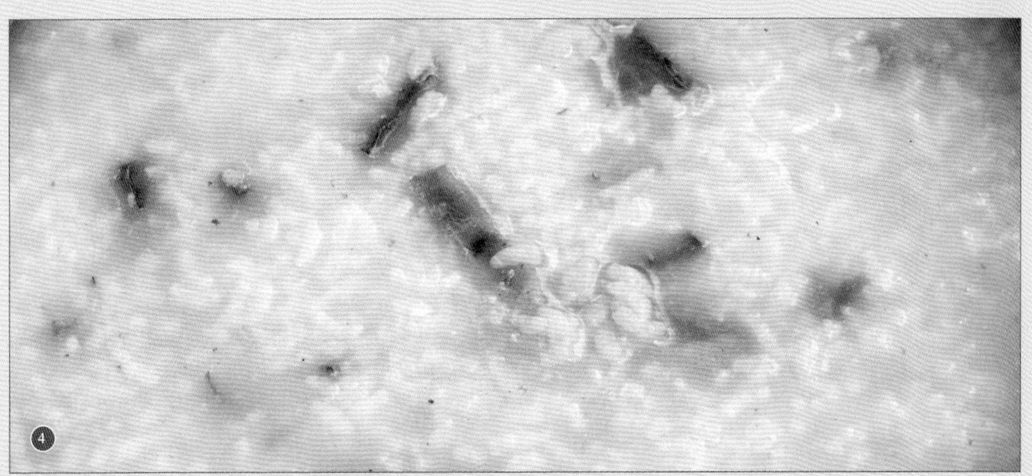

糟猪蹄爪

带糟豕蹄佐樽罍

一艘堪称水上宫殿的四层豪华大龙舟，自带正殿、内殿及朝堂，有一百二十个房间，装潢得金碧辉煌，后面还跟随着大小船只五千多艘，搭载诸王、妃嫔、官员和大量随从十万余人，这便是隋炀帝巡游大运河的庞大阵仗。由于过度铺张，历代史书一直将隋炀帝与荒淫无道、暴虐不仁画上等号。在饮食方面，隋炀帝的作风也饱受后人诟病。传闻其逗留扬州江都期间，地方官员以风土特产糟蟹和糖蟹进献。考虑到直接端出一盘青灰的螃蟹会显得过于普通，而华丽的“镂金龙凤蟹”无疑更能彰显皇帝的尊贵，于是命人将蟹壳面逐一拭净，贴上镂刻出龙凤花云图案的金箔，装饰得熠熠生辉，才端上餐桌。

话说，隋炀帝会喜欢吃这种半生不熟、糟味浓郁的南方风味吗？说不准。即便在南北土产交流频繁的宋朝，糟物也仅在部分地区流行。代表北食的开封显然对糟货缺乏兴趣，食肆中可供挑选的糟醉食物极其有限，顶多卖一点糟蟹、糟姜等大路货。在代表南食的杭州，情况却完全两样，我们可以从那些高级酒楼中，感受到当地人吃糟醉货的盛况。当客人初坐定，兜售开胃菜的小贩便不请自来，托盘中盛着糟决明、糟羊蹄、糟蟹、糟鹅事件、糟脆筋等，还有不少酒渍之物。在其他食店，还能买到糟藏大鱼鲊、糟猪蹄、糟猪头，口味十分多元。由于糟货属冷盘类，配白饭吃并非主流，反而是理想的下酒菜。

糟粕，制糟物的核心配料，是酿酒生成的副产品，一堆泥状的酒渣，散发浓郁的酒香，味酸，使用时加盐调至偏咸。制作者会根据不同食材，对糟渍手法略作调整。水产品通常用快捷的生糟法，比如生蟹，

◒ 下图：糟泥

产自绍兴的酒糟呈褐色，而红糟是加了红曲染色，今天多见于福建。

用猪头、蹄爪，煮烂，去骨。布包摊开，大石压匾实，落一宿，糟用甚佳。

——宋元·浦江吴氏《中馈录》

埋入酒糟里腌七天，出坛可直接食用。但猪羊鸡之类，必须事先煮熟，才能依法入糟。比如来自古老《食典》的“绯羊”，即一种绯红色糟羊肉片，须加红曲米与羊肉同煮，然后卷紧肉块，用石压成紧实的肉方而后糟透，切如纸薄。再来看浙江家常菜“糟猪头蹄爪”，将猪头和猪蹄炖煮软烂，亦如绯羊去骨压实，糟制。酒糟强大的消腻能力，能使头蹄完成从肥腻到清爽的口感转变，吃起来咸鲜浓郁。

东南沿海的人特别偏爱糟渍味型，其实是受一系列客观因素的影响：近海、气候湿热、海产丰富、食物容易腐败，并且这里还是黄酒主产区。作为古老的保鲜手段，和干腊法不同的是，糟醉法能保持食材的软嫩口感，且适用范围很广。南宋杭州人常用来糟渍的食材，除了肉类水产，还会用蔬菜做出糟姜、糟蒜、糟茄子、糟萝卜、糟黄芽，糟琼枝、糟瓜齑等。当时，糟蟹一度被士大夫视为送礼佳品，杨万里曾给丁端叔寄送糟蟹和洞庭柑，辛弃疾也曾收到赵晋臣所赠的糟蟹。

常见酒糟是深褐色的，此外还有红糟，因添加了红曲同酿而呈现饱满的红色。据《鸡肋编》载，在当时江南和闽中地区，人们普遍酿制红曲酒，故至秋天榨酒之后，人们“尽食红糟”，用它来拌制蔬菜和鱼、肉。此书还提到，信州（今属江西）冬月的食肆中，常有小贩叫卖红糟鲮鲤肉，此乃以红糟煮穿山甲。

◆ 传统糟渍，先将酒糟加黄酒或水调成粥状，加盐调咸，将食材埋入糟泥，瓮口密封，置于阴凉避光处七日至二三月不等。考虑到现在很少人掌握旧时糟法，家里也没有专用糟瓮，不妨购买调好的瓶装香糟卤，开盖即用。

◆ 猪头也可这样做。人们还将猪头和猪蹄同煮烂，净布内摆作熊掌造型，裹好压实再糟渍，称为“假熊掌”，口感更为丰富。

食材：

猪蹄 / 三只
糟卤 / 八百毫升
姜片 / 三片
黄酒 / 二十毫升

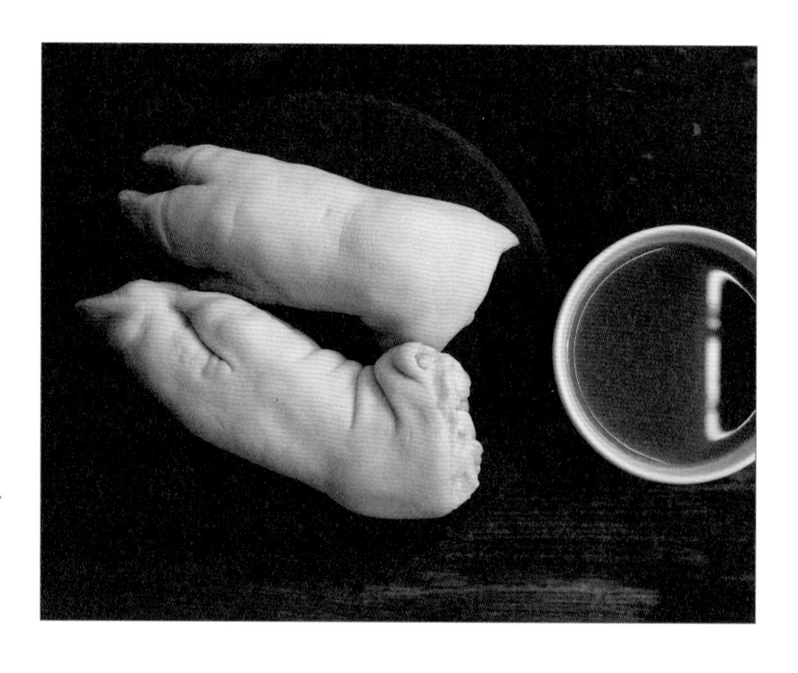

◆ 糟卤：糟泥、黄酒和水拌匀，用纱布袋装起，渗出的汁液即为糟卤汁。再加盐、糖和辛香料调味，具有复杂的香味。也可购买瓶装糟卤。

【制法】

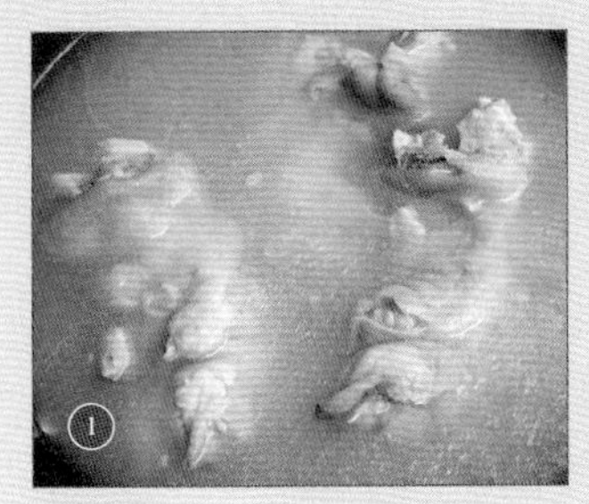

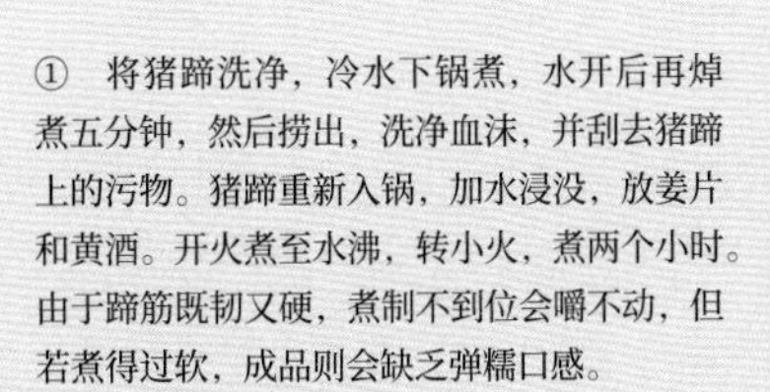

① 将猪蹄洗净，冷水下锅煮，水开后再焯煮五分钟，然后捞出，洗净血沫，并刮去猪蹄上的污物。猪蹄重新入锅，加水浸没，放姜片和黄酒。开火煮至水沸，转小火，煮两个小时。由于蹄筋既韧又硬，煮制不到位会嚼不动，但若煮得过软，成品则会缺乏弹糯口感。

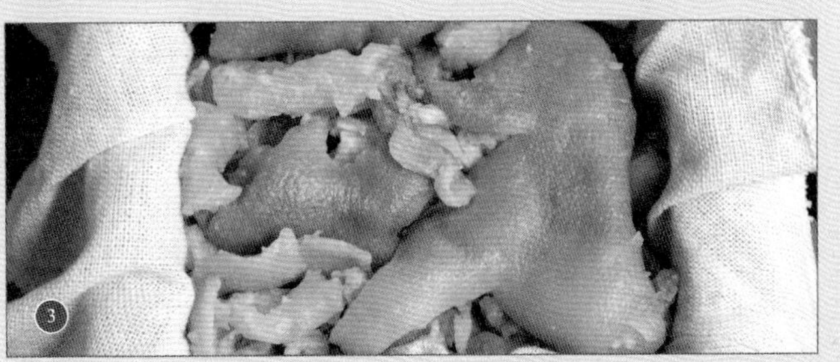

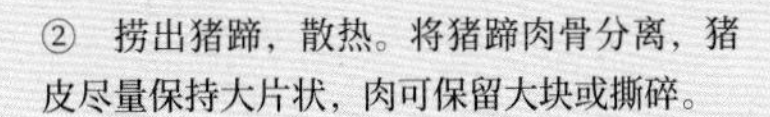

② 捞出猪蹄，散热。将猪蹄肉骨分离，猪皮尽量保持大片状，肉可保留大块或撕碎。

③ 取一只做豆腐的小木箱，在木箱里面铺上一块豆腐布，先把猪皮铺在底下，接着铺肉，间隔猪皮，最后也用大块猪皮铺面。

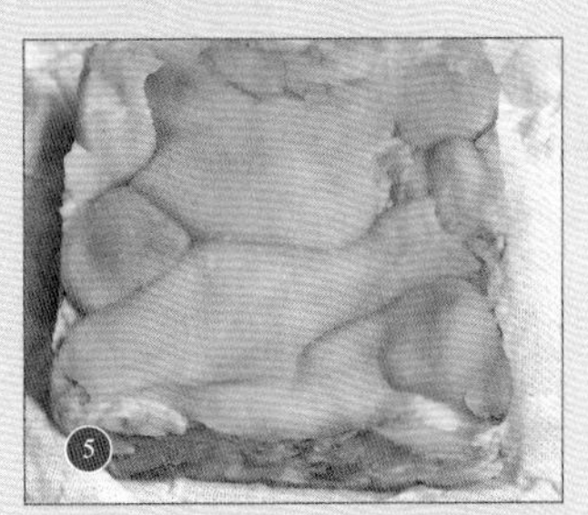

④ 折好豆腐布，拿木面板盖上。然后在木面板上压重物（比如小石墩），压制两小时左右，使之定形。

⑤ 猪蹄被压成紧实的方块状。

⑥ 准备浸糟。如果担心蹄方在浸泡时散开，可拿豆腐纱布将之包裹好扎紧。

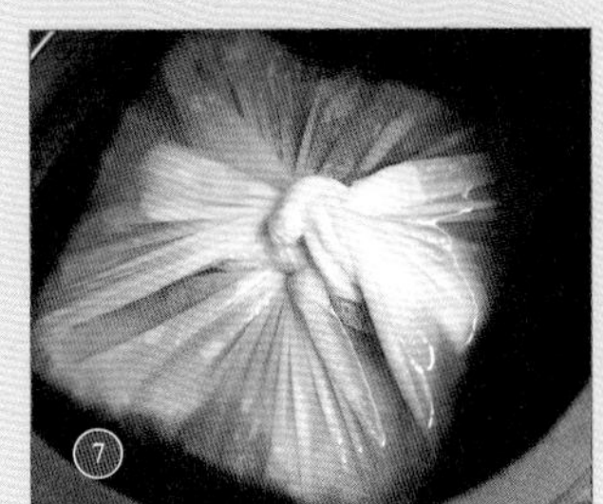

⑦ 蹄方放入糟钵里，再倒进糟卤浸没。密封钵口，置于冰箱冷藏格，泡渍一日即可。糟钵与糟卤可提前一天放入冰箱降温备用。

⑧ 将蹄方取出，切成适口的方片上桌。口感软中带弹，酒香与咸鲜融合一体。

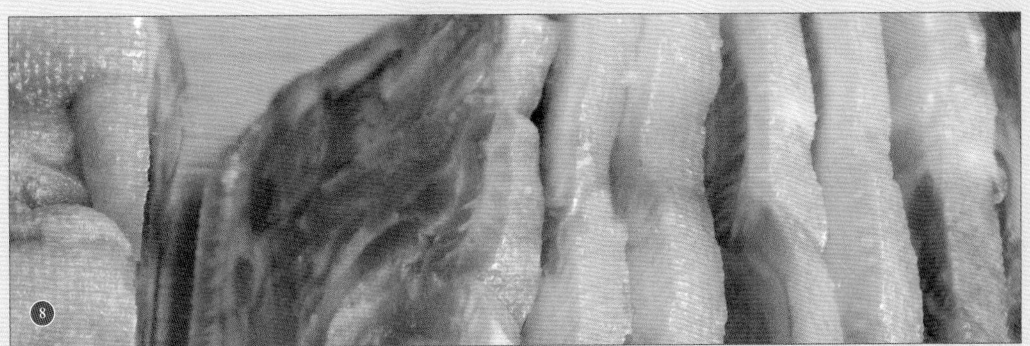

红丝馎饦

面如虾红，味绝甘美

经典谚语“巧妇难为无米之炊”的宋朝版本，是“巧媳妇做不得没面馎饦”。

在早期，一碗面的称呼五花八门：馎饦、水引、索饼、汤饼。馎饦，面片的前身，北魏《齐民要术》所记做法带着古老的手工味：将面团和好，搓为拇指粗细的长面条，掐断为二寸（约 6.6 厘米）的短面段，投入凉水盆浸泡一两小时，这是为去除部分淀粉，使面身形成滑溜的口感。然后，拿一根面段紧贴光滑的水盆壁，用拇指从中心向四周按压至极薄，不难想象，成品会是一张宽大的面片，用水煮熟后带汤吃。若用同样的手法处理面团，但挼搓为一根根韭叶般宽薄的长面条状，称为“水引”；“索饼”是以形状命名，指长而细瘦的面条；凡是水煮的面片、面条类，都属“汤饼”。

虽说在北宋开封有“冬馄饨、年馎饦”之俗，意思是新年要吃面条，用“馎饦”代指“面条”，然而，两宋人在日常饮食中，已经普遍将我们熟知的面条称为“面”。在当时，仍保留“馎饦”古名的面食并不多，做法也与上述截然不同。无论是山芋馎饦、玲珑馎饦，还是红丝馎饦，都是采用更为轻松便捷的手擀切面法。将面团擀作一张大而薄的面皮，整齐折叠，再均匀落刀，想要幼身面还是阔叶面悉听尊便，好处是面条的大小厚薄一致，还能大幅度节省时间。

红丝馎饦，是一种流行于宋元时期的虾汤面，亮点在于虾肉的加入——并非搁在面上做浇头那么简单，而要将虾捣成泥，与面粉揉匀，成为面身的一部分，然后按法擀切，煮熟的面条呈现淡红色，切合菜名

◒ 下图：《齐民要术》馎饦（仿制过程）

生虾随多寡，研取自然清汁，和面，依常法搜切，煮令透熟，以面色青红为度。别用鸡白肉研烂，和元虾粕煎汁，合和浇供之，味绝甘美。或只以猪、羊清汁亦佳。

——南宋·陈元靓《事林广记》

◓ 上图：烙饼图（线摹）
河南登封高村宋墓壁画
-
厨娘正在擀制薄饼。这根擀面杖也很适合用来做手擀面。

"红丝"两字。虾肉汁的加入，不单使色彩改变，同时也会降低面条该有的筋道，但多了爽滑的口感，口感上更像河粉。汤头有两种，用剩下的虾壳与斩碎的鸡白肉同熬成的鲜汤，很适合拌虾面，另一种是显得不那么相宜的猪羊肉清汤。

当时还流行一道"水滑面"，虽不叫馎饦，但制作更接近早期馎饦。面团也要事先浸过水，区别就在于不用手指按压，改为两手直接拽扯得阔薄，跟今天陕西的蘸水面或扯面有点像。水滑面的浇头比较复杂，内有芝麻酱、杏仁酱、咸笋干、酱瓜、糟茄子、腌韭菜、黄瓜丝、姜丝，以煎肉点睛，吃面的架势一点不比现在粗率。

南宋都城人口众多，街道坊巷处处开着面店，口碑比较好的店铺，有张卖食面店、金子巷口陈花脚面食店、太平坊南倪没门面食店、南瓦子北卓道王卖面店、腰棚前菜面店。另有市西坊西食面店，其特色服务是通宵营业。

作为杭州城食肆中常见的快餐，面的品种很多元，并不会让食客感到乏味。面店中有宽面、幼细面、薄面片、面疙瘩，用手指捏形的蝴蝶面，切成小方粒的面棋子，林林总总。浇头，是整碗面的味觉主导，从南宋杭州城的面条专卖店不难看出，不同浇头决定了店铺的定位，手头宽裕的可进荤面馆，吃一份猪羊盦生面、丝鸡面、炒鸡面、三鲜面、鱼桐皮面、子料浇虾臊面、虾臊棋子、虾鱼棋子、丝鸡棋子、耍鱼面……贩夫走卒则大多到专卖菜面、熟齑笋肉淘面等更便宜的小店消费，浇头以蔬菜为主，只配一点肉丁。遇上传统斋戒日，素面馆生意兴隆，店内长期供应大片铺羊面、炒鳝面、卷鱼面、笋辣面、乳齑淘、笋齑淘、百花棋子、七宝棋子等，别看某些名字荤腥，实际材料却是笋、菌菇、面筋与乳品。

◆ 河虾：要让虾面呈现红色，须选择青虾，即虾壳呈青灰色、虾肉也带淡青色，这样的虾煮熟之后，红色更为明显。如果用小白虾，因虾肉较为白嫩，染色效果不佳。在夏季七八月份，你还可以买到抱子虾，用来做面会更加美味。

食材：

河虾 / 三百五十克（另留二十只虾作菜码，不在此分量内）
鸡胸肉 / 一百五十克
面粉 / 一百四十克
生姜 / 三十克
盐 / 酌量
酱油 / 量勺十毫升
胡椒粉 / 酌量

【制法】

① 鲜虾洗净，剥壳。可用小勺将腹部的虾子刮下，然后去壳，剥出虾肉，虾壳亦收集备用。（虾肉和虾子共净重一百克。）

② 先做汤。取鸡胸肉，切下约三十克一小块待用，剩余鸡肉细细剁成肉泥。将虾壳与鸡肉泥放入汤锅中，加入姜粒（三十克姜切碎粒）。

③ 注入清水一千八百毫升，煮开后转小火，熬煮一小时。完整的二十只虾和一小块鸡胸肉也同时放入，煮至嫩熟即捞出，待放凉，剥出虾仁，鸡胸肉顺纹撕成鸡丝（两者作为面条的面码）。再备好芫荽叶碎、葱花之类。

④ 最后调味。加黄酒二十毫升、酱油十毫升、现磨胡椒粉和盐适量，调成略咸的口味。汤喝起来鲜味饱满，兼带生姜和胡椒的辛辣。

⑤ 先将汤渣捞净，再用极细滤网将汤中的浊物去净，得出琥珀色的清汤（约一千二百毫升）。汤放回干净的汤锅里备用。

⑥ 做虾面。虾肉用捣杵捣成泥状，注意不要残留粗颗粒，否则影响和面。

⑦ 将虾肉泥和虾子放入和面盆中，加 1.5 克盐略拌，然后慢慢加入面粉，边加边揉，其间无需另外添水。直到和成一块略硬的面团，使劲揉面使之更具有弹性。（大约用面粉一百四十克，按实际需求调整分量。）盖上，醒面半小时。

⑧ 取出面团再揉上一会儿，就可以擀面了。面板上要撒淀粉防粘（非面粉）。就像平时做手擀面那样，将面团擀成一张薄面皮。将面皮切成面条。当然，手擀面有粗有细，有厚有薄，就按个人习惯来就好。可以擀厚一点然后切成细面，可以擀薄的切阔面之类。面条抖开，装起备用。

⑨ 大锅水烧开，水里加一勺盐同煮，水开后，放进面条来煮制。入锅之后，煮上三五分钟就好，不须久煮。

⑩ 用笊篱捞起面条，抖净水，放入面碗里，浇入同时烧热的滚烫的虾汤（亦可用冷汤），缀上虾仁、鸡丝、芫荽叶，即成。

翠缕冷淘

碧鲜俱照箸，经齿冷于雪

何晏，“男色时代”三国魏晋的著名人物，外形俊朗，皮肤尤为白皙细嫩。据说魏明帝曹叡总是疑心他在脸上扑了厚粉，只是缺乏真凭实据。于是趁酷暑，曹叡故意给何晏赐食一碗刚出锅还冒着蒸腾热气的汤面，何晏呼哧吃下，热得大汗淋漓，额脸湿透，只好先用衣袖将就着擦干。没想到，经擦拭后的肌肤竟愈显光洁白净，曹叡这才相信何晏其实是天生丽质。

大夏天想要吃面又不出汗，那就得吃冷淘面。“冷淘”，相当于今天所说的过水凉面，面条（也可是面片、面段、棋子）出锅，先浸入凉水里拔凉，降温的同时使面身收缩得更弹牙，然后捞起，与配菜、酱料拌合食用。

用槐叶制冷淘，即从槐叶中获取天然色素，将面食染作碧绿，这使人在视觉上备感清凉，是唐宋流行一时的经典配方。当然，其名声很大程度上得益于杜甫的诗歌《槐叶冷淘》，许多士大夫都跟风尝过这款面，就连北宋大文豪苏轼也不例外。在《二月十九日携白酒鲈鱼过詹使君食槐叶冷淘》诗中，苏轼写下他携带白酒、鲈鱼等物赴友人詹使君（詹范，惠州太守）之宴会的情形，当中这句“青浮卵碗槐芽饼，红点冰盘藿叶鱼”描述了餐食场景：青色的槐叶冷淘面装在卵白色的碗中，冰盘里则码着用鲈鱼现切的鱼脍，鱼片细薄如藿叶，洁白中带着些许绯红。这天他吃得很高兴，“与好友醉饱高眠”。

我们可以从《事林广记》所载的“翠缕冷淘”中，了解制作槐叶冷淘的更多细节。诸如要选新发的嫩叶，研烂只取叶汁用，如常法和

◒ 下图：《清明上河图》局部
北宋 张择端
北京故宫博物院藏
-
一位食客捧着大碗在嘴边扒拉，似乎是在吃面。这可能是一家面店。

槐叶采新嫩者，研取自然汁，依常法搜面，倍加揉搦，然后薄捍缕切，以急火瀹汤煮之，候熟，投冷水漉过，随意合汁浇供。味既甘美，色更鲜翠，又且食之益人，此即坡仙法也。凡治面须硬，作熟搜深汤久煮。

——南宋·陈元靓《事林广记》

◆ 这碗面的料汁和菜码，我主要参考了《事林广记》中的“托掌面”（圆片状过水凉面）、“米心棋子”（米粒状过水凉面）、“冷淘面”，以及《云林堂饮食制度集》所载“冷淘面法”。

面，但面团须筋硬些，擀薄切面，煮熟后用冷水淘漉，酱汁菜码悉听尊便，做法其实跟今天的菜面差不多。

槐树虽遍布南北，但主产地在北方。可能是由于地理因素加之季节局限，寓居淮南的王禹偁打算为冷淘加点青色时，首先想到用本地更常见的甘菊，烹煮一碗“甘菊冷淘”。不过，王禹偁并没有像做槐叶冷淘那样，将甘菊叶汁揉进面团里，而是将焯熟的甘菊叶搁在原色冷面上做浇头。考虑到槐叶微微有股植物清香、略带甘苦，甘菊叶也含薄荷般的菊花芳香，两者韵味颇为相似，如果找不到槐树叶又很想按古法手制一碗槐叶冷淘的话，甘菊叶无疑是理想的替身。不过如今在染色面条界，槐叶早已退居二线，色泽更鲜艳的菠菜无疑占据了整个天下。

宋朝面店在夏天会推出冷淘系列，菜单可见抹肉银丝冷淘、沫肉鎏淘、丝鸡淘、熟齑笋肉淘面、笋燥齑淘、笋齑淘、笋菜淘面、乳齑淘，等等。一般用麦面做面身，有时也夹着杂面；尺寸不拘，既有宽面也有幼细的银丝面；染色面只占很小份额，原色面才是主流。浇头方面，均切成碎粒细丝薄片状，常用配料是猪肉、鸡肉、鸡蛋、笋干、韭菜、蘑菇、黄瓜、酱瓜菜、木耳、乳饼。加了笋丁的是“笋燥齑淘”，“熟齑笋肉淘面”似乎是浇上肉臊笋丁，放点熟鸡肉丝的名为“丝鸡淘”，“乳齑淘“中拌有研烂的生乳饼。而拌面酱汁，会有咸鲜的酱油、酸溜溜的醋、甘香的芝麻酱、辛辣的姜汁和椒末、提鲜的砂糖等，选其中三五样混合调匀，吃腻了再换个口味。可以想象，这样一碗冷淘面，不会吃出一身臭汗，反有渐入佳境的凉爽感。

食材：

菊花菜净叶 / 一百五十克
面粉 / 约二百五十克
鸡胸肉 / 一块
生姜 / 一大块
黄瓜 / 半根
鸡蛋 / 一个
木耳 / 十朵
葱油 / 四十毫升
酱油 / 四十毫升
米醋 / 四十毫升
砂糖 / 六克
花椒粉 / 两克
盐 / 酌量

【制法】

① 原方用嫩槐叶，但这种食材的季节性和地域性都比较强，不容易找到，可用菊花菜代替。菊花菜洗净，沥水。只摘下嫩叶使用，茎部和老叶都不要。三百克或至一斤鲜菜，能摘出一百五十克嫩的净叶。锅里加水烧开，将菜叶下锅烫煮三五分钟（软熟一点容易和面）。

② 用笊篱将菜叶捞起放在沥水篮中，摊开晾凉。

③ 将菜叶中还带着的水挤出来（用小碗装起来，挤出十毫升左右水）。菜叶摊在砧板上，用刀来来回回切上几十遍，直至切成细末。（这一步用料理机更为便捷，打成的菜泥汁亦更细腻。可用这些泥汁和面，也可过滤掉渣滓，仅用纯汁和面。）将菜泥和留下的菜水倒进和面盆，加一勺盐（约两克）拌匀，然后调加面粉来和面。第一次加八成左右，然后揉面，感觉面还湿软就再加，直到面团呈现略硬的状态。揉面几百下，至面性筋韧。加盖醒面半小时。

④ 醒好的面团再揉一揉。擀面时，案板上要撒上淀粉，而不用面粉，这样煮好的面条颜色更明亮。将面团擀成一张大而薄的面皮。面皮上撒点淀粉，然后折叠起来。

⑤ 拿刀均匀切成面条，阔细随意。将面条抖散开来，备用。

⑥ 利用碎片时间准备菜码。在焯烫菜叶后，就可煮鸡胸肉。鸡胸肉加水没过，放点葱段、姜片、一勺料酒，水开后转小火，加盖，煮五分钟关火，焖十分钟，夹出放凉。在醒面的间隙，把鸡胸肉顺纹撕成细丝；青瓜削皮，切成段后再切薄片，然后切丝；鸡蛋磕开，加少许盐打匀，锅烧热，倒油润锅，浇入蛋液慢慢转一圈，烙成薄饼，出锅散热后，切成丝；木耳提前一两小时加凉水泡发，去根，搓洗净表面的泥沙，下沸水锅里烫一两分钟，捞起，切丝。

⑦ 待面条切好，准备料汁。提前熬制葱油，可在前一夜熬好。葱油的做法参考本书“假煎肉”一章。生姜洗净去皮，用磨板磨成姜蓉，再用纱布包起，挤出姜汁三十毫升。取葱油、酱油和米醋等份，再加姜汁、砂糖、花椒粉，搅拌均匀，后三者可在配方的基础上按个人口味增减。喜欢辛辣开胃的多放姜汁和花椒粉，喜欢酸甜的多加砂糖，不够咸的加点盐。总之料汁要重口，拌面才够味。

⑧ 在大锅水里加入一小勺盐，滚开，下面条，煮到面条浮起，至里头还略有硬心的八分熟就好，过熟的话容易断裂。笊篱捞起面条，放入冷水盆中略浸，把水倒掉，再注入新的冷水浸过，就可捞起，分装入各个面碗里。浇料汁，码上鸡丝、青瓜丝、蛋饼丝、木耳丝。

⑨ 拌匀开吃。面色青翠，酸爽开胃。

肉鲊

添得醋来风韵美

醋与柴米油盐酒酱茶，是南宋杭州人的开门八件事。他们使用醋的频率与现在相差无几，砂锅焖烧的“炉焙鸡”，浇入较多酒与醋，使鸡肉加速软烂兼带酸香；烹煮“酒醋腰子”，也要以不少酒和醋来辟除内脏难闻的腥味；如做耐存的肉脯“国信脯”，每斤精肉需倒入好醋半升（约三百毫升）来炮制。而当时的人在食用鱼脍、肉冻、螃蟹、海蜇之类冷盘时，醋也是必不可少的提味料，他们会添加花椒、胡椒、莳萝、姜葱等若干种辛香料，以及酒和酱，调成酸辣味型的“脍醋”或“五辣醋”，作为蘸碟佐味。

《中馈录》记载的“肉鲊”，是浙江人餐桌上的一道酸鲜口的下饭凉菜。选猪腿或羊腿精肉，批出肉片，用刀背拍松，再切小块，沸水里汆至断生，用布包起攥干多余水分，浇入凉拌料：少许花椒油、研碎的草果、砂仁，一点盐，一盏好醋。很显然，醋是肉鲊的味觉基调，入口迎来一股张扬的酸，回味后又带出令人愉快的鲜甜，少了醋，层次绝对会大打折扣。

舍得为一碗肉费掉一盏醋，原因很简单：宋朝人已经掌握了纯熟的酿醋工艺，食醋产量大且便宜，是大众日用调料。当时的粮食醋品种多样，有麦黄醋、三黄醋、麦醋、糟醋、麸醋、长生醋等，原料通常会使用大麦、小麦、面粉、粟米、大米、糯米、秫米（高粱）、麦麸、砻糠，以及榨酒之后剩下的黄酒糟。当然，不同原料酿造的食醋，表现为不同类型的酸，风味差异颇为明显。以当今主流醋品为例，山西老陈醋主料为高粱，酸度尖锐但底子醇厚；镇江香醋主料为糯米，酸度温和不冲鼻，多出一份微甜；四川保宁醋，主料包括麸皮，小麦与糯米，酸度

◒ 下图：《货郎图》局部
南宋 李嵩
北京故宫博物院藏

-

乡民能从走街串巷的货郎手里买到醋。一葫芦酸醋，正被挂在琳琅满目的货担顶部，十分醒目。南宋初期，在杭州城中流传一条谚语：“欲得富，赶著行在卖酒醋”。这是由于当时官府垄断了食醋的生产和销售，有人通过走私食醋来获取厚利。

这种酸味调料在早期曾用醯、苦酒、酢之名，宋朝人习惯称为醋或苦酒。到今天，“苦酒”无人提起，“酢”也退出本土，反倒日本沿用至今。

生烧猪羊腿，精批作片，以刀背匀捶三两次，切作块子。沸汤随漉出，用布内扭干。每一斤入好醋一盏，盐四钱，椒油、草果、砂仁各少许，供馔亦珍美。

——宋元·浦江吴氏《中馈录》

比老陈醋略低而柔和。

水果酿制的果醋会保留明显的果香，大都酸酸甜甜易入口，常用来拌沙拉。纵观历史，西方主要走果醋路线，中国更钟情粮食醋，果醋仅在小范围少量流行。唐宋人熟知的果醋，有桃醋、葡萄醋、大枣醋、柿子醋。关于宋人酿柿子果醋的珍贵史料，被徐乾记录在《屐人记》中：河南陕州因旱灾频发，常年闹饥荒，人们纷纷向邻省逃亡，当地几成空城。为了留守家园，贾氏宗族想出一个维持生计的办法——种植更能耐旱的柿子。后来，荒山上因遍栽柿子树而恢复了生机，上百村民由于讨得打理柿树的生计而留了下来。也许是考虑到柿子容易碰坏，本地也缺乏完善的运输条件，贾氏并不打算做水果生意，而是将柿子二次加工：酿柿子醋。在地面挖出巨坑，埋入一只只大陶瓮，瓮里码入生涩的柿果，密封瓮口，等待发酵。据说，出瓮的柿子醋果香醇和，有生津止咳的润喉感，很适合充当饮料。运到大城市洛阳试售，大获好评。

由于远行携带醋汁多有不便，人们便将醋做成便携的固态。所谓"梅子醋"，将乌梅肉投入浓醋中浸泡，让一升乌梅肉吸入五升醋汁，晒干后碾作粉末。用时，把乌梅粉末投入水中泡成酸汁，才添加到菜肴中去。此外，还可用晒干的无糖蒸饼（馒头），它能像海绵那样吸饱醋汁，经过反复浸泡、晒制，直到三枚蒸饼把一斗醋都吸尽，然后才彻底晒燥收贮。掰下一角，加水研开即用，这种"千里酸法"在军队中普遍使用。

◆"生烧"二字不知何故，结合《易牙遗意》《事林广记》和《调鼎集》来看，可能是笔误。《易牙遗意》中有一道与肉鲊相同的菜，名叫"生烧猪羊肉法"，亦是取猪腿或羊腿的精肉部分来制作。在清《调鼎集》中有"拌肉鲊"，熟精肉切丁后，与笋丁、香菇丁、酱瓜丁、松仁，以及椒、盐、酱、酒、醋来拌，口感极为丰富。书中另有一道"拌捶肉"，则用猪蹄制作，"猪蹄切薄片，用刀背匀捶二三次，切丁，入滚汤，滤出，布包扭干，加糟油拌。羊腿同"。除了拌料不同之外，做法与肉鲊十分相似。所以，这道菜适合选用猪腿精肉或羊腿精肉，也不妨试着拿猪蹄来仿制，会更爽口。

食材：

猪蹄 / 两只
醋 / 小半碗
草果 / 四分之一粒
砂仁 / 半粒
花椒 / 一把
麻油 / 酌量
盐 / 酌量

◆《中馈录》是一本江浙食谱，按地域来看，此处选择了镇江香醋。

◆ 椒油是宋朝人常用的凉拌油。《中馈录》给出椒油的做法是：花椒放入麻油里，煮沸后关火，倒出放凉，花椒为油料带来辛香。

【制法】

① 草果撕开外皮，取出籽粒，放入捣钵里研碎，外皮也剪碎，混合。砂仁同法。提前熬好花椒油，放凉备用。或直接使用现成的花椒油。

② 猪蹄洗净擦干，在内掌中间竖切一刀，沿刀口去骨，剔出整张肉皮。

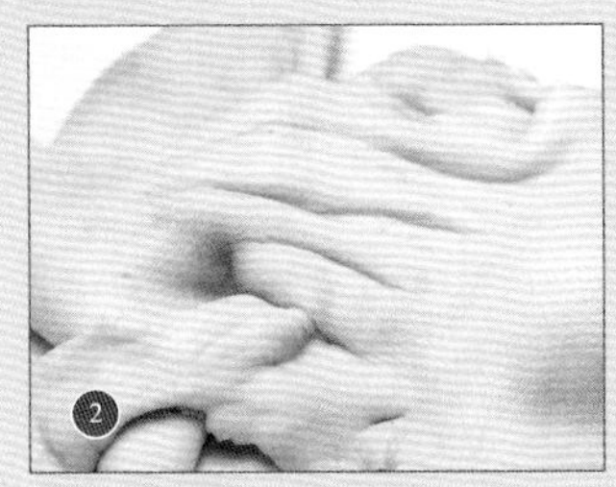

③ 将肉皮切成八毫米宽的条状，用刀背来回拍打几下，然后切方粒。

④ 半锅水烧开，维持大火，倒入肉粒，烫三十秒到一分钟左右，变色翻卷就捞出。既要保证已经煮熟，还要控制在刚熟的程度，肉皮烫久了会很硬，咬不动。

⑤ 用干净的厨房纱布包起肉皮，攥干水分，放凉。

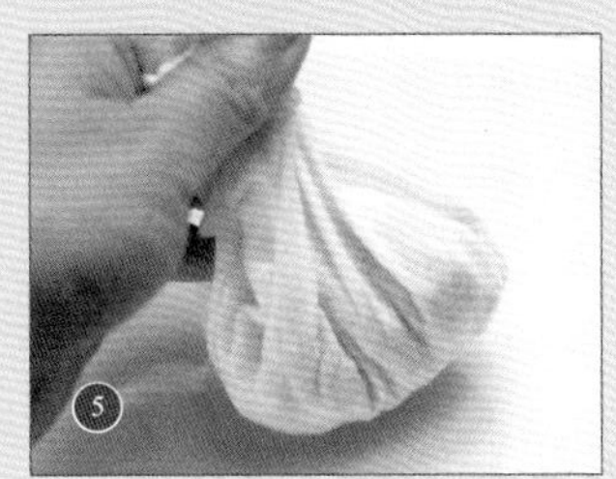

⑥ 加草果、砂仁、一匙椒油，适量盐，小半碗醋，拌匀。

素蒸鸭

但令烂熟如蒸鸭，不著盐醯也自珍

谈及瓠瓜，必然绕不开“素蒸鸭”。做法堪称极简，选大腹细脖的瓠瓜，入锅蒸得软熟，蘸酱醋汁佐味。它之所以有名，是因为一场别开生面的士大夫家宴。

郑余庆（唐朝）出生于官宦世家，其父亲郑慈明乃太子舍人，他亦两度出任宰相一职，在朝中德高望重，尤以清廉俭朴为世人敬服。据说他常将俸禄分给亲党，自己却过着清苦的生活，平日里难得请一回客。某日，郑余庆一反常态，给数位亲朋和僚友下了请帖。接到饭局邀请函的人颇感惊讶，但都不敢怠慢，早早出门去赴宴。

客人很快到齐，都聚在厅堂等候。本应出来招呼的郑余庆却迟迟没有现身。这其实是他故意设计的前奏，目的是让客人进入中度饥饿状态，他们越是感到饿馁，这顿精心策划的饭局就会越成功。

一直拖到晌午，郑余庆感觉时机已到，才满脸堆着歉意出场应酬。他没有立即安排入席，而是先与众人寒暄，尽量再拖延一段时间。可想而知，在场的每位都已疲乏不堪，饥肠辘辘。郑余庆当着客人面嘱咐家佣：“到厨房打个招呼，这道菜务必要去净毛、烂蒸，千万别将脖颈拗折了。”故意引发大家的美好想象——脖子细长浑身带毛的东西，肯定就是一只膘肥肉嫩的鹅鸭吧。果然，客人们互递眼色，面露愉快之色，为即将到来的大餐雀跃不已。

又等了良久，才终于入席。当饭菜摆上餐桌——小米饭一碗，蒸瓠瓜一枚——客人无不大失所望，心情也跌到谷底，有脖子带毛之物，不过是蒸得烂熟的瓠瓜而已。想到郑余庆从未表示其为鹅鸭，客人明知自己被戏弄，也不好当场发作，唯有勉强夹了几口瓠瓜充饥，用餐体验简直糟糕透顶，只有郑余庆一人吃得津津有味。

◒ 下图：五种瓠瓜

-

一、瓠子（蔬菜）
二、瓠壶（蔬菜、水瓢）
三、悬瓠（长柄茶酒瓢）
四、葫芦（酒瓶、药瓶、乐器葫芦丝）
五、匏瓜（蔬菜、鸣虫玩具）

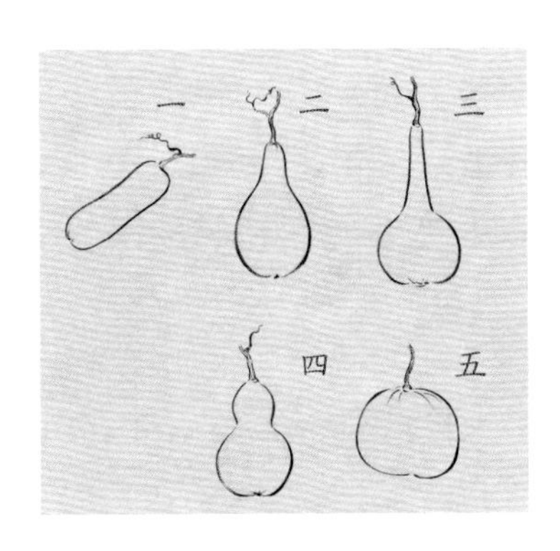

郑余庆召亲朋食。敕令家人曰：『烂煮去毛，勿拗折项。』客意鹅鸭也。良久，各蒸葫芦一枚耳。

今岳倦翁珂《书食品付庖者》诗云：『动指不须占染鼎，去毛切莫拗蒸壶』。岳，勋阅阀也，而知此味，异哉！

——南宋·林洪《山家清供》

◓ 上图：三种瓠瓜

自从这出“捉弄”事件在士人圈子散播开来，“蒸鸭”“蒸鹅”就成为蒸瓠瓜的专用代名词。得益于背后的趣闻逸事，一只普通得不能再普通的瓠瓜也瞬时变得富有内涵。吃蒸瓠瓜，仿佛也是为了咀嚼典故。当陆游菜园里的瓠瓜长成，他便摘下一只，如法炮制素蒸鸭，吃时连盐醋也不用蘸，便觉足够美味。

瓠瓜起源于非洲，在我国栽培已长达七千年，至少拥有五种经典造型：长条圆柱形的瓠子，大圆腹、短细脖的瓠壶（似鹅鸭的就是这种），圆腹、超长脖的悬瓠，双圆腹、细腰身的葫芦，扁圆的匏瓜。所谓“瓠羹”，是以瓠瓜煮的羹。《齐民要术》所载做法是将瓠瓜横切厚片，加油与水煮软熟，以盐、豆豉和胡芹调味即成，是价廉物美的家常菜。有意思的是，在北宋开封城里有不少“瓠羹店”，名气最大的如“史家瓠羹”“贾家瓠羹”“徐家瓠羹”，它们并非瓠羹专卖店，而是较为高档的综合型饭店。瓠羹店的装潢颇有特色，其门面和窗户多用红绿装饰，店门前用枋木扎缚了一架华丽的彩棚，上头挂着剖成半扇的猪羊（有时甚至多至二三十扇），供后厨使用。客人进店可以随意索唤，荤、素、冷、热小菜都能现点现制，羹汤多用琉璃浅棱碧碗来装盛，菜蔬也料理得颇为精细，每碗只要十文钱。

但至于说，瓠羹店里有没有瓠羹，又为何叫此店名？无从知晓。或许瓠羹曾作为市食的典型而广为人知，但后来却不再流行，正如《都城纪胜》提到，在南宋杭州城里，瓠羹这种市食早已“名存而实亡”。

◆ 瓠瓜：市面上常见的瓠瓜，十有八九是长条形的瓠子，大腹细脖的瓠壶比较难找，可请菜摊主帮忙订购，或可网购。瓠瓜有青皮的，也有花皮的，不拘用哪种。瓠瓜必须趁嫩采摘，这时它柔软多汁，瓜籽也软小。随着瓠瓜成熟，瓜肉口感变粗，瓜籽会越来越硬。一旦完全成熟，外皮由青绿变成黄白，捏起来会像木质般硬实，瓜瓤也渐干枯，已不能食用，彻底晾干就是工艺品葫芦的质感。

食材：

瓠瓜 / 一只
椒油 / 酌量
醋 / 酌量
酱油 / 酌量
白糖 / 少许

◆ 蘸碟一：醋一勺、酱油一勺。

◆ 蘸碟二（撒拌和菜配方）：花椒和麻油熬制的椒油半勺，醋一勺，酱油一勺，白糖少许。

【制法】

① 瓠瓜搓洗外皮，对半切开。

② 用小刀在瓜瓤上切十字花，刀口深至瓜肉三分之二，会更容易蒸熟。

③ 将瓠瓜放入蒸锅。

④ 大火蒸二十分钟左右，直至瓜肉变透明。视瓜的大小增减时间，时间蒸足，瓜肉才会比较软，容易挖出。蒸制期间准备蘸酱，熟后，用勺挖出瓜肉，蘸酱吃。

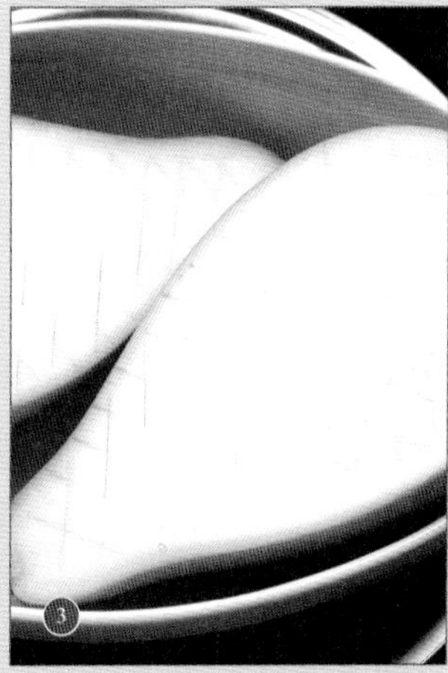

五香糕

人参白术茯苓粉，甑中五香味绝珍

西式蛋糕，一般用小麦面粉做坯，搭配辅料鸡蛋、牛奶、黄油、芝士、砂糖、酵母，配方精准、搅拌充分、适时发酵、烤箱烘焙都是关键元素，入口特别松软绵密兼带浓郁奶香，添加巧克力、淡奶油、水果或坚果营造多元口味。而中式传统糕点，通常指蒸糕，从配方到制作再到口感都与西式糕点区别明显：大多使用糯米粉和粘米粉，或有面粉、黄米粉，隔水蒸熟，口感普遍更干硬，质地更粗糙。而今，受口感精致的西式蛋糕冲击，日渐没落。

但在蒸糕占绝对主流的宋朝，杭州市民能从点心铺买到多达几十种产品：糖糕、蜜糕、栗糕、枣糕、粟糕、麦糕、豆糕、花糕、糍糕、雪糕、小甑糕、蒸糖糕、生糖糕、蜂糖糕、线糕、间炊糕、干糕、乳糕、社糕、重阳糕、拍花糕、丰糖糕、乳糕、镜面糕，等等。

从原料构成来看，它们大同小异，变化主要在辅料上——添加食糖的叫作“糖糕”，含有蜂蜜的名为“蜜糕”，豆糕里掺入了煮烂的红豆，栗糕要用到一大份栗子，枣糕里少不了香甜的红枣，麦糕使用面粉为原料，一目了然。有的糕名则需要发挥想象力，小甑糕估计是在甑形蒸器里蒸熟，糕体内部点缀了红枣或别的干果；花糕上也星星点点缀着栗肉和枣肉；间炊糕推测是一层粉一层馅，做成三五层的样子。形状方面，通常简单切分为方形或菱形，讲究的则会借助模具——用一寸厚的梨木、枣木板，刻挖出团花、寿桃等吉祥纹样，就成了一副结实耐用的糕饼拍子，是拍印花糕的必备工具。另外，花更多心思塑造的豪华花糕，只在特殊节日才能够享用，比如重阳糕，糕面置一座立体的五彩面塑“狮

◒ 下图：三彩茶盘

2015年河南巩义东区唐宋墓出土。两侧花口小碟，各放置了一枚菊花形糕饼，这是晚唐人为饮茶而配的点心。

上白糯米和粳米二六分，芡实干一分，人参、白术、茯苓、砂仁总一分。磨极细，筛过，白砂糖滚汤拌匀，上甑。

——宋元·浦江吴氏《中馈录》

蚕”，或数头面塑大象、小鹿，插一圈小彩旗。

用药材制糕，多半源于古人对养生的狂热，典型例子有五香糕。五种带香味的中药：芡实、人参、白术、茯苓、砂仁，构成五香糕的味觉基调。其中砂仁带浓郁的樟香，另外四味则能闻到淡淡的根果香。将它们磨成粉后按比例混合，再加一份糯米粉，三份粘米粉，掺入砂糖，再用沸水拌作糕坯，蒸熟。只是，入口伴随鲜明的砂仁味，总使人联想到药膳而不是普通小甜点。

五香糕最早在《中馈录》中留下踪迹，至明清仍见诸菜谱，历经几百年其配方几乎维持原状，只把砂仁换成更为美味的莲子、薄荷之类。而在清食谱《食宪鸿秘》中，亦有一道气质类似的“八珍糕”，由山药、扁豆、苡仁、莲子、芡实、茯苓、糯米和白糖这八种珍料制成。不难揣测这类糕点一直颇受欢迎，因为养生理念在当今社会仍然保持惊人的热度。

中医药典认为，五香糕所用的五种辅料均有调理脾胃的功效，其中人参更是因能大补元气而获得好评。此外，寄生于松树树根长得像甘薯的块状菌类茯苓，早在汉朝已被贴上养生药膳的标签，是道家“修炼长生”秘法里使用率很高的一种药材。一度沉迷服食保健品的苏轼，也曾长期以“茯苓饼”（蒸过九次的芝麻、去皮的茯苓、上等白蜂蜜，三者混匀成团，捏作小饼）调养身体。至于是否奏效，其实苏轼终年六十五岁，放在宋朝来说也不算长寿。

◆《易牙遗意》五香糕
上白糯米和粳米二六分，芡实干一分，人参、白术、茯苓总一分，磨极细，筛过。用白砂糖、茴香、薄荷，滚汤拌匀，上甑蒸。

◆《古今医统大全》五香糕
上白糯米二升，粳米六升，芡实粉一升，人参、白术、白茯苓、莲肉共一升，为末，白糖滚汤拌和，上甑。

◆《中馈录》五香糕里使用砂仁，它的气味十分浓郁且霸道，会掩盖其他食材的味道，总使人联想到药膳。在这里，我根据《易牙遗意》与《古今医统大全》中的“五香糕”方来制作。此二食方都将砂仁去掉，《易牙遗意》改为添加茴香与薄荷，糕体呈现淡淡的灰绿色，口腔中能感受到茴香滋味；《古今医统大全》以莲子代替，蒸熟呈米黄色，吃来有一股淡淡的莲子香，均比砂仁款的更可口。

《中馈录》版五香糕食材：

口味 1
（米白色）
糯米粉 / 四十四克
粘米粉 / 一百三十二克
芡实粉 / 二十二克
人参粉 / 五克
白术粉 / 五克
茯苓粉 / 五克
莲子粉 / 七克
砂糖 / 四十克
水 / 一百一十五克

口味 2
（淡绿色）
糯米粉 / 四十四克
粘米粉 / 一百三十二克
芡实粉 / 二十二克
人参粉 / 五克
白术粉 / 五克
茯苓粉 / 五克
薄荷粉 / 六克
茴香粉 / 一克
砂糖 / 四十克
水 / 一百一十五克

【制法】

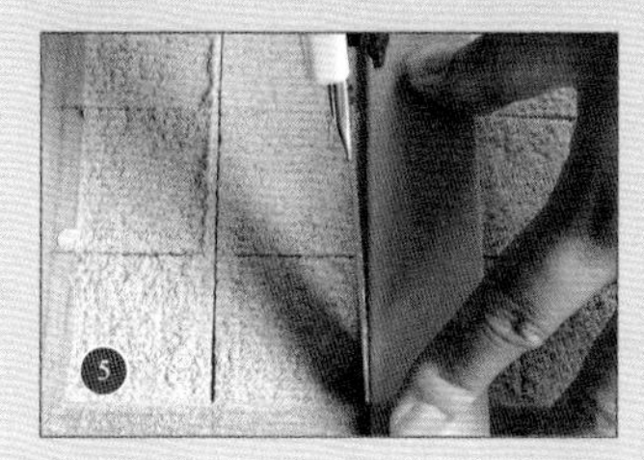

① 分别量取两份糯米粉、粘米粉、芡实粉、人参粉、白术粉、茯苓粉，其中一份添加莲子粉，另一份添加薄荷粉和茴香粉。然后分别加入砂糖，混合一起。此方甜度适中，可根据个人口味调节，增减砂糖。

② 将水烧开，往粉中倒入一百一十五克热水，边倒边搅拌。这时的粉高温烫手，用大勺搅拌一会儿，等稍微散热后，再用双手搓匀。糕粉应是略有点潮湿状，一攥能成团，一搓就散开。用保鲜膜盖起来，静置四个小时，让粉质均匀吸水。

③ 把粉粒中形成的小疙瘩用手细细搓开，然后拿糕粉筛网，将细粉筛进糕模中。

④ 用木刮子刮平糕面。注意不要用力压实糕面，要让糕体保持蓬松。

⑤ 用刮子做尺，然后拿薄的小刀顺着划，要划到底部，慢慢行刀。将糕划分成需要的大小方块。（如果想要方块整齐一致，可提前在模具的四条边上用铅笔做好连线的标记。）

⑥ 蒸锅里加水，开火，等上汽。将糕放进蒸笼中，大火蒸十二分钟。蒸好要马上端出来，不要留在蒸笼里焖着。

⑦ 装饰糕面。你可以购买食用染料，拿毛笔来点画花纹，或用印章印花。将整糕脱模，轻轻分开小块，装盘，就可以上桌享用。五香糕口感松软，有股淡淡的香味，这种糕在今天江浙地区还很常见。

◆ 芡实：水生蔬菜鸡头米（鸡豆）晒干就是芡实，常用于煲汤熬粥。芡实富含淀粉，吃起来有一股淡淡的根果香。

◆ 白术：入药的块状白术，状似生姜，是草本植物白术的根茎切片晒干或者烘干制成，主要用作配药。

◆ 茯苓：茯苓是寄生在松树根部的菌类团，表皮粗褐，内肉细白。加工方法是削皮后切片或切块，干燥。除了入药，磨成粉来煮粥、制饼或泡饮是常见用法。茯苓粉的味道淡淡的，比较容易入口。

◆ 砂仁：一种姜科草本植物的干燥果实，带浓郁樟香的烹饪香料，炖肉、卤汁、火锅底料少不了它。

◆ 莲子：把莲蓬中饱满的莲子剥出来，去掉黄绿色的衣，干燥之后就是干莲子。

◆ 茴香：小茴香粉的香味较为温和，透出一股甜味。

◆ 薄荷：在古代食谱中，这种食用香草多用在糖果和糕点中。

饮子三种

吃冰雪

冰柜发明前，食用冰全靠冬藏夏用。寒冬时节到水质干净的溪谷或河湖，凿取三尺（一尺约三十三厘米）长、两尺宽、一尺多厚的大冰砖，运至阴凉的地下冰窖中堆垒起来，铺垫和覆盖上厚厚的稻草及芦席保护，密封窖口，待来年酷暑取出享用。

因开采运输与储存成本很高，能留存到次年的冰块也只有三分之一（大部分都融化了），所以冰块售价不菲。早年间，吃冰雪是权贵与富豪的特权。将冰块敲碎，用透明的琉璃碗盛好，浇入同样奢侈的甘蔗浆，调出一碗又甜腻又冰凉的饮料，这是唐朝上流社会钟爱的消暑圣品。看着冰块越化越小，蔗浆也越来越寒，喝上几大口，绝对通身舒畅。

到宋朝，由于民间兴起私人藏冰，甚至连乡村也具备挖窖藏雪的能力，饮冰价格大幅下降，消费者遍布社会各个阶层。在享受冰块方面，宋朝人有更多想法。蜜沙冰是朝臣在每年伏日得到的员工福利，猜测是在蜜糖红豆沙里混合了冰屑，可以舀着吃，类似红豆刨冰。冰镇饮料是更平民的选择，绿豆汤、甘草水，荔枝膏水等酸酸甜甜的饮料，经由冰块降温变得清凉爽口，消暑效果一流。

冰镇凉水摊在北宋开封相当常见。小贩会在街衢巷口支一把遮阳的青布伞，放几套简易桌凳，设一摞杯盏作为标志。整个三伏天，冷饮食铺生意持续火爆，实力最雄厚的两家店设在开封旧宋门外，装潢豪华，盘盏碗勺一律是贵重银器。除了冷饮，主打品还包括砂糖绿豆（绿豆沙）、水晶皂儿（皂荚子仁煮软，以糖水浸）、黄冷团子（冷吃的粉团，含细糖粉）、鸡头穰冰雪等凉爽小吃，完全是甜品店的架势。而在南宋杭州的凉水摊则能找到更多口味，比如甘豆汤、卤梅水、金橘团、姜蜜水、鹿梨浆、椰子酒。当地茶肆也会顺势推出夏日特饮“雪泡梅花酒”吸引顾客，清冽爽口。

◒ 下图：《清明上河图》局部
北宋 张择端
北京故宫博物院藏
-
青布伞下吊着一块长方木牌“香饮子”，这类摊位会在夏日销售消暑药草茶。

喝药草茶

青布伞下吊着一块长方木牌“香饮子”的摊位，卖的是另一种消暑圣品：饮子。经典产品有缩脾饮、香薷饮、麦门冬饮、紫苏饮、五

◓ 上图:《水殿招凉图》局部
南宋 李嵩
台北故宫博物院藏
-
皇家的消暑方式可谓奢侈，用闸门引湖水流经宫苑，以活水降温营造一方清凉。
《武林旧事》还提到两种令人大开眼界的皇家纳凉之法：一是在御座两旁放置金盆数十架，盆内冰雪堆如山，这能有效降低室温；一是将茉莉、素馨、建兰等数百盆南花摆在庭中，再架设风轮，将香风吹向殿内，颇似带香薰的风扇。

苓大顺散、丁香熟水、豆蔻熟水、二陈汤、茴香汤……由各种味道温和、效用温和的草药主制。

以“丁香熟水”为例，配方为丁香五粒，轻度炙过的竹叶七片。将两者放入汤瓶（水壶）里，冲入沸水后密封，闷泡一会儿使滋味析出，趁热饮用，简单得就似泡茶。

另外，像熬药那样用微火煎煮，或用凉开水慢泡一整夜，都是制饮子常用的手法。配料的质地，决定了究竟是采用煎煮法、热泡法，抑或最轻柔的冷泡法。一般来说，茯苓、麦门冬等厚实材料，须经煎煮才能出味，而轻薄的新鲜花朵，倾向以冷水浸泡。但毫无疑问，最终喝下的水都是经过煮沸的开水（冷泡法，是用煮滚放凉的凉开水）。喝生水可能导致肠胃病，熟水则比较安全，这是“饮子”别名“熟水”的原因。

纯粹治病的叫汤药，随饮解渴的叫饮料，而“饮子”介乎两者之间，兼顾保健功效与口感风味，是“有病治病，无病强身”的药草茶。在保健方面，每种饮子都肩负不同的调理使命。消暑护脾首选缩脾饮和香薷饮，清热解毒就喝一盏麦门冬饮，降火解渴有竹叶与茅根水，伤风咳嗽可用紫苏饮子，解宿醉一般饮用二陈汤，若秋冬腹中不安可喝厚朴或生姜饮，口舌干渴就用晒干的稻秆芯泡热水。在口味上，因多用花叶、香料、甘甜药材，使饮子与印象中难以入口的苦涩汤药相当不同，更像是饮料。

人们喝饮子相对随意，基本可“代茶水频饮”。几部宋元出版的药典与生活指南中，收录了大量日用饮子配方，且每味原料给出了精准用量，方便人们依照方子炮制。当然，考虑到就地取材的局限性，个别饮子只在小范围流行，比如，安徽的新安郡出产一种竹子，其叶比常见竹叶稍大，当地人就习惯摘下竹叶炮制熟水，入口带新竹的清香。

时至今日，广州依然流行饮用药草茶。闷热潮湿的气候使广州人热衷各种汤水，市面上遍地是凉茶铺，常年供应廿四味凉茶、五花茶、金银花茶、斑砂凉茶、茅根竹蔗水、龟苓膏。广州人对每款凉茶的效用也了然于胸，比如轻微上火，可以来一杯甘甜的五花茶，严重上火就灌一碗苦涩的斑砂凉茶。

雪泡缩脾饮

缩脾饮用清暑气，吐泻烦渴温脾胃

《太平惠民和剂局方》是一部北宋官方编撰的大众药剂手册。书中“缩脾饮”的配方，包含乌梅、甘草、缩砂仁、草果、葛根、白扁豆六种药材，被认为具有清暑渗湿、清热止渴、健脾和中等温和的功效。其中，乌梅和甘草是酸梅汤的主料，乌梅带来浓郁的酸味，甘草突出甘甜，共同构成缩脾饮的味觉基调。所以缩脾饮喝起来像是带樟香和些许橘香味的酸梅汤，很易入口。热饮温啜皆可，放凉再经冰镇就是宋人所说的“雪泡缩脾饮”，清凉感倍增。作为对付暑湿气躁的传统暑药，缩脾饮历来是常售的街头饮子。

后世药典中的缩脾饮方，大都以上述方子为基础。在此基础上加香薷，即为“香薷缩脾饮”，而添加了附子的“增损缩脾饮”适合老年人饮用。

解伏热，除烦渴，消暑毒，止吐利，霍乱之后服热药太多致烦躁者，并宜服之。

缩砂仁、乌梅肉（净）、草果（煨，去皮）、甘草（炙），各四两，干葛（锉）、白扁豆（去皮，炒），各二两。

右㕮咀。每服四钱，水一大碗，煎八分，去滓。以水沉冷服，以解烦。或欲热、欲温，任意服。代熟水饮，极妙。

——宋《太平惠民和剂局方》

食材：

白扁豆 / 三克
干葛 / 三克
草果籽 / 六克
乌梅肉 / 六克
缩砂仁籽 / 六克
炙甘草 / 六克

◆煨草果步骤：面粉加水拌成稠面糊。用面糊包裹草果后，置于微火上烘烤。烤至面糊焦黑，剥去草果外皮，只用籽实。经过煨烤的草果，其籽实香味更为温和。

【制法】

① 将白扁豆放进锅里，微火炒至表面有焦斑点（或购买已炒好的）。称取三克去皮的白扁豆仁，剪碎。

② 缩砂仁掰开壳，取出整团籽实，将籽粒分开。煨过的草果亦剥出籽实。

③ 将乌梅上的梅肉刮下来，剪碎。

④ 干葛和炙甘草片亦剪作碎块。

⑤ 将药材冲洗一下，沥水，放进锅中，加水七百毫升，浸泡三十分钟。开火煮，水滚后转小火，煮至水剩八成。大约煮四十五分钟。

⑥ 可原味饮用，也可在关火前添加冰糖煮化。用极细滤网滤净渣滓，拿带盖玻璃瓶装起，冰镇后饮用。加糖的缩脾饮味道很像酸梅汤，甘甜可口，十分解渴。

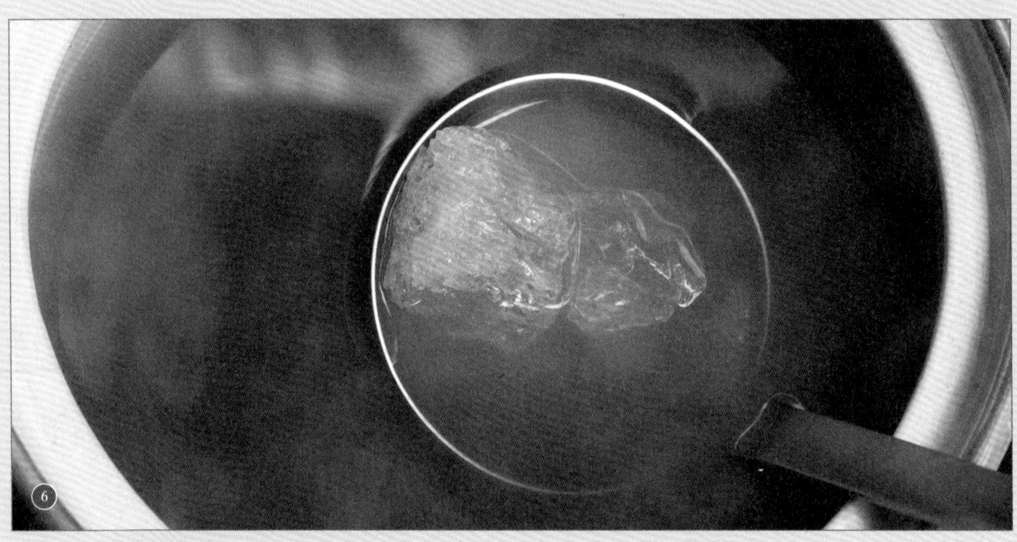

香薷饮

火龙嘘焰逼窗纱，细瀹香薷当啜茶

关于香薷饮，最为人熟知的事件发生在《红楼梦》里，它因被林黛玉饮用而名气高涨。香薷饮与缩脾饮一同占据饮子界核心位置，属暑药典范，可缓解湿热中暑、胸闷头痛。香薷草是一种开紫色细碎小花的草本植物，通常晒干入药，带类似薄荷的麻凉口感，所以香薷饮表现为浓郁的芳草香兼凉喉感，很像饮料，能代茶常饮。在同书中还有“香薷散”方，只取香薷、白扁豆和姜炙厚朴三味，并加水、酒来煎成汤药，其药效更为强劲。

香薷（去土）、甘草（炙，半两）、白扁豆（炒）、厚朴（去皮，姜制）、茯神（各一两）。右为末。每服二钱，沸汤入盐点服，不拘时候。

——宋《太平惠民和剂局方》

【制法】

食材：

香薷 / 四克
炙甘草 / 一克
白扁豆 / 两克
姜制厚朴 / 两克
白茯苓 / 两克
盐或砂糖 / 酌量

① 将香薷、炙甘草、白扁豆、姜厚朴、白茯苓分别打成细粉。

② 按照方子拿取各样粉料，投入茶壶中。

③ 注入三百五十毫升开水浸泡十分钟，加盐（若喝不惯可加砂糖，会更美味）调味。用咖啡滤纸滤清汤水。夏天宜冷饮，秋天宜温热饮。

紫苏饮

香泛紫苏饮，醒心清可怜

在北宋仁宗皇帝授意翰林司举办的熟水品级评定中，连胜沉香熟水与麦门冬饮，一举夺得桂冠的便是紫苏饮，它以消除胃膈滞气著称。紫苏叶是常用的烹饪香料，炒虾爆螺蒸鱼剥蟹，甚至吃生鱼片都少不了它，据说能驱寒去腥又可增香。其籽实，细粒的紫苏子也是香料的一员。相比起来，青色紫苏叶的气味较淡，而紫色（单面紫、双面紫）的显得更浓烈，是制饮子的首选。紫苏鲜叶先隔火烘焙，通过加温使叶片凋萎，逼出香气，原理类似制茶工艺中的炒青，然后用开水冲泡，出汤饮用。和香薷饮相反，紫苏饮一定要趁热喝。

◐ 左图：紫苏

-

单面紫、双面紫。

紫苏叶不计，须用纸隔焙，不得番，候香。先泡一次，急倾了，再泡留之食用。大能分气。只宜热用，冷即伤人。

——南宋·陈元靓《事林广记》

【制法】

① 紫苏叶十片，洗净擦干。如无焙茶炉，可将铁锅烧热，转极微火，叶片摊在锅里，焙烤至萎蔫、散发香气。将紫苏叶放入泡茶的盖碗里。

② 浇入沸水浸泡，盖上碗盖。

③ 第一泡立即出汤，汤水倒掉不要，第二泡加盖闷泡三五分钟。

④ 出汤，趁热即饮，可加白糖调味，会更可口。

秋食

东坡豆腐

酒酱甘榧烹菽乳

除了朝臣、文学家、书法家三重身份，苏轼还是赫赫有名的美食家。他将对食物的热爱，投射在近四百篇诗赋里，并借《老饕赋》深入阐述自己在烹饪方面的见解：一则，好原料是美味的基础，好比小猪颈部那块嫩肉，秋霜前螃蟹饱满的双螯，都是精华食材；二则，合适的烹饪方式能为食材增色，推荐以蜜糖熬制樱桃（蜜煎樱桃），烂蒸羊羔肉浇上杏酪汁（杏酪羊），蛤蜊用酒腌得半熟（酒腌蛤蜊），螃蟹埋入酒糟渍得微生（糟蟹）。苏轼还对左右进餐感受的诸多细节很在意：酌凉州葡萄酒要用南海的玻璃杯（好酒配好杯），炭炉上的泉水刚冒出蟹眼般小泡就得立即冲入兔毫盏里点茶（一句话包括三个饮茶的讲究：《茶经》说泉水泡茶最佳，水久煮会老，兔毫盏是茶盏精品）。

苏轼的吃与工作有很大关系。宋时官职任期多是三四年，期满后便会调迁至其他省市履新。自从二十岁中进士步入官场，四十多年间，苏轼的生活轨迹延伸到开封、凤翔、杭州、密州、徐州、湖州、黄州、登州、扬州、定州、惠州、海南……这使他有机会吃遍四方，各地特产也轮流现身于他的餐桌，比如登州的鳆鱼（鲍鱼）、徐州的香榧、湖州的紫蟹和鲈鱼、惠州的蛙蛤与新鲜荔枝。而且，苏轼人缘极好，和同僚亲友之间除了相互寄诗还寄食，分享当地特产。某年住在海滨的丁公默寄来一雌一雄两只蝤蛑蟹，个头都比较大，而苏轼也曾给徐使君送去野味腊牛尾狸（果子狸），肉厚脂肥是下酒圣品。

东坡肉，通常认为诞生于苏轼的人生低谷期——四十三岁因乌台诗案入罪，被贬湖北黄州担当练团副史那四年间。在经济落后的小城镇黄州，苏轼发现当地的猪肉不仅便宜，品质还很好，但喜欢吃的人却不多，

◒ 下图：《前赤壁赋》局部
元 赵孟頫
台北故宫博物院藏
-
卷首所绘东坡小像，神色泰然，非常符合后人心目中对他的设想。

豆腐葱油煎，用酒①，研榧子一二十枚，和酱料同煮。又方：纯以酒煮，俱有益也。

——南宋·林洪《山家清供》

① 原文缺“酒”字，根据涵芬楼《说郛》本补充。

有钱人对猪肉嗤之以鼻，不愿多吃（食羊肉才是身份的象征），穷人又不懂得如何烹饪出好吃的猪肉菜，简直是暴殄天物。所以，苏轼经常买上一大块猪肉，用自己的方式来煮——加水没过肉，灶膛里只放一根大木柴，用微火炖半日至猪肉软烂，等次日早晨起来打两碗吃，惬意极了。

1099 年冬天，正在海南岛儋州任职的苏轼收到当地人送来的生蚝后，便拣出个头较大的，搁在炭火上烤熟，相当于炭烧生蚝。其余则剖开硬壳，倒出蚝肉与浆汁，加水加酒煮一盘“酒煮蚝”。

苏轼还勇于尝试新食物。在饮食“蛮夷”得过分的岭南，广东惠州人习以为常的青蛙与蛇，苏轼偶尔也会弄一盘来下酒；海南儋州本地人食谱里的怪异配菜熏田鼠、烧蝙蝠、蛤蟆（蟾蜍）、蜜唧也吓不倒他。可以肯定苏轼曾将筷子伸向蛤蟆，至于常人难以容忍的蜜唧——刚出生浑身粉嫩无毛的小乳鼠，饲以蜂蜜，夹起蘸酱，入口嚼——说不定他也鼓起勇气尝了吧。

东坡豆腐，豆腐先以葱油煎得金黄，再加香榧子、醇酒和酱料同煮，果仁的甘香与浓郁的黄酱香，形成令人开胃的咸香味，很适合下饭或下酒。虽被冠以东坡之名，其实缺乏任何证据表明这道菜出自苏轼的手笔，被归入苏轼名下或许纯粹是因为名人效应。话说，《事林广记》食谱中有一道“爊豆腐”，从配料到做法都与“东坡豆腐”颇为相似——都用葱油煎，亦加酱料、酒煮，只不过，前者并未添加香榧子。

豆腐价廉物美，在宋朝时亦是如此。虽说《梦粱录》提到酒楼饭馆的菜式多达数百，却很少能看到豆腐的身影。比如，贩夫走卒光顾的小酒馆才会供应豆腐羹、煎豆腐作为下酒；而卖菜羹的小饭店也有煎豆腐，但这类店“乃下等人求食粗饱”，不上档次。

◆ 原文“酱料”具体是什么，并无说明。我参考《事林广记》的“爊豆腐”，选择使用甜酱、花椒和姜。

每豆腐一片，切作块，用醇酒半升，加盐，渍两三时。于铛内起葱油，漉豆腐入油内，爁令黄色，次取甜酱、椒、姜研细，和元浸汁，并以熟菜同煮数沸食。

◆ 豆腐：豆腐分南北两种风格。南方水豆腐的凝结剂为石膏，质地细白嫩滑，容易打碎，一般煮羹。北方老豆腐的凝结剂是盐卤，凝固结实，质地粗糙，色微黄，适合煎炒。老豆腐也有不同硬度，建议用偏软的、卤水味较淡的那种。

◆ 香榧子：香榧树结出的籽实，果期长达三年——一年开花、一年结果、一年成熟，加上产量低，一直是贵价坚果。香榧子的油脂含量较高，口感硬脆，有一股浓郁的甘香。宋朝人用经焙炒加工的香榧子作为待客小吃，知名品种是似黄蜂肚腹般细长的“蜂儿榧”。

食材：

老豆腐 / 一块（约四百五十克）
香榧子 / 二十颗
甜面酱 / 两大勺（五十克）
葱 / 摘净五十克
油 / 八十毫升
黄酒 / 约二百八十毫升
花椒 / 二十粒
盐 / 酌量

【制法】

① 葱择洗好，控干水，切作两三段。锅烧热，倒入植物油，油热后捻小火，放入葱段油炸，直至变得黄黑发脆。

② 整个过程需要耐心等待约二十分钟。去掉葱，盛出备用，即为葱油。

③ 香榧子剥壳，刮净黑衣。剥壳小技巧：用拇指和食指捏着壳两端的两个眼，用力一挤，壳就张开口子，再沿果壳裂缝剥开。果仁外有一层黑色的皮，要刮净。

④ 香榧子研捣成碎粒状就好，不要捣成粉末。

⑤ 豆腐切成约 1.5 厘米厚的方块，将面上的水抹干，晾一晾，以备煎制。

⑥ 锅里倒入适量葱油，油热后转中小火，摊入豆腐，煎至双面发黄。然后将豆腐立起来，四周也如法煎黄。

⑦ 将豆腐码入砂锅，撒香榧子碎粒。面酱与黄酒搅拌均匀，倒进锅内。再撒上压碎的花椒。加盖，煮沸后，小火炖煮二三十分钟。关火前，酌量加盐调味。

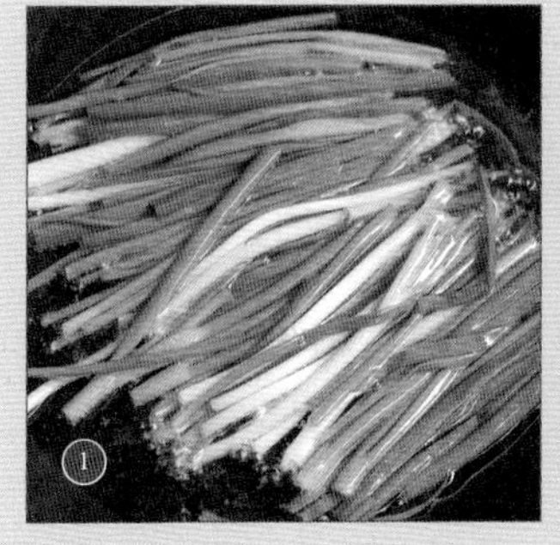

蟹生

喜看缕脍映盘箸，恨欠斫蟹加橙椒

树叶，是宋朝人庆立秋的必备之物。在宫廷的交秋典礼上，当太史官向皇帝禀奏一声“秋来”，殿外庭院中的梧桐树随即应声飘落一两片黄叶，以兆祥瑞。至于落叶是人为的还是自发的，则不用理会。当日清晨，街衢多有小贩叫卖楸树叶（叶片可大如巴掌，因叶大且早脱落，故被视为秋至寓意），妇女儿童将之剪成各种花形，斜插于发髻边，做立秋妆。据说，早在东汉已有立秋簪楸叶的习俗。

立秋意味着秋季正式开启，连带宴会主题也从采荷纳凉换作主打螃蟹的持螯、酌酒、赏菊。张约斋（张俊曾孙）在其《赏心乐事》里面提到，“满霜亭尝巨螯香橙”是九月季秋的重要活动之一。螃蟹，这种进食麻烦、肉量又少、以鲜著称的水产，在东南地区一直颇受欢迎。在螃蟹的主要消费区杭州城里，城东设有“蟹行”（行业团体，相当于批发区），多种河蟹与海蟹充斥市场。市民能在食店尝到橙醋赤蟹、白蟹辣羹、蝤蛑签、蝤蛑辣羹、柰香盒蟹、辣羹蟹、签糊齑蟹、橙醋洗手蟹、橙酿蟹、炒螃蟹、五味酒酱蟹、酒泼蟹、糟蟹等，还能从蒸作点心铺买几个蟹肉包子、蟹黄包子或蟹肉馒头，选择十分多元。宋人对蟹的痴迷，还体现在两本蟹文化专著《蟹谱》《蟹略》的出版上，书中从品种到产地、从诗词到掌故对蟹进行了详细介绍，更四下搜罗了颇有亮点的吃蟹方法。

吃生蟹一度很流行，常有两种做法：半生不熟的“糟蟹”和生鲜直接嚗食的“蟹生”。选团脐螃蟹洗过抹干，用五斤酒糟、十二两盐、半升醋和酒拌作糟泥，还可加点川椒、莳萝，将螃蟹埋入糟泥内，入瓮

◒ 下图：《盥手观花图》局部
南宋 佚名
天津博物馆藏

生蟹的北方版本“洗手蟹”，意即盥手完毕，蟹已拌好，可以享用。
典型的上流社会洗手场景，主人不必亲自到水缸前，而是由仆人捧出黄金或铜制洗手盆，侍立在旁，盆里有清水，往往还放入搓手用的香料澡豆，手会洗得更干净，发出好闻的香味。

用生蟹剁碎，以麻油先熬熟，冷，并草果、茴香、砂仁、花椒粉、水姜、胡椒，俱为末，再加葱、盐、醋共十味，入蟹内拌匀，即时可食。

——宋元·浦江吴氏《中馈录》

密封七日即熟，可留存到明年。腌好的蟹壳仍保持青黑色，蟹肉也呈现生鲜时的半透明状，而作为精华部分的蟹膏蟹黄会结成块状，吃起来黏糯绵密有弹性。采用这种做法不仅使蟹的整体口味表现出令人愉悦的咸鲜醇香，还解决了保质的难题。

“蟹生”则讲究鲜活，螃蟹治净后拆开斩件，加酱汁拌吃——用麻油、草果、茴香、砂仁、花椒粉、水姜、胡椒粉，葱粒、盐、醋，共十种配料调匀，倒入蟹块浸泡，即食。相比起白色块状的熟蟹肉，生蟹的肉质是晶莹的、半透明的，像软软的啫喱，稍用力一吸，蟹肉便滑入口里。几种辛香料协助去除了蟹腥，醋的酸凸显了蟹的鲜甜，蘸足酱汁的生蟹，鲜爽入味又辛辣开胃，堪称绝品。今天浙江温州人所嗜“江蟹生”（一般用海产梭子蟹），大概就是“蟹生”的现代版本，两者从制治手法上来看几乎相同。假如将酱汁换成“盐梅、椒末加橙齑”，便是宋高宗赵构吃过的“洗手蟹”。

让人意想不到的是，古人的生吃名单里还包括为数不少的红肉。羊、猪、牛、熊、鹿的鲜肉薄切，拌酱，就是唐朝的高端冷菜“五生盘”。元朝人食用的“肝肚生”，是将精羊肉、羊肝、羊百叶切丝，配韭菜、芫荽、萝卜丝与姜丝，浇上用煨葱、姜、榆仁酱、胡椒、糖、盐与酸醋秘制的酸辣型“脍醋”，再以能掩盖腥味的炒葱油拌过。不满足于纸上谈吃的话，可以亲自试一试云南白族的特色菜“生皮”（由生猪肉、猪皮、猪肝制作），感受一下古老的味道。

◆ 因“蟹生”是宋朝江浙菜，可参考现今浙江温州“江蟹生”一菜的用料，选用梭子蟹（最好选择雌蟹）。从生食安全性上考虑，海蟹也比淡水蟹更合适。生食对螃蟹的洁净度要求比较高，如无稳妥的食材，不建议尝试。

◆ 为避免肠胃病，温州人制作江蟹生时，会将生蟹先在冰箱冷冻一小时左右，再卸块，既利杀菌也更鲜爽。

食材：

梭子蟹 / 两只
麻油 / 量勺十毫升
草果粉 / 量勺一克
小茴香粉 / 量勺一克
砂仁粉 / 量勺一克
花椒粉 / 量勺两克
胡椒粉 / 量勺两克
生姜 / 十克
小葱 / 三根
盐 / 两克
醋 / 一百八十毫升

【制法】

① 草果、砂仁剥壳取籽，籽实在捣臼里捣成末。茴香、花椒、胡椒研粗末。生姜切为姜蓉，葱切粒。

② 量取以上香料装入碗，加麻油、醋和适量盐（可根据个人口味增减其中某些），拌匀成酸咸辣的腌汁。如加一匙酱油带出咸鲜，会更美味。

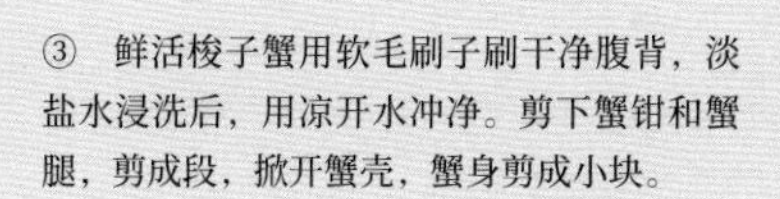

③ 鲜活梭子蟹用软毛刷子刷干净腹背，淡盐水浸洗后，用凉开水冲净。剪下蟹钳和蟹腿，剪成段，掀开蟹壳，蟹身剪成小块。

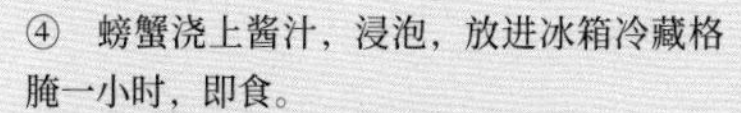

④ 螃蟹浇上酱汁，浸泡，放进冰箱冷藏格腌一小时，即食。

假煎肉

瓠与麸熟，不惟如肉

好吃的面筋会让人联想到什么？答案是：肉。

面筋是仿荤菜的重要原料，可与之媲美的还有豆制品，二者均富含蛋白质。大豆里蛋白质含量约占四成，一般制成豆腐皮，包裹冬笋、香菇、山药等物，塑造为素鸡、素鸭、素火腿，刷红曲水上色，烹为仿荤食品。而一块面筋，相当于一团植物蛋白，可弥补因吃素而造成的蛋白质缺失；其紧致细腻的质地带来弹牙的口感，切薄片炒一炒，很容易呈现类似炒肉片的风味；此外，其热量与肉类相当，还能产生踏实的饱食感，不像单吃瓜蔬很快就饥肠辘辘。

传统上一般说“洗”面筋而非“做”面筋，正因为“洗”是制面筋的技术关键。把揉好的面团浸泡在一盆清水里，像洗东西那样反复搓揉反复冲洗，使淀粉与麦麸随水析出，漂洗越久，盆底积聚的白色粉末（勾芡的淀粉）越厚，手里的面团也越小。直到最后剩下一团不溶于水、黏手且富有弹性的灰白胶，这即为生面筋。

常吃的面筋有三类：生面筋卷成条状后用水煮熟的“水面筋”质感最像肉，可炒可煎可烧烤，加咸辣调成重口味会非常好吃。先经发酵再入锅蒸熟的“烤麸”，蓬松如一块多孔海绵，入口松软，特别适合红烧，蜂窝孔洞里面会吸饱汤汁，偏甜口的沪式凉菜“四喜烤麸”是经典吃法。入油锅炸成膨胀圆球的“油面筋”很香，脆硬的表皮煮后会软塌成一团，里内也是多孔结构，能吸汁。

麸筋，是宋人对面筋的称呼，它是大众化的食材，消费主力为素食者和平民。人们已经发现面筋非常适合制作斋菜，比如杭州城里的素

下图：水面筋、烤麸、油面筋

① 在涵芬楼《说郛》本中，这句是：“麸以油煎，瓠以脂，乃熬葱油，入酒共炒。”我同时参考了两个版本，来仿制此菜。

瓠与麸薄切，各和以料煎。麸以油浸煎，瓠以肉脂煎，加葱、椒、油、酒共炒。①瓠与麸熟，不惟如肉，其味亦无辨者。吴何铸晏客，或出此。吴中贵家，而喜与山林朋友嗜此清味，贤哉！

——南宋·林洪《山家清供》

食店，就主要使用“乳、麸、笋、粉”为食材，会推出五味爊麸、糟酱烧麸、麸笋辣羹、麸乳水龙等面筋菜。前三道猜测是加入辛辣香料、糟汁、酱汁之类打造的重咸口味，后一道估计在生面筋中掺入乳饼做成丸子。店里其他仿荤菜：鼎煮羊、假炙鸭、假羊事件、假驴事件、假煎白肠、红爊大件肉、大片腰子，说不定也有面筋的参与。此外，当时的人还把面筋通过掺料、红曲粉染色、蒸煮及油炸等手法，加工为炸骨头、假灌肺、假鳝面、假鱼脍、酥煿鹿脯之类美味的仿荤菜。

面筋可咸可甜，但咸味更主流。好吃的咸味型面筋菜在《山家清供》里有一道“假煎肉”：面筋与瓠瓜均切薄片，分别油煎。煎面筋用普通的植物油，但煎瓠瓜要用动物油脂，因猪油能带来肉脂甘香。然后，用葱油、花椒与酒合炒筋瓠。先煎后炒，可使面筋入口特别香，外形与嚼劲也更像真正的肉片。因使用荤油，假煎肉并不属于斋菜，而是在文人界流行的清雅仿肉馔。

而甜面筋则勾不起大多数人的兴趣。陆游听伯父彦远提起，他年轻时，有一次到仲殊禅僧那里吃宴，那日苏轼也在场。让人郁闷的是，餐桌上的豆腐、牛乳酪（或指乳饼），全都经蜜糖浸泡，甚至还有一盘蜜渍面筋，整桌菜甜腻得过分。客人们宁可忍饥挨饿也不愿多吃一口，只有苏轼愉快地享用，饭饱而归。传言，仲殊嗜蜜跟他早年经历有关——这位放荡不羁的年轻士子，在吃了妻子投毒的肉羹后，险些一命呜呼，多亏灌蜜才捡回性命。医生还警告他“食肉则毒发”，正因如此，晏殊索性弃家而投入佛门。

食材：

面筋 / 一条半
瓠子 / 一个
肥肉 / 五十克
净葱 / 三十克
黄酒 / 十五毫升
花椒粉 / 一克
油 / 酌量
盐 / 酌量

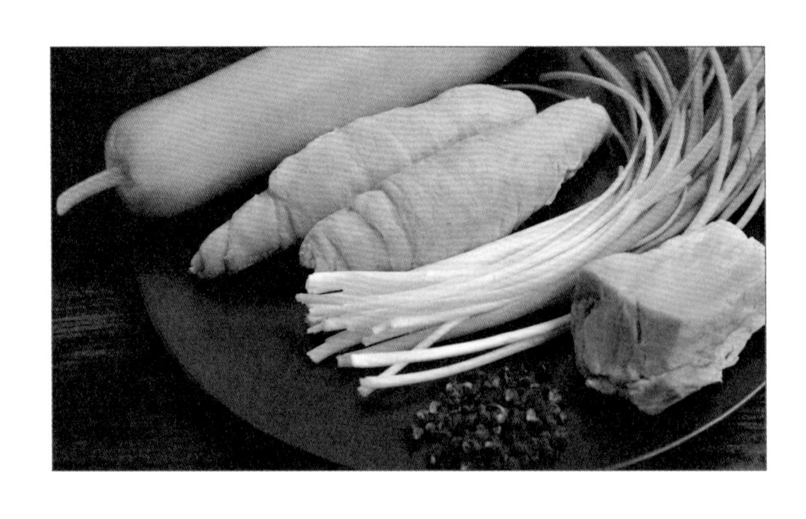

【制法】

① 最好选择卷成素肠状的水面筋，这种面筋的质地筋道弹牙，会有肉类嚼感。将面筋横切成约四毫米厚的片，撒上半小匙花椒粉，用手拌匀，使之均匀粘在面筋表面。

② 瓠子刮去皮，切成与面筋厚度相等的圆片，也拌以花椒粉。宜选细长的瓠子，切出的圆片会与面筋等大；若用粗瓠瓜，可将它对半切开，切作半圆形片。

③ 铁锅烧热，多倒一点油，捻小火，将面筋贴在锅中，耐心煎制，一面煎好再翻个面。

④ 煎至表面微黄微脆、里面还保持弹性的状态。不要煎过火，否则口感会很硬。盛起沥油。

⑤ 肥肉切丁，入锅翻炒至冒油，保持小火，炸猪油，等肥肉变成焦脆的猪油渣就好。锅内留适量油，盛起猪油渣和多余的油。

⑥ 开小火，将瓠子贴在锅中，油煎。煎至八九分熟、瓜肉略透明时，夹起沥油。

⑦ 提前熬制葱油。小葱择净，清洗后控干水，切作三段。炒锅烧热，倒入五十毫升植物油，等油热放入葱段，文火炸制，大约十几分钟后，葱变得黄黑发脆，拣去葱，就得到葱油。

⑧ 锅内留炒菜量的葱油，倒面筋、瓠子稍微翻炒两分钟，加一勺黄酒、花椒粉少许，炒至汁水收浓，放盐兜匀，上碟。

做面筋

（购买现成的面筋，或亲自动手制作）

食材：高筋面粉五百克，凉水二百五十毫升（寒冷天可用温水），盐四克

① 面粉加盐和水，和成稍软的面团，要使劲揉面帮助形成面筋，醒发三十分钟。

② 面团放入清水盆中揉洗，尽量保持面团不散开，其间换水数次，直至洗到水清。

③ 面筋团浸入凉水内四十分钟。取出摊成厚饼，分切为四条，分别缠在筷子上，制成肠状。

④ 煮水面筋。半锅水烧至微沸，转小火，让水保持似开未开状，把面筋条放入浸煮约十五分钟，待面筋浮起，调中火再煮一小会儿。注意，如果水沸腾厉害，面筋表面会形成很多小气孔，不光实。

⑤ 蒸面筋。待蒸锅上汽，把整团生面筋按成厚饼，入锅蒸制三十分钟。这种面筋较为松泡，切开能看到均匀的小气孔。若在面筋中添加酵母，待发酵后再蒸，就是满布大气孔的烤麸。

粉煎骨头

碧油轻煎嫩黄香

现代烹饪几乎离不开花生油、葵花籽油、粟米油、大豆油、芝麻油。其优点，除了无杂味口感好，关键还在于可观的出油率，芝麻、花生与葵花籽以高达四成的压榨比率稳占市场，而金贵的油橄榄大约只能产出 1.5 成的原油。只不过，上述前三种日用油料，在明朝人看来还颇为陌生，更遑论年代更久远的宋朝。

占领宋朝厨房的油料会是什么？毫无疑问，会有羊油、猪油、鱼油等动物油脂，因为很容易自制。比如熬猪油：板油切粒，干锅小火煎熬，随着淡黄色的液体油滋滋冒出，肉粒变为黄褐干硬的猪油渣，关火，去渣盛好，低温时会结成乳白色软膏。用猪油炒的蔬菜，吃起来一股浓郁的油脂甘香，非常美味。羊油香中带膻，同样无与伦比。生活在湖海密布之地的人们，会拿鱼的肥膘熬油，但由于腥味较重，鱼油并不受欢迎。

相比产量低的动物油，植物油的优势更加明显，能结出富含油脂籽实的植物，可被人工大规模种植，再配备一套日臻成熟的压榨技术，于是植物油最终超越了动物油，成为日用油料里的绝对主角。宫廷油醋库主要掌造三种油料以供膳用，上等货要数芝麻油，原料为白色芝麻（黑芝麻通常直接吃），磨压的麻油表现为浓稠的琥珀色液体，香气浓烈，俗称香油。生麻油煮沸后放凉用，即为熟油，按比例加入花椒熬制的熟油称作椒油，广泛用于凉拌，当时的北方人喜欢用麻油来煎制食物。由紫苏籽压榨的荏油，是宫廷油醋库里第二重要的油料，油色微绿，口感不及麻油，现在已基本淡出厨房。作为大众油料的菜籽油，产量高成本低，但当时精炼油工艺尚未完善，油内难免含过多杂质而散发

◒ 下图：《韩熙载夜宴图》局部
五代 顾闳中（宋摹本）
北京故宫博物院藏

画面中心有一座落地烛台，一支蜡烛烧得正旺。
在宋代，蜡烛是上流社会才能用得起的奢侈品。这种照明燃料具有烟少且明亮的优势，但价格不菲。宫廷所用“秉烛每条四百文，常料烛每条一百五十文”。在宋徽宗时期，宫中还会添加龙涎、沉香和龙脑屑来灌制香味花烛，燃点时不仅火焰明亮，还会散发出浓郁香气。

嫩猪骨头寸锉，熟。葱细切，轻煠过。盐、酱、料物、阿魏、酒，合豆粉拌和，沸油内煎。

——南宋·陈元靓《事林广记》

◓ 上图：馓子

馓子，古老的油炸点心。苏轼曾为馓子作诗一首："纤手搓来玉数寻，碧油轻蘸嫩黄深。夜来春睡浓于酒，压褊佳人缠臂金。"（《寒具诗》）

◓ 上图：阿魏

◆ 原料"阿魏"，是伞形科植物阿魏所产生的树脂，带有强烈的令人不悦的蒜臭气，但加热后却会转化为蒜香。阿魏是印度传统香料，今天中国新疆地区也多产这种树脂，只是已经很少用作烹饪调料，多为入药。如无阿魏，可不添加，也可用蒜粉代替。

难闻的"青味"，口感不尽如人意。

就地取材的小众油料，主要流行于局部地区，河东人（山西）食用的大麻油据说臭得难以忍受，只配充当雨衣的防水涂料；陕西人的厨房里能找到杏仁油、红蓝花子油和蔓菁子油；苍耳子油是山东人食用油里的重要补充部分。此外，古人还会将大豆、萝卜籽、茶籽、苋菜籽榨油食用。

由于油料充足，香脆煎炸物的规模便有了壮大的理由。宋朝人用大锅油炸小点心：油䭔、油夹儿、馓子、糖榧（烫面切榧子块，油炸后裹糖霜，似糖枣）、酥儿印（生面掺绿豆淀粉，和面，作筷子头粗二分长，梳齿印花，炸制后裹糖粉）。也用油来做菜：煎笋、煎芋片、煎鱼虾、煎鸡鸭蛋、煎面筋、煎排骨——排骨切块，汆熟，裹上调入味料的豆粉衣，油煎。外层豆粉变得酥脆，锁住内层排骨的嫩滑多汁，这便是东南地区的家常菜"粉煎骨头"。

宋朝人还会储备一份油料，用于照明。灯油不讲究口味，看重的是燃烧时的清洁度。动物油的油烟普遍很浓，严重者可致人失明，故首选植物油，只需将油籽炒焦压榨，得出的生油便能用来点照（须再加以煎炼成熟油，才能食用）。而植物油也分优劣，旁毗子油发出的烟气尤其臭，常用作防水涂料的桐油同样浓烟滚滚，容易弄脏墙壁和衣物，熏黑珍贵的挂画，还散发出有毒的刺鼻气味，只能勉强凑合用。其中，乌桕子油与菜籽油广受好评，灯火足够明亮又便宜，一位通宵用功的读书人，只要花上四五文油料钱，足可应付整夜的照明。倘若遇上元宵赏灯，灯油的消耗量更是惊人，据说"成都元夕每夜用油五千斤"。

食材：

排骨 / 两根
豆粉 / 六十克
花椒 / 二十五粒
小葱 / 两根
盐 / 酌量
黄酒 / 二十毫升
豆酱 / 一勺（十毫升）
油 / 油煎的量

【制法】

① 排骨洗过，抹干水，斩成约三厘米长的小段。

② 锅中水烧开，放入排骨块，汆两三分钟，断生捞起，控干水。

③ 绿豆淀粉一大勺，加花椒碎、豆酱、葱粒（最好在开水中略烫后切粒）、黄酒、盐，倒入适量清水，调成粉糊。检验稀稠度的办法是用筷子挑起粉糊，能呈直线滴下便刚好。

④ 排骨夹入粉糊中滚过，使沾上薄薄一层粉衣。

⑤ 炒锅烧热，倒小半碗油，调小火，排骨夹入锅里，面衣结壳时，翻面，重复翻动，煎至面衣黄脆，上桌趁热吃。

◆ 在明朝《宋氏养生部》中有一道“油煎猪”，做法跟“粉煎骨头”比较像，只是有两处区别：一是以花椒为料物，且不添加阿魏；二是没有使用豆粉，排骨块直接以味料腌渍后油煎。（油煎猪：“用胁肋肉骨相兼者，斧为脔，水烹。加酒、盐、花椒、葱腌顷之，投热油中煎熟。”）

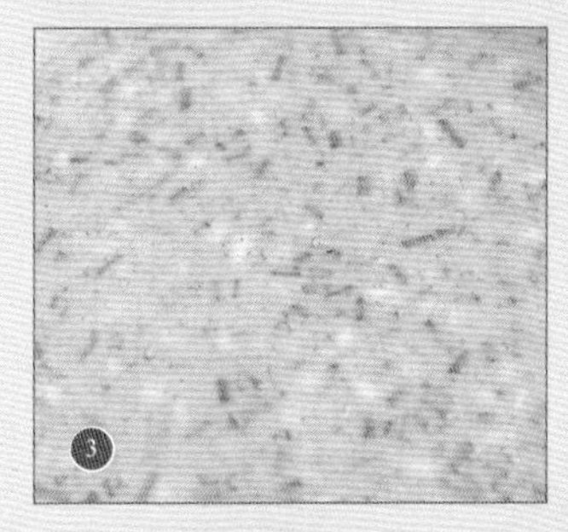

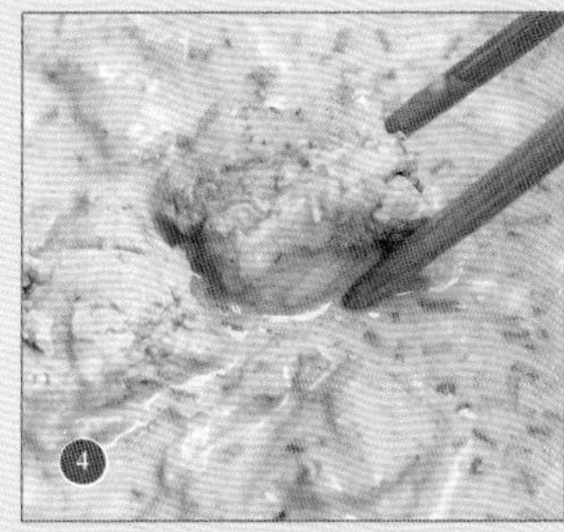

广寒糕

金风荐爽，丹桂香飘

桂花糕在宋朝文人界有一个意味深长的名字：广寒糕。此名来源于月亮的俗称“广寒宫”。传说高高在上的广寒宫中居住着一只三脚蟾蜍，并有一株吴刚永远砍不倒的老桂树。“蟾宫折桂”因而被看作夺冠的代名词，寓意应考得中。放榜前夕，士子会互赠广寒糕以表祝福，类似新年为了讨得“年年有余”的好彩头。

构成桂花糕的三大元素，是米粉、糖和桂花。而作为灵魂配料的桂花，可用糖渍桂花、干桂花或鲜桂花，广寒糕用的是鲜桂花。现采鲜花，择去青蒂，洒上甘草水，与米捣舂作糕粉，也许还加几勺糖增添甜味，蒸熟。米粉从颜色到口味都得到升华，原本的米白色变为诱人的淡金，咀嚼时饱满的馥郁甜香充盈于口腔，仿佛刚食下一把鲜花。在桂花盛开之时，宋人还将之成簇采下，放入瓷瓶，再安放两枚盐白梅，注满蜂蜜浸泡着，用时取花一簇、盐白梅一个入茶盏，冲入沸水来泡汤，便是香酸馥鼻的“木樨汤”（木樨，桂花的别名）。

除充当食物添加剂，桂花也时常作为香味素出现在焚爇的香料中。宋朝人掌握一套成熟的制香技术，乐于将任何气味宜人的花朵入香。基本款“蒸木樨”，只用将鲜桂花入甑略蒸，原理类似制茶中“杀青”这一步，用高温来抑制发酵、凸显香气。然后倒出摊开，阳光暴晒，干燥后密封收藏。木樨香置入古鼎香炉里薰炙，可轻松营造出一股尤为清雅的室内氛围，杨万里声称，这比名贵的沉檀脑麝更适宜吟诗对酒。

在专业而翔实的制香指南《陈氏香谱》里，使用鲜桂花的香方至少有六张，工序都比蒸木樨复杂。例如其中一张“木樨香”，采摘开

◓ 上图：“中兴复古”香饼
南宋
常州博物馆藏
-
边长 4.5 厘米。1978 年江苏武进村前蒋塘南宋墓出土。

◒ 下图：《焚香祝圣图》局部
南宋 李嵩（款）
台北故宫博物院藏
-
视野广阔的台榭，是赏月的最佳场所。

采桂英去青蒂，洒以甘草水，和米舂粉炊作糕。大比岁，士友咸作饼子相馈，取『广寒高甲』之谶。又以采花略薰，曝干作香者，吟边酒里以古鼎燃之，尤有清意。童用琚师禹诗云：『胆瓶清气撩诗兴，古鼎余葩晕酒香。』可谓得此花之趣也。

——南宋·林洪《山家清供》

◓ 上图：金桂

◆ 桂花常见品种有橘黄色的丹桂、金黄色的金桂、淡黄色的银桂，颜色越深香味亦越浓郁。蒸糕或腌糖桂花一般都用金桂。花期约在九月底十月初，从开花到凋落大概只维持一周，时间非常短暂。

◆ 从古至今，桂花糕的配方并不固定，可视个人口味调整糯米粉和粘米粉的比例，喜欢弹糯就多加糯米粉，偏爱松软的就调高粘米粉的比例。

三四分的花朵，加熟蜜拌，装入瓷罐里密封，并将瓷罐埋在三尺深的地下窖藏一个月。使用时，将带蜜花朵置于香炉里的银叶子上炙，其香气较蒸木樨醇和。“吴彦庄木樨香”则是合香香饼，将已全开的鲜桂花捣如泥，添加沉香、檀香、丁香、金颜香、麝香和龙脑香六种名贵且浓郁的香料末，再掺少许稀面糊拌成团，然后用模具印成小香饼，窨干。从气味上来说，它和蒸木樨截然不同。

桂花开在中秋前后，那么宋人很有可能会在中秋节吃广寒糕，尽管还没更多史料证实这一点。“金风荐爽，玉露生凉，丹桂香飘，银蟾光满”（吴自牧《梦粱录》），大概是对中秋夜最美妙的一段描述。宋人的祝节活动很丰富，最重要的一项消遣便是赏月。富人喜欢在视野开阔的高台广榭上开宴，罗列美馔酒浆，伴以丝竹歌舞，整夜地寻欢作乐。而公共月台与高层酒楼，是普通民众的好去处。一场以祭祀江神为名义的大型放灯会在浙江地区举行，数十万盏“一点红”羊皮小水灯漂浮江面，宛如星空般璀璨，场面相当震撼。开封流行拜月许愿，十二三岁的少年们，身着成人服饰，于高楼上或者庭院中摆放供案，焚香拜月，对月亮暗诉心愿：男子渴望早日折桂，女子祈求拥有嫦娥般的美貌。此外，城中最繁华的商业街一路灯火辉煌，货架上的玩物琳琅满目，夜宵食摊通宵达旦地营业，人们宁愿顶着困倦玩乐，也不愿回到冷清的家中歇息，直到五更天才陆续散场。

◆ 与今天常见桂花糕不同的是，广寒糕掺入鲜桂花，且添加了甘草水制成，桂香味较为浓郁。

食材：

粘米粉 / 一百三十克
糯米粉 / 七十克
桂花 / 六克
桂叶 / 二十张
甘草 / 十五片
赤砂糖 / 四十克

【制法】

① 清晨采花，以刚开一两天的桂花鲜度最好。另摘二十片较大而平整的桂树叶。

② 摘好后，立即筛拣，选出水灵的花朵，掐去花蒂。用清水漂洗一两次，控干水。

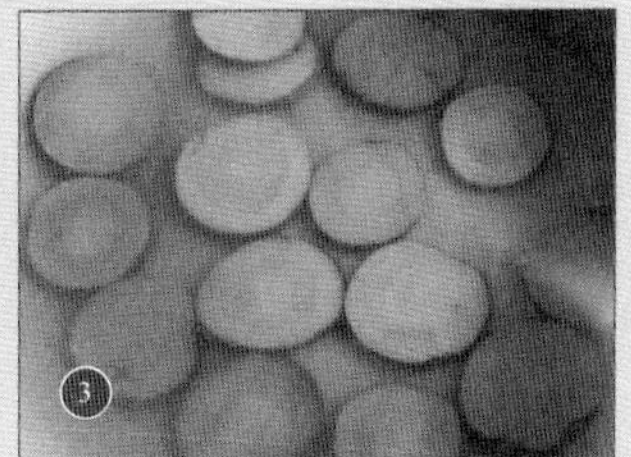

③ 提前熬煮甘草水。小锅里放入甘草片，倒二百毫升水，大火烧开后，捻小火，煮十分钟，关火，放凉。用极细滤网滤净渣滓，取甘草汁一百克。

④ 将桂花投进甘草汁中，可用捣杵轻轻捣压花朵使之出汁。

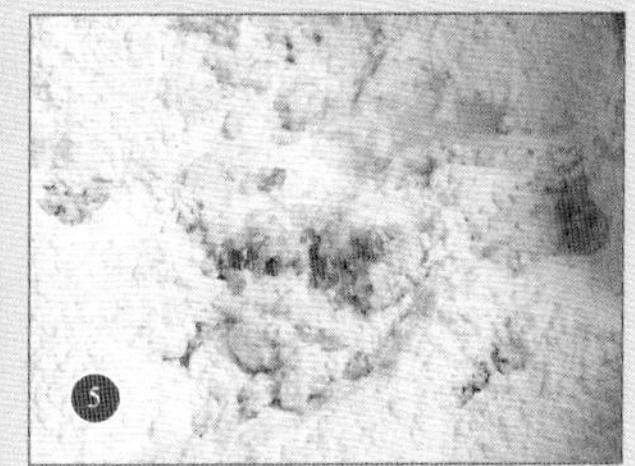

⑤ 量取粘米粉和糯米粉，再加入砂糖搅拌匀。添加桂花甘草汁拌匀，用手搓成糕粉。拌好的糕粉应该是一攥成团、一搓成粉的状态。加盖静置约两小时，让米粉吸足水分。

⑥ 用粗筛网将糕粉筛进糕模中。

⑦ 部分桂花不易过筛，可用手按压辅助过筛。

⑧ 用刮子将糕面刮平。以刮子做尺，拿薄刀沿线将糕切成方块，最后撒上一些鲜桂花点缀。蒸锅开火，等上汽将糕放入，大火蒸十二分钟。蒸好要马上端出来，不要焖着。将整糕脱模，轻手分开小块，每块下垫桂叶装盘。入口香甜松软。

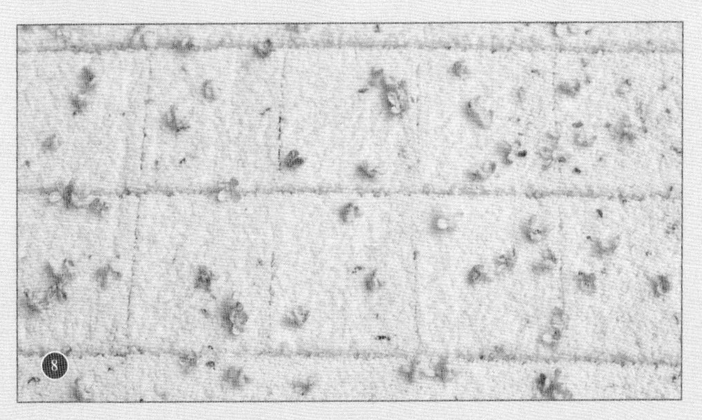

◆ 粘米粉是大米磨制的粉。粘米粉蒸糕不粘手，能形成蓬松的质地。糯米粉蒸糕则非常黏手，软塌成一团，口感软糯，稻香味明显。在糯米粉中掺入一定比例的粘米粉，可改善黏手、难以成形的问题。

◆ 附：另一种做法

以糯米粉为主，粘米粉为辅，两者比例为 2∶1。加入桂花、甘草糖水将粉料拌成酸奶状的稠糊，装入模具中，蒸熟，出锅后脱模切块。其口感香甜弹糯。

禁中佳味

白酒初熟，黄鸡正肥

在宋朝，人们用鸡肉烹饪的菜式有很多：五味焙鸡、八焙鸡、炉焙鸡、炙鸡、五味炙小鸡、八糙鸡、爊鸡、红爊鸡、笋燠小鸡、煎小鸡、豉汁鸡、酒蒸鸡、炒鸡蕈、鸡元鱼、鸡脆丝、柰香新法鸡、鸡丝签、姜豉鸡、小鸡元鱼羹、小鸡二色莲子羹、小鸡假花红清羹、撺小鸡拂儿、脯鸡、麻脯鸡脏、润鸡、黄金鸡，等等。事实上，八百年前人们所食用的鸡馔，并非既操作简陋又调味古怪，姑且介绍其中几道给当今读者。

“炙鸡”相当于今天所说的明火烤鸡。先将鸡煮熟（也可不煮，用生鸡），将椒、莳萝、茴香、马芹、杏仁、阿魏、葱一同研磨细腻，加入酱和醋调匀，用这种料汁涂抹在鸡肉上，腌渍半日，然后用炭火烤炙，直至皮黄肉香。

“爊鸡”使用的是焖烧法。用香油先把整鸡炒半熟，再往锅里倒入适量酒、醋和水浸没鸡身，添加混合香料和葱酱，文火熬至肉烂汁收，出锅前，倒半盏栀子水滚煮一下，它能把鸡肉染成令人垂涎的金黄色，更加促进食欲。“红爊”之法，估计是通过添加增色的酱料，使菜肴色泽红亮。

再说“禁中佳味”。“禁中”即宫廷，意为这是从御厨房流传出来的一道美味佳肴。虽说来历的真假不得而知，但其美味却是货真价实的，只要你尝过就会赞同这一点。这道菜的灵魂调味料是生姜，一种中国南方非常普遍的辛香料，在当时的烹饪中极为常用。它富含姜酮芳香物与姜辣素，其辣味虽然远不及辣椒，但只要用量够大，也能形成不小的刺激感。做这道菜，每只鸡需使用多达半斤生姜，将姜片用油爆过，

◒ 下图：《书画孝经》局部
宋 佚名
台北故宫博物院藏

鸡称得上是极具田园风情的食材。这种满地觅食的散养家禽相当于储备粮，平日不会轻易宰杀，在待客或祝节等关键时刻才发挥作用。孟浩然的诗句“故人具鸡黍，邀我至田家”——乡村老友备下鸡肉与黍米饭，约请诗人到家中小聚，一起“把酒话桑麻”——简直就是恬静田园生活的最佳写照。

肥鸡一只，作十四五段。生姜半斤，去皮，切作薄片子。先炼油六两，候香熟，即下姜钱，俟煠淂四唇焦，方下鸡，番覆爁匀，入水于鸡上高一寸，已来，候水似鱼眼，下好酱、川椒末各一匙，盐半匙，好酒一大盏，覆盖，慢火熬之，临熟熟，更用好醋调阿魏一皂子块，油上为度。

——南宋·陈元靓《事林广记》

◓ 上图：黄金鸡

《山家清供》黄金鸡：焊鸡净洗，用麻油、盐水煮，入葱、椒，候熟擘饤。以元汁别供，或荐以酒。则“白酒初熟、黄鸡正肥”之乐得矣。

再下鸡块炒至半熟，然后加水熬煮，料物用盐、酱、酒及一大匙花椒粉等。正由于姜和花椒粉联手给鸡肉带来浓郁辛香，滋味迷人，特别刺激食欲。

“川法炒鸡”和前者一样，都是先炒半熟后加水来焖烧，香料使用的是葱丝、胡椒粉、花椒粉和茴香粉，亦形成风味稍异的辛辣重口。据说这是当时川蜀地区的招牌菜，后来流传到江南并广受欢迎。

林洪认为川法炒鸡会掩盖食材的本身的味道，他更推崇清淡适口的“黄金鸡”。整鸡浸入加了麻油、盐、葱段和花椒的水里煮，熟后斩件，配酒上桌。由于味料下得轻，鸡的鲜香味很足，滋味悠远，符合文人所追求的山林清味。菜名其实取自李白的诗句“堂上十分绿醑酒，盘中一味黄金鸡”。因为经加热后，鸡皮会从粉红转为金黄油亮。

此外，又有姜豉鸡，这是将鸡煮熟后冻成肉冻，以姜豉调味，通常只在寒冷时节才会制作；添加较多豉汁来烹调的是豉汁鸡；也有以黄酒泡蒸的酒蒸鸡。用鸡块与蘑菇同炒，则是“炒鸡蕈”；笋燠小鸡中添加了笋块；小鸡元鱼羹，猜测是用小鸡和甲鱼来做羹；所谓脯鸡，十有八九指用风腊的咸鸡，经泡软再蒸煮而成的菜肴，颇宜佐酒。至于焙鸡，估计类似焖烤的烧鸡，先将整鸡腌入味，而后入炉烘焙。当时的人也会用鸡丝做面码，如面食店所供应之丝鸡面、炒鸡面、丝鸡棋子、丝鸡淘。

◆ 原食方的“阿魏”能带来蒜香味。由于不太好找，可用蒜粉代替。

◆ 鸡：如果你能找到那些散养的农家土鸡，比如清远麻鸡、三黄鸡来做这道菜的话，味道会比速成白羽鸡加倍美味。

食材：

鸡 / 一只（约一千克）
生姜 / 二百克
油 / 一百五十毫升
豆酱 / 量勺十五毫升
花椒粉 / 八克
盐 / 酌量
黄酒 / 二百毫升
醋 / 量勺十毫升
蒜粉 / 八克

【制法】

① 尽量选鲜活鸡，将宰杀好的鸡里外治净，去掉淋巴、爪尖和鸡屁股等部位，把血水冲净。然后拿厨房纸巾抹干水，剁成十六大块。

② 生姜洗净，削去外皮，切成薄片子。最好找姜味浓烈的品种。

③ 炒锅里先倒进油，烧热后，下姜片爆。

④ 要用小火慢爆，耐心等待十五分钟至二十分钟，不时翻拨以免粘底烧焦。随着姜中汁水被炸出来，姜片缩小变薄，香味融进油中。直到姜片炸成金黄色，边缘微卷，闻着干香四溢就好。

⑤ 把鸡块倒进锅里，大火翻炒一会儿，炒至鸡肉半熟。

⑥ 往锅里加凉水，水要没过鸡块。

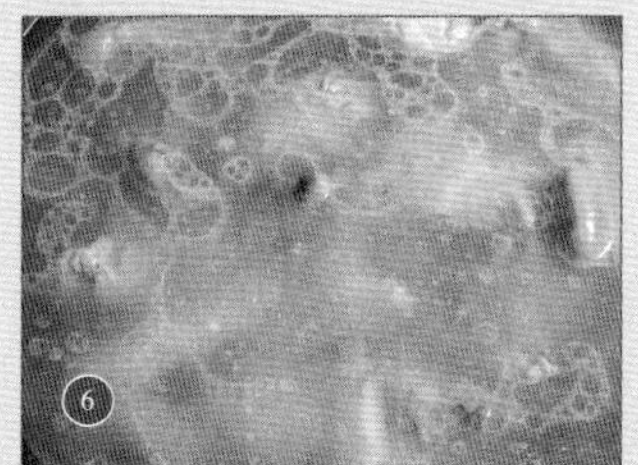

⑦ 接着调制味料。将二百毫升黄酒倒进碗，舀一匙豆酱、一匙花椒粉、半匙盐，搅匀。待锅里的水微微沸腾，就将味料倒入。

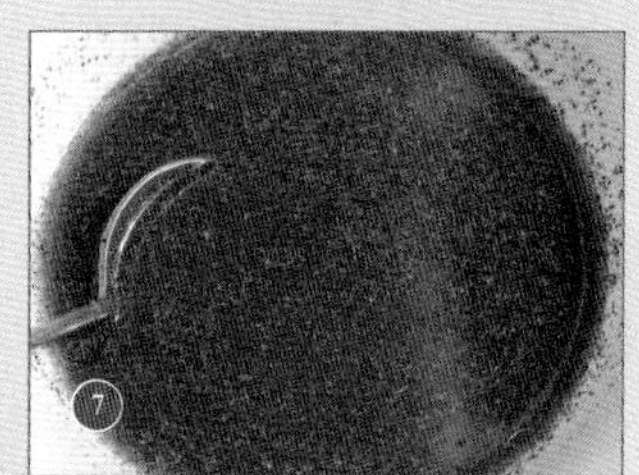

⑧ 盖上锅盖，慢火焖煮四十分钟（若想鸡肉酥软，可延长一小时）。揭开锅盖，用中火收汤，偶尔翻动一下，约收二十分钟，直至汤汁咸淡适中。加醋、蒜粉搅拌。先将鸡块夹进大汤碗，再把汤里的姜片去掉，浇入汤碗中浸泡着鸡块。辛香浓郁的汤汁浸泡着鸡块，散发出十分诱人的香气。

春兰秋菊

纤手破新橙，剖梨分玉榴

当开封变身菊花城，意味着重阳节即将来临：高级酒楼在门面装饰一座用菊花扎缚的门洞，花市被各地运至的菊花盆栽占据，上流社会的赏菊宴此起彼伏，平民家里也置一两株菊应景。

当时国内培育的菊花品种有一二百，其中多数是花盘繁丽的重瓣型，颜色跨度亦比较大。主流色为深浅不一的各种黄（淡黄、鹅黄、深黄、郁金），名品如御爱菊、金万铃菊、大金铃菊、鹅毛菊、蜂铃菊（花瓣卷聚如蜂巢）等。纯白同样占有不小份额，玉球菊、玉铃菊、邓州白，以花盘大著称的喜容菊，都是当时流行的白菊。其他异色品种，比如有紫色系的绣球菊、荔枝菊、孩儿菊，粉色系的桃花菊、垂丝粉红、杨妃菊。此外，还有拼色款的金盏银台菊（别名水仙菊），外围白瓣、靠近中心为深黄色；木香菊则是白色花瓣、浅红色花蕊。更有龙脑菊，因香气芳烈似龙脑而一度大受欢迎，北宋徽宗年间问世的《刘氏菊谱》将它列为第一品。

重阳节要饮菊花酒。别名"延寿客"的菊花长期被视为养生食材，人们认为吃菊对身体有益。比较讲究的菊酒须提前一年酿制，采刚开放的菊花及一点嫩茎叶，与黍米入坛酝酿，次年重阳才享用。简易版就省事得多，打一碗酒，捋下菊花瓣撒在酒面，酒水连同菊英大口饮下，想象一下就觉得满口生香。

另一种不可或缺的祝节植物是茱萸，雅号"辟邪翁"。这种散发辛烈气味的红色小果子，被赋予驱寒杀毒、避疫免灾等效用，"遍插茱萸少一人"说的便是重阳节佩戴茱萸来辟邪的旧俗。佩戴方式，一般是将

◒ 下图：《榴开见子图》局部
南宋 吴炳
台北故宫博物院藏

图中一只石榴的果皮胀裂，露出诱人的鲜红籽粒。
石榴原产巴尔干岛至伊朗一带，汉代已经传入中国。据北宋植物专著《洛阳花木记》记载，当地有千叶石榴、粉红石榴、黄石榴、青皮石榴、水晶浆榴、朱皮石榴、重台石榴、水晶甜榴、银含棱石榴共九个品种。其中"黄石榴"的籽粒微黄带白，大概跟"玉榴"属同类。

又以苏子微渍梅卤，杂和蔗霜、梨、橙、玉榴小颗，名曰『春兰秋菊』。

——南宋·周密《武林旧事》

◓ 上图：三种石榴籽

白色为怀远白花玉石籽，粉红为怀远红花玉石籽，红色为怀远红玛瑙石榴籽。

装满茱萸果的绢囊绑在手臂，或将成簇茱萸簪插于发髻上、冠帽边。作为药物的茱萸也能食用，浮一把茱萸于菊花酒上的饮法也曾流行一时。

延寿加辟邪双管齐下，是为消除传统凶日“重九”带来的厄运，古老传说还建议人们到郊外登高以躲避灾祸。仓王庙、四里桥、愁台、梁王城、砚台、毛驼冈与独乐冈，是开封人常去的登高点。只是，这时避难色彩早已淡化，取而代之的是惬意的游赏野宴，人们携酒水、食盒与坐具行于山野，随时就地设席，把盏言欢。

南宋杭州人过重阳，还会食“春兰秋菊”。这个优雅的名字，取自屈原的《九歌》。它并非真由兰花与菊花打造，而是用了三种典型的秋季水果：石榴、雪梨、橙子。玉石榴籽和雪梨的果肉都是白色系，近兰花之色；橙肉金黄，近菊花之色，这大概就是将其命名为“春兰秋菊”的内在逻辑。做法很简单，石榴剥籽，梨、橙切作大小相近的丁粒，三者混合，加一勺细糖霜、梅卤水及浸渍其中的紫苏籽，拌过。紫苏籽富含油脂，作用如同加了芝麻，咬碎释放油脂，又会带来淡淡的甘香味；而梅子加盐腌成的梅卤汁，呈现咸度很重果酸饱满的浓咸酸味，十分过瘾。古人发现，用梅卤代替醋来拌果子或拌蔬菜，能有效阻止食材氧化变黄，保持原有的新鲜色泽。

今天，潮汕地区还留存着用咸梅汁拌水果的习惯。人们将各种水果，比如番石榴、菠萝、木瓜、青芒、苹果、桃子、李子，总之有什么就用什么，均削皮切块装一起，淋上咸梅汁，或放点剁烂的咸梅肉、梅粉拌过，酸酸甜甜开胃解腻，一入口便停不下来。

食材：

白石榴 / 一个
橙 / 一个
梨 / 一个
紫苏籽 / 一小把
梅卤 / 一小碟（二十五毫升）
细糖粉 / 一勺

【制法】

① 提前一天，将紫苏籽浸洗去灰尘，控干水，放入梅卤里腌渍。如果紫苏籽很洁净，可无需清洗。

② 将石榴皮剥开，小心剥出石榴籽。

③ 橙剥去皮，撕去橙瓣外表的白膜，切成小块。

④ 最后才处理容易氧化变黄的梨。将梨皮削净，先切成厚片，然后改刀为方粒。

⑤ 把石榴、橙、梨放入大碗，加一勺细糖粉（甜度按个人口味调节），浇入苏子梅卤汁。喜欢咸酸口的可多加点梅卤汁。

⑥ 拌匀，即为酸甜醒胃的水果沙拉。

◆ 白石榴：《梦粱录》提到，杭州市面上能买到的石榴，有红、赤、白三色，其中，籽粒大而白的名“玉榴”。现今，常见的石榴也是如此，颜色跨度从白、浅粉、粉红、红到深红。

安徽怀远、陕西临潼、云南蒙自是三大石榴产区。

白石榴籽，有的白里泛粉，有的白里偏黄。怀远的传统品种是白里泛粉的“红花玉石籽”，近十几年来才普遍栽种全白泛黄的“白花玉石籽”（开白色花，结白色籽）。

临潼除了白石榴，还出产非常好吃的深红色石榴。蒙自所产石榴大多为淡粉色。对比上述几种石榴，白籽颗粒一般比深红籽颗粒大一些，又甜又多汁，符合“玉榴”之说。

◆ 紫苏籽：草本植物紫苏的果实，颗粒细如小米，含油量丰富，宋人拿来榨油。直接嚼吃，脆口微有甘香，能感觉到明显的紫苏味。紫苏的叶、籽都可做烹饪香料。

梅卤制作

食材：

青黄梅 / 八百克
粗盐 / 二百四十克

① 建议选青中带黄的梅子，梅子买回来可以闷上几天，让它变黄一些。先把坏果丢掉，将梅子洗两三遍，然后拿竹签挑出果蒂。

② 将梅子摊在竹簸箕里晾干水。一定要完全干燥才好。

③ 大口玻璃罐一只，用开水冲洗过，也晾干燥。（玻璃罐盖不能带金属配件，否则会被盐腐蚀生锈。）

④ 罐底先铺一层粗盐，把梅子全放进去，再撒粗盐。

⑤ 密封罐口，腌渍六个月以上。腌制时间越久，汁水颜色会越深，香味越浓郁。

栗糕

新凉喜见栗，鹅儿脱壳黄

前文提到，宋朝人过重阳的必备节目，包括登高、赏菊、插茱萸、饮菊花酒、食春兰秋菊，其实还有无比重要的一项：吃重阳糕。

几乎每个节日，都有与之相对应的食物，立春吃春饼，元宵吃汤圆，端午吃角黍，冬至吃馄饨等。其中，有的节俗食品比较普通，常年现身餐桌，比如馄饨，有的则非常特别，通常逢节庆才能享用，比如农历九月初九重阳节所吃的重阳糕。

重阳糕，粗略分为糕坯与点缀物两部分，主要使用面粉、黏性黄米粉或米粉来做糕坯，粉里掺了糖，有时还会在粉中加入染料，蒸熟即为一块甜糕，若在糕体嵌入了星星点点的红枣、栗黄之物，则名为“花糕”。至于点缀这块糕坯的元素，各地人有不同的偏好。先来看《东京梦华录》所说，北宋开封人习惯以石榴子、栗子黄、银杏、松仁等鲜干果铺于糕面，有时还在糕上插菊花；《武林旧事》提到南宋杭州地区，则用猪肉丝、羊肉丝、煎鸭蛋丝簇饤糕面，并点缀石榴籽，口感估计甜咸交错。这些切丝切粒、有白有红有黄有褐的细碎点缀物，或许还会被精心拼成一幅图案，让糕坯看起来丰盛而富足。最后，插上几支由五色纸剪镂的小彩旗，使之达到亮丽的效果，一块基本款重阳糕就完成了。每逢重阳节，大城市里的店肆就会出售这类糕点，以备人们买来馈赠亲友。

更华丽的版本，是在糕面摆放塑像。有用粉团（或泥团），通过捏塑或印模，再加彩绘的手法，做出被视为辟邪吉物的圣象、圣狮，皇家在明堂祭祀时，会用置立了数枚小泥象的“万象糕”作为祭品。另外，

下图：《莲社图卷》局部
南宋 佚名
上海博物馆藏
-
文殊菩萨趺坐狮背上。

都人是月饮新酒、泛萸、簪菊，且各以菊糕为馈：以糖、肉、秫面杂糅为之；上缕肉丝鸭饼，缀以榴颗，标以彩旗；又作蛮王狮子于上；及糜栗为屑，合以蜂蜜，印花脱饼，以为果饵。

——南宋·周密《武林旧事》

置小鹿塑像也是潮流之一，因“鹿”与“禄”发音相同，期望进入官场吃国家俸禄的文士，恐怕不会错过意味深长的“食鹿（禄）糕”。

宫廷蜜煎局的拿手产品“狮蛮栗糕”无疑相当豪华，因装饰了一座尺寸巨大并且造型奇巧的狮蛮面塑（或泥塑），以及用栗糕簇盘而得名。所谓“狮蛮”，是一种自盛唐朝以来流行的佛教图像，表现为：文殊菩萨骑着姿态威武的狮子，旁立一个牵引缰绳的蛮人。首先，用染料把米粉染为五色，然后进行塑像，把狮蛮像立在一只硕大的花糕上，并沿塑像围插小彩旗，最后用栗糕簇在四周。这种栗糕类似于绿豆糕，只需把熟栗子肉细细捣为栗子泥，掺入蜜糖和麝香，用手捏作饼糕，或包上韵果糖霜搓成小球。此外还有一种做法，栗子泥只掺蜂蜜，用花巧的饼模脱印为“果饵”（意思是糕饼）。若把果饵整齐堆叠于花口浅碟里，就是很好的待客小甜点，吃起来香甜可口，栗香丰盈。

重阳栗糕衍生出不同版本，例如清朝的袁枚在《随园食单》中所载，栗子煮烂捣细，添加纯糯米粉、糖来拌，蒸熟之后，面上点缀瓜仁、松子。糯米粉的掺入使栗糕软糯黏牙，也能保存好长一段时间，这种做法至今依然常见。

食材：

栗子 / 五百克
蜂蜜 / 各蜂蜜产品的干湿度不同，酌量添加

【制法】

① 将栗子去壳。装在蒸笼中，上火蒸制三十分钟，或下锅加水没过，中火大概煮二十分钟。至栗肉粉糯软熟为止。若栗子夹生，会难以压成细泥。

② 捞出沥水，撕净外层的褐衣。

③ 把栗子肉捣成细腻的栗子泥。

④ 用糕粉网筛把栗泥过一遍，没过筛的粗颗粒再次研磨、过筛，直到栗子泥足够细腻。这样能够更好地黏结成团，否则容易散开。

⑤ 调入蜂蜜。可以先添加两大匙，揉拌，若太干，接着添加，直到干湿合适。检验办法是手抓能成结实细腻的团，不易松散。注意不要加过多蜂蜜，否则栗泥团表面湿润，不但会粘在模具内导致不易脱模，而且过甜会掩盖栗香。

⑥ 拿一团栗子泥，装入模具中，按实，确保不留空隙，再用刮板将面上刮平。

⑦ 拿起模具左右轻轻敲磕，或再用木杵敲击模具背面，使栗糕脱模。木模具操作难度较大，要多试几次，才能掌握脱模技巧。建议找小一点的模具，内径三四厘米的比较合适，花式不拘，传统花鸟鱼虫都好，可做多种好看的造型。

⑧ 或用塑料翻糖模具，这类模具操作简单。将栗泥塞入模具内，亦刮平口部。

⑨ 按压手柄，推出栗糕，再轻轻取下即可。栗糕长期暴露在空气中容易出现裂纹，如果你不着急吃，最好把栗糕用密封盒装起来。蜂蜜既作为凝固剂，也让栗泥增甜，味道更加诱人。

螃蟹羹

椒姜轻糁蟹羹辣

什么是糁羹？所谓糁，“以米和羹也”，即添加米同煮羹。

先秦时代有“藜羹不糁”的说法，意为煮野菜羹不加米糁——只有到了断粮的艰难地步，才会吃不起加糁的菜羹。这则事例被反复强调，正因加米糁才是约定俗成的吃法。一锅混合了煮成稀粥状米粒的野菜汤，肯定能令人吃得更饱。

古老的米糁羹，仍会出现在宋朝人的餐桌上，只是流行程度似乎已经大不如前。《山家清供》记载了一款据说是苏轼爱吃的“玉糁羹”，做法很简单，将萝卜捶碎，加水，用白米研磨的米糁煮烂为羹。而“东坡玉糁羹”则出自苏轼的三儿子苏过之手。苏过陪伴父亲前往海南儋州上任，这个南边小城的饮食习惯与中原天差地别，米面极度匮乏，本地人以产量大又同样富含淀粉的薯芋类当主食。苏过就地取材，将山药去皮切块，加水入锅，经长时间滚煮，使之软烂溶化。“玉”乃指奶白的汤色，由于羹汤稠滑如牛乳，让苏轼也感到惊艳，于是为此羹写下诗篇。

不只是蔬菜类羹，在烹煮肉羹时，也会添加米糁。北魏贾思勰在《齐民要术》（成书于公元 6 世纪）中，记录了当时山东地区的饮食情况，人们以猪肉、猪肠、羊肉、羊蹄、羊肺、兔肉、鹅鸭、鲤鱼、鳢鱼来熬煮羹臛时，都会添加适量米糁。但总的来说，其所添加的米粒比正常熬粥要少。如做“芋子酸臛”，用猪、羊肉各一斤，蒸熟的芋子一升，但只添加了粳米三合（六十毫升，约六十克）；而做“鸭臛”时，一口大锅中正煮着多达六只小鸭、五只大鸭和二斤羊肉料，却也只放了米一升（二百毫升）做糁，简直叫人吃惊。

◒ 下图：全米、研米

大蟹四个新水洗净，去毛脚，折为两段，并旺膰亦如之，逐段剁开，诸骨数茎打折。水二大碗，葱二枝，椒少许，同煮五七沸，并漉去。方下壳及脚段子，煮一二沸。次下研粳米百余妆，不得搅，搅即腥。别用生姜、莳萝、川椒、胡椒各一钱，好酱一匙，同研极细，用水调入汁内，更煮一二沸，方入细切葱白一握。盐、醋、酒临时看滋味酌度入碗，更入少新橙皮尤妙，可作二分。

——南宋·陈元靓《事林广记》

作为糁的米粒，会有两种状态，整粒使用的是“全米”，研碎再用的称“研米汁、破米汁”，后者的优势是熟得更快。书中提到的鲤鱼臛、鲇（鲇鱼）臛和一种以猪肠和猪血所制的羹，均使用了研米汁。值得注意的是，还有一道鲤鱼臛和鳢鱼汤，虽说用全米来煮，但在上桌前，羹内的米糁会被仔细拣出。看来，肉羹加米糁的目的并非为了果腹，而是通过淀粉为汤汁增加一些黏滑感，效果大概类似勾了薄芡。另外，煮莼菜鱼羹不用添米糁，因为莼菜叶子自带一层厚滑的黏液。

话说，杨万里曾拿百来颗鲜蛤蜊煮成一锅“蛤蜊米脯羹”（又名蛤蜊米糁羹），羹中便添入了粳米糁。还有螃蟹羹，一道在宋元时期流行的辣羹，煮制时亦需米糁的参与。四只大螃蟹卸小块，加两碗水，十样调料：生姜、莳萝、花椒、胡椒、酱、葱白、盐、醋、酒、橙皮丝，一份研米糁，滚煮为羹。趁热吃很美味，辛香料的热辣冲击味蕾，同时又掩盖了水产的腥，但仍然能品尝到螃蟹的鲜，使人有畅快淋漓之感。南宋杭州人似乎对“鲜”加“辣”的组合情有独钟，口味类似的菜式，还有白蟹辣羹、蝤蛑辣羹，辣蟹羹、青虾辣羹、土步辣羹、鱼肚儿辣羹、蚶子辣羹，区别或许仅在主料上。

在宋朝，黏稠的汤汁叫羹，清澈的汤汁也叫羹，“汤”往往指烧开的热水，所以“面汤”有时指洗脸的热水而非面条汤（清晨有人在浴堂门前卖加了香药的面汤，供人洗漱），用沸水冲泡的代茶饮料也称为汤，诸如姜枣汤、荔枝汤。今天我们熟悉的鸡蛋羹、蟹肉羹、鱼羹等浓羹，大多添加木薯淀粉、玉米淀粉等物，呈现浓稠又如水般透明的质感，入口柔滑，不像糁羹里会咬到细碎米粒。

◆ 今天山东临沂的“糁汤”（糁念 sá），就颇有糁羹之遗风。牛肉糁，用牛骨汤做底，加入麦米、面粉，以及葱、姜、胡椒粉、五香粉等香辣味料，煮成一锅不稀不稠的糊羹，最后加几片熟牛肉，撒芫荽末。此外还有鸡肉糁、羊肉糁。糁汤香辣滑喉、鲜爽开胃，当地人喜欢拿它当作早餐，配以烧饼、油条。

◆ 宋人常吃的蟹，如赤蟹、白蟹（梭子蟹）、蝤蛑蟹（青蟹），都属海蟹；而溪蟹、湖蟹、毛蟹（中华绒螯蟹，即大闸蟹）、紫蟹（可能是质量上乘的大闸蟹），是淡水蟹的代表。
在《梦粱录》中，杭州食肆流行三种蟹羹：白蟹辣羹、蝤蛑辣羹、辣蟹羹。前两道显然是用海蟹，后一道可能是用淡水蟹。
因“螃蟹”一般指淡水蟹，这里可选择两雌两雄共四只大闸蟹。

食材：

螃蟹 / 四只
米 / 一小碟（约二十克）
花椒 / 四克
胡椒 / 四克
莳萝 / 四克
鲜橙皮 / 一片
生姜 / 两片
葱 / 一把
豆酱 / 一匙
醋 / 少许
黄酒 / 少许
盐 / 酌量

【制法】

① 取二十克粳米，倒入研钵里擂碎，最好呈屑粒状，不要磨成粉末。这步使用研磨机会更方便，能轻松打出均匀似砂糖的细颗粒。

② 姜两片，切成细姜蓉。姜蓉、花椒、胡椒、莳萝籽，分别在研钵里研得很碎。葱洗净，只用葱白，切葱粒。

③ 橙子剥皮使用，切下三厘米见方的一小块，批去内层白肉，剪成细丝。

④ 螃蟹用软毛刷洗净外壳，刮净蟹螯处绒毛。用厨房剪刀剪下蟹脚、蟹螯，每只蟹脚剪为两段。把蟹腹盖去掉，揭开蟹上盖，摘去腮、沙袋、心脏等部位，蟹身剪成四块。

⑤ 砂锅倒入两大碗水（约六百毫升），放葱两棵，花椒一撮。

⑥ 大火烧开，转中火煮两分钟，捞出葱椒，然后放入蟹块。水沸后，倒入米糁，煮约十分钟至米开花。

⑦ 舀出一匙豆酱，用勺子背部研烂豆粒，再加入处理好的姜、花椒、胡椒、莳萝，少量清水，搅匀。

⑧ 将这碗酱汁倒入蟹羹里，翻搅，滚煮一分钟。关火前，撒葱白，酌量加盐、少许黄酒和醋调味。

⑨ 盛入碗，撒橙皮丝。这道蟹羹入口鲜香辛辣，趁热享用会更美味。

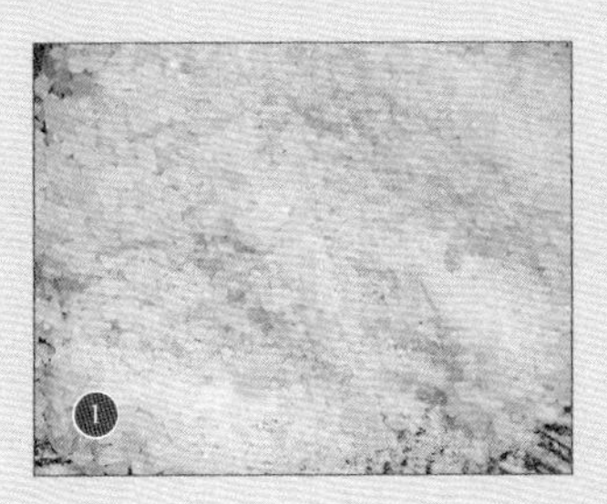

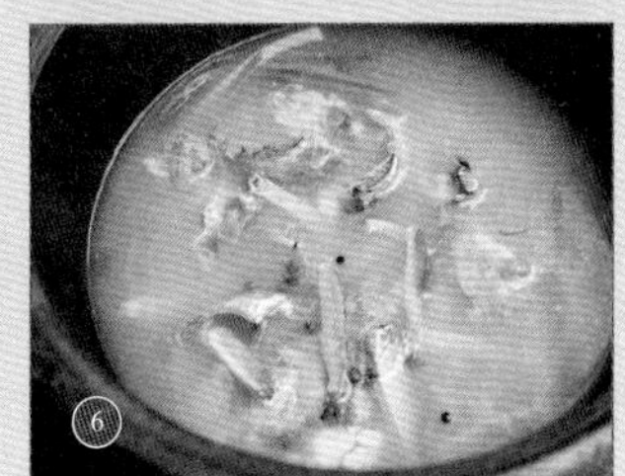

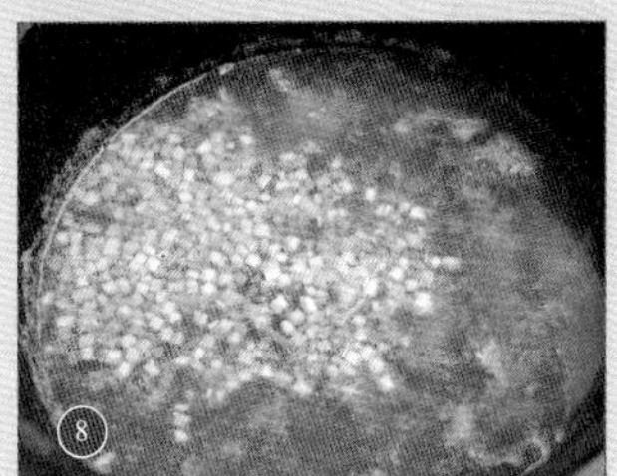

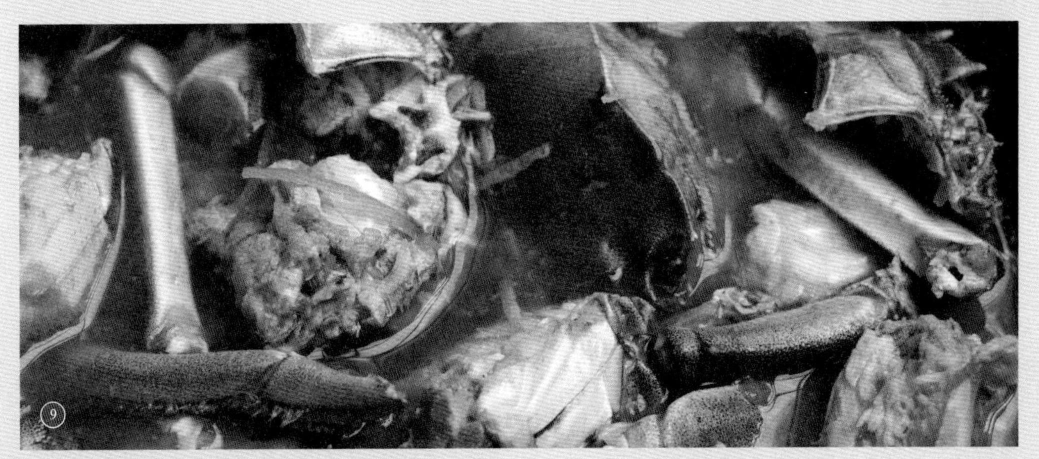

蟹酿橙

新酒菊花、香橙螃蟹之兴

橙子，一度是唐宋人吃鱼虾蟹的经典配置。

作为调料的橙会被制成“橙齑”，做法不详，从“细缕”“捣”这些动作，猜测会是这样做：橙皮切碎，放入研钵里捣烂如泥，橙肉去瓣膜，也放入研钵，一同反复碾拌，成品为金黄色的酱；也可能需要把渣滤掉，只取汁液来用，如同果醋。入口，能感觉出非常饱满的橙皮油脂芳香，微苦，并有浓郁的酸味，是一种酸味调料。橙齑一般现吃现捣，常用来搭配生食的水产，比如薄如蝉翼的生鱼片（金齑玉鲙）、鲜斫的紫蟹（洗手蟹）和赤蟹（枨醋赤蟹）、弹牙的虾生（虾橙脍），还有枨醋蚶。一来是受中医理论影响，橙被贴上杀鱼蟹寒毒保护肠胃的标签，二来橘、橙的芳香能淡化水产的腥味。

◓ 上图：橙齑

◒ 下图：《荷蟹图》局部
宋 佚名
北京故宫博物院藏

-

中华绒螯蟹，蟹螯上有一圈黑色绒毛，生活在淡水中，今天以阳澄湖大闸蟹最为知名。虽说河蟹的肉既少，剥起来也有点麻烦，但其肉质比海蟹更为鲜甜，彼时已俘虏了很多宋朝人的胃。

其中，螃蟹与橙的结合更加普遍，而且两者的上市时段也基本重合，这大概就是宋朝人说“橙催蟹又肥”的缘由。比如做“洗手蟹”，先把生蟹剁块，加咸酸的盐梅、椒末以及橙齑，拌匀就可以享用。由于制作快捷，当食客洗手准备进餐的间隙，成菜就已经做好上桌，故得此名。北宋人傅肱在《蟹谱》中提到，洗手蟹原是北人流行的吃法，后来江南地区亦多见，它曾作为第十盏下酒菜出现在南宋高宗的筷子下，杭州食店里也供应橙醋洗手蟹。

连吃熟螃蟹也要佐以橙。无论是南宋人林洪推荐的“持螯供”版水煮蟹（加了酒醋、葱芹同煮），还是元人倪瓒钟爱的水煮蟹（加生姜、紫苏、桂皮、盐同煮）、蒸蜜酿蝤蛑蟹，都一律强调，最好用“橙醋”“橙齑醋”来佐味。由于古时的橙子大多较酸，它的酸汁（有时会

橙用黄熟大者，截顶，剜去穰，留少液，以蟹膏肉实其内，仍以带枝顶覆之，入小甑，用酒、醋、水蒸熟，加醋盐供食，香而鲜，使人有新酒菊花、香橙螃蟹之兴。因记危巽斋（稹）赞蟹云：“黄中通理，美在其中，畅于四肢，美之至也。”此本诸《易》，而于蟹得之矣，今于橙蟹又得之矣。

——南宋·林洪
《山家清供》

◆ 宋代的橙子主要有三类：甜橙、香橙、酸橙。前者可以作为水果食用（当然，甜度跟今天的没法比），后两者的果肉都很酸苦。其中，香橙会散发出馥郁的香气，常被用于薰衣、做闻香果盘、制蜜煎，用作烹饪调料的应该也是它。而酸橙亦即枳，略带臭气，适于入药。得益于水果培育技术的发展，今天我们吃到的橙子通常又甜又多汁，酸甜适口，比较难找到接近宋朝版本的橙子。做这道菜，你最好找有点酸的橙子（橙子不够熟时也会发酸），如果没有，你可以在蟹肉中挤点柠檬汁或加点醋。

◆ 有香橙，有螃蟹，再来一壶加姜丝温过的绍兴黄酒，三五好友做伴，这一桌蟹宴才算完美。

混合醋、盐、酱）能提升蟹肉的鲜味，带来全新口感，如同我们今天吃大闸蟹所蘸姜醋。我们还可从日本的寿司酱油“橙醋”得到更多灵感：橙醋里其实不含醋，而是特地使用酸味很重的醋橘，或一种名为罗汉橙的酸柚作为原料。

蟹酿橙，充满了想象力的橙蟹搭配，通过酿的手法使蟹、橙浑然一体。黄熟大橙子，切去顶盖挖出果肉，制成中空的橙瓮，瓮内留橙汁，将螃蟹剔出肉膏装入橙瓮，盖上顶盖，入锅蒸过，上桌以醋、盐调味。口味的本质与其他蟹橙配并无差异，细节依然是橙香、酸口、蟹肉鲜，但是能用勺舀着吃的方便、卖相的优雅、经加热的橙皮渗出更多芳香油使橙香倍增，以及“使人有新酒菊花、香橙螃蟹之兴”的进餐乐趣，简直为它大大加分。

这道意境菜常见于南宋杭州地区，在史籍中的出现率也比较高，如今恐怕很难想象，被橙味包裹的螃蟹（奇怪的口味）竟曾广受欢迎。《玉食批》透露了御膳厨房有以蝤蛑蟹来制作酿橙；清河郡王张俊在招待宋高宗的豪华宴会上，端出蟹酿橙作为第八盏下酒菜；林洪在文士食谱《山家清供》中，为蟹酿橙专门撰写了一个篇章；从杭州城内多家酒楼饭店的餐牌里，同样可以看到蟹酿橙。但接下来，在明清的口味兴衰演变间，蟹酿橙的影响力逐渐减弱，甚至消失。直至 1984 年，杭州八卦楼菜馆推出系列仿宋风味菜，蟹酿橙重现食肆。今天你到杭州的一些餐厅，便能品尝到一份现代版蟹酿橙。

◒ 下图：《海错图 · 蝤蛑》
清 聂璜
北京故宫博物院藏
-
蝤蛑，一种生活在海中的螃蟹，蟹壳呈现青灰色，俗称青蟹。蝤蛑的出肉率较高，蟹螯极为粗壮，里面有一大团肉。据《玉食批》记，太子膳食中有“橙瓮”，只取蝤蛑的两螯肉酿制，蟹身则被丢弃，“谓非贵人食”。

食材：

螃蟹 / 六只
橙子 / 两只
醋 / 小半匙（三毫升）
黄酒 / 小半匙（三毫升）
盐 / 酌量

【制法】

① 挑选果皮厚、个头比较大、形状圆润、底部较平的橙子，如带果柄更好。不要用薄皮橙，挖肉后容易变形。用斜口小刻刀，在橙子靠近顶部的位置，刻切一圈波浪纹。可先画一条辅助线，以便使圆圈刻得规整。

② 下刀要利落，深刻切穿橙皮，然后揭开顶盖。用金属勺子挖出橙子内部的果肉，果皮内壁的白色筋膜也要去净，橙瓮就做好了。当然，如果你想在橙瓮外皮雕刻装饰花纹也不错，像莲瓣菊瓣之类。

③ 挖出的橙肉汁用碗装起来。将橙肉里头的橙汁挤一挤，备用。

④ 若螃蟹不够大，就用三只雌蟹、三只雄蟹。若螃蟹比较肥大，每只橙酿一雌一雄就好。螃蟹洗净后放入蒸锅，大火蒸八分钟左右。

⑤ 取出散热，待不烫手，仔细拆出蟹肉、蟹膏和蟹黄。蟹肉蟹黄等撕成碎块，加黄酒、醋、两匙橙汁（十毫升），少许水，拌成馅料。

⑥ 馅料分为两份，填入橙瓮，汁水也要浇入。

⑦ 橙瓮盖好顶盖。水开后放入蒸锅，蒸约五分钟。因为蟹肉已经是熟的，加热的蒸汽将橙皮的香味散发出来，使蟹肉吃起来更为鲜美。蒸热取出，上桌配蘸料（少许盐加醋）。

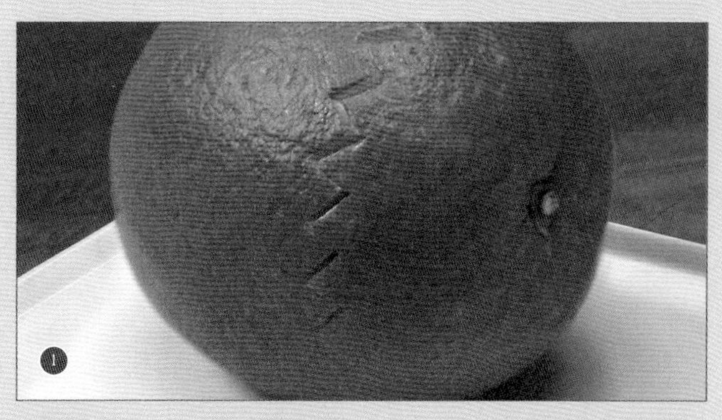

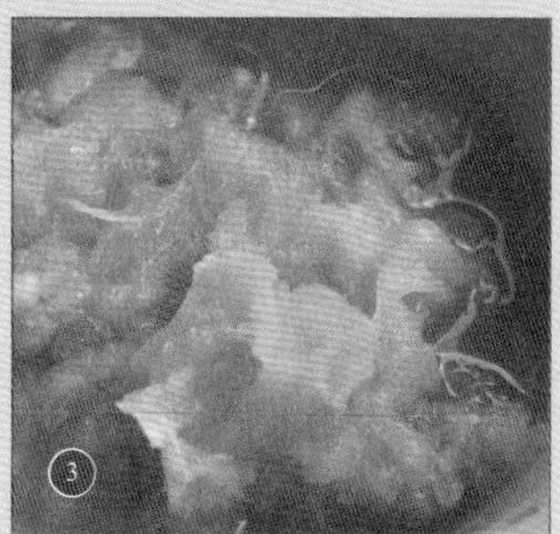

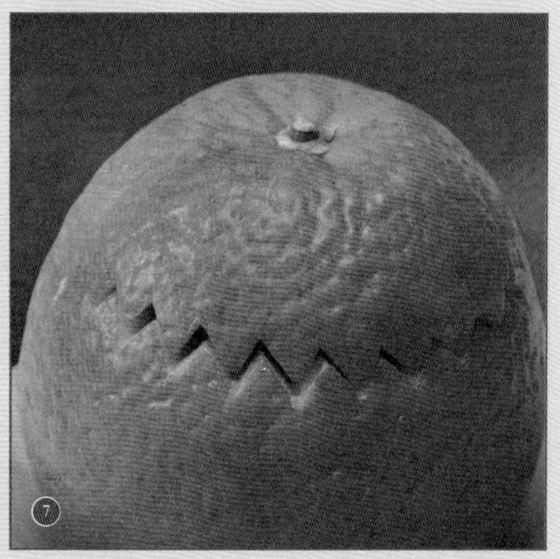

鱼鲊

买得荷包酒旋沽，荷包惜不是鲈鱼

《曲洧旧闻》一书记载了几则官员送收贿赂食品的夸张事例：薛嗣昌常以大桶装的“雍酥”（乳制品）献媚权贵，有时一次会送出多达百桶；赵霆任职余杭期间，每回送入京师进献的“鹅掌鲊”不下千罐；宰相王黼被宋钦宗抄家，查抄官员在库房清点财产时不禁瞠目结舌——整整三间房，从地板到屋顶摞满坛子，里面全是“黄雀鲊”。

所谓鹅掌鲊、黄雀鲊，其实是一种腌酵食品。如做黄雀鲊，将黄雀治净后用酒洗净拭干，以麦黄、红曲、花椒、葱丝和盐为腌料，坛中铺一层黄雀，再撒一层腌料，压实，如此重复若干次，直至装满，用箬叶和篾条封扎瓮口，通常发酵十天半月不等，在泥头密封的情况下，甚至能储存半年不坏。

作为早在秦汉（公元前2世纪）时期就已诞生的古老食物，鲊因有效解决了生肉的储存问题，而持续活跃了两千年，是与盐腌、风干、烟熏、酒糟法风味异质但理念一致的厨房技艺。宋元时期流行的肉类鲊品种丰富，选料既包括水产，也有禽畜肉。其中以鱼类鲊为主流，品名有鱼鲊、玉版鲊、鲟鳇鲊、鲟鱼鲊、春子鲊、银鱼鲊、大鱼鲊、贡御鲊、省力鲊、荷包旋鲊（以荷叶包裹），其他鲊如有鹅鲊、金溪鲊（鹅鸭肉）、羊肉旋鲊、海棠鲊（猪羊肉）、骨鲊、黄雀鲊、蛏鲊、蜮鲊（一种蛤）、海蜇鲊，以及三和鲊、切鲊、桃花鲊、雪团鲊、咸鲊、饭鲊等。

基本款鱼鲊，多用鲤鱼、青鱼等从江河捕捞的大鱼，取净肉切片或连骨斩块，经盐腌杀水，然后添加数种香料及红曲粉、粳米饭、葱

◒ 下图：《莲舟新月图》局部
元 佚名
辽宁省博物馆藏

杭城犯鲊铺售卖各种鲊，其中“何、吴二家鱼鲊”铺开在东华门外，该店的“犯鲊”声名远播，即把十数块鱼鲊用荷叶裹着，扎作一捆出售。此外，用鲜荷叶包裹发酵的鲊又俗称“荷包鲊”。

每大鱼一斤，切作片脔，不得犯水，以净布拭干。夏月用盐一两半，冬月用盐一两，待片时腌鱼水出，再擗干。次用姜、橘丝、莳萝、红曲、饙饭并葱油拌匀，入磁罐捺实，箬叶盖，竹签插，覆罐。去卤尽，即熟。或用元水浸。肉，紧而脆。

——元·佚名《居家必用事类全集》

◆ 北魏农书《齐民要术》（成书于公元6世纪）详细介绍了做鱼鲊的注意事项。比如，要选瘦而壮实的大鱼（肥肉易坏），鱼片都要带皮，腌后要榨干盐水（否则肉易烂），粳米饭要蒸得干硬，坛子须放在屋中阴凉处（远离灶头与阳光，否则肉发臭）。
春秋两季尤宜做鲊，夏与冬却是做不好鲊的两个极端——夏季热，发酵快但容易腐败；冬季寒，菌种的活跃度降低，发酵过程极度缓慢。

◆ 夏日，林洪与客泛舟莲花荡。出发前，他们将酒倒入荷叶并束口，又采荷叶包裹鱼鲊。经过"风薰日炽，酒香鱼熟"，回船时，众人饮酒食鲊作乐，十分惬意。

◆ 鱼鲊还常用花椒、茴香、马芹、葱等香料，可在原方的基础上多加一两样，调出更辛香的口感。
如三个月后开罐，鱼片已经中度发酵，泛出深红的颜色。

油拌。短则五七日可吃，这时鱼肉紧致而略糯，但还能吃出生鱼片的口感，随着发酵时间增长，鱼肉将呈深红色，更接近熟肉状态。五代时期的吴越人曾巧制"牡丹玲珑鲊"，以鱼片充当花瓣，围着圆心层层错叠为花，待发酵到位，鱼片便微红微卷似盛开的牡丹。

其他肉类鲊的做法基本雷同，只在配料上有些出入，而成功发酵的关键性配料，其实是粳米饭、黄米粉、麦黄和红曲，前两者带来乳酸菌，后两者为曲霉，能促使肉类酸化酒化，从生鲜状态变身渍熟状。出瓮的肉鲊既可生食，古人也常将之蒸煮、油炒或油煎。《齐民要术》还提到，鱼鲊可涂抹酥油后炙烤，而用脏法来料理尤为美味，并详述"脏鱼鲊法"——锅里加水，下盐、豆豉和葱段，次放猪牛羊肉片略煮，再下鱼鲊滚几滚，最后磕四个鸡蛋下锅，煮到鸡蛋浮起就好，即为一碗既有肉片、鱼鲊块，还飘着水波蛋的羹菜。有意思的是，在一千年后问世的明代小说《金瓶梅》中，有一幕写到西门庆吩咐春梅炊煮"鲊汤"，需"把肉鲊打上几个鸡旦"，看来此食法仍在当时的山东地区流行。

由于既能防腐，又能形成独特的腌酵滋味，肉鲊直到清末还较为常见。而如今，在海南、湖南、贵州和云南的某些城镇仍然流传此类食俗。比如湖南邵阳人喜欢用草鱼制成生食的黑米鱼鲊和豆粉鱼鲊；云南鹤庆的猪肝鲊使用了五花肉、脊骨和猪大肠，添加发酵的黄豆、花椒粉、辣椒粉、盐和高度白酒腌成，入锅炖煮后食用，十分酸辣开胃。

食材及工具：

青鱼 / 半条
姜 / 每斤肉十八克
葱 / 约二十根
橘皮 / 每斤肉十八克
莳萝籽 / 每斤肉十八克
红曲粉 / 小半勺
米饭 / 两大勺
油 / 酌量
盐 / 每斤肉用三十七克
宽口玻璃罐 / 一个

◆ 青鱼、鲤鱼、草鱼等体型较大的淡水鱼均可。

【制法】

① 选活鱼的鱼尾段或鱼身中段，刮净鱼鳞，内外洗净，擦干水。片下两侧鱼肉，横切成两毫米厚的薄片。

② 鱼片用烹饪纸巾擦干水。每斤肉加三十七克盐，抓匀。

③ 加盖静置，腌渍一夜。第二日可见腌出卤水，鱼片变得半透、略弹。鱼片擦干水。如果想让鱼鲊不那么咸，可用凉开水清洗一遍，再擦干备用。

④ 鱼片放入深碗，加莳萝、橘皮丝、红曲粉、姜末、米饭、葱油两匙。熬葱油：洗净一把葱，切大段。炒锅烧热，倒四五匙油，下葱段，小火煎至葱段变为褐色，去葱渣。

⑤ 用手抓匀揉透。

⑥ 宽口玻璃罐提前清洗，在蒸锅里蒸五分钟，晾干备用。选择玻璃瓶的好处是，可随时观察发酵进度。

⑦ 鱼料装入罐中。每装一层鱼料，压实，如此重复，直到装满为止。密封罐口，并用遮光布盖着罐子，因为乳酸菌发酵需避光。不要放在冰箱里、灶火边、风口处等温度过冷或过热的地方。

⑧ 十二日后开罐。鱼片已轻度发酵，呈现一点腊鱼的风味，但仍保留生肉的咬感。

⑨ 可将鱼片排在碟中，蒸五分钟。成品咸口，带浓郁的香料味，很适合下酒。

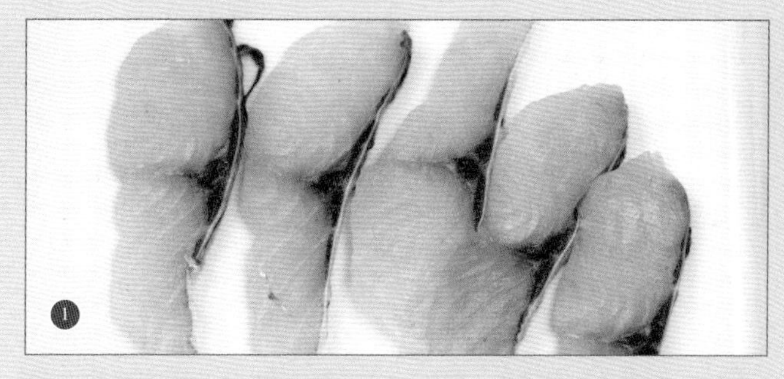
1

2

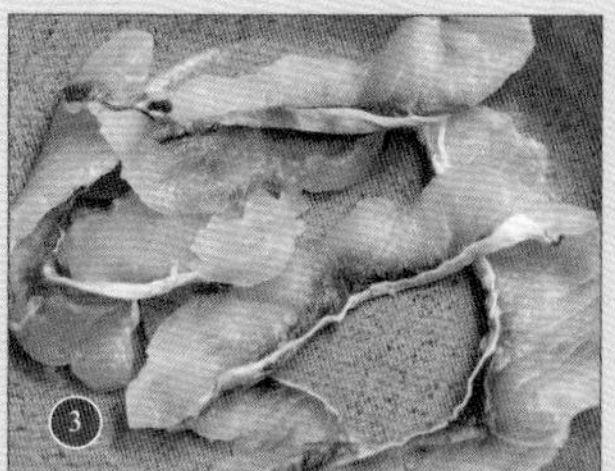
3

4

5

6

7

8

9

筭子犯

捣腐焙腊脯，案酒香胜殊

杭州城有一类专卖店叫犯鲊铺，顾名思义，除了售卖各种鲊，商品中还有形形色色的犯，如算条、影戏、鱼肉影戏、界方条、线条、皂角铤、槌脯、松脯、削脯、盐豉、干咸豉、肉瓜齑、红羊犯、胡羊犯、兔犯、獐犯、鹿脯……名气最大的一家店是开在石榴园附近的倪家犯鲊铺。

犯，其实就是美味的肉脯，原料为猪肉、羊肉、獐肉和鹿肉等，通常会添加香料与味料，且大多经过熟制，可即食或稍加料理后享用。由于兼具耐存、便捷和风味上佳多种优点，犯适合充当远行干粮。在当时的杭州城内，人们能在市食摊位买到“旋炙犯儿”“炙焦酸犯儿”来充饥，估计是把肉脯炙烤一下或油煎，使之香气四溢。犯还常被视为下酒之物，在张俊奉宴宋高宗的宴席上，就准备了“脯腊一行”共十小碟，包括肉线条子、皂角铤子、云梦犯儿、虾腊、肉腊、妳房、旋鲊、金山咸豉、酒腊肉、肉瓜齑，都是能慢慢咀嚼的劝酒干肉。

此处介绍其中值得一说的三款。一是“算条”，又名“筭子犯”“筭条巴子”。所谓筭子，其实是一种在珠算发明前普遍使用的计算筹码，一般以竹、金属或骨制作成粗细一致的细棍状，通常比竹筷略细，长约十二厘米至十六厘米。算条犯的做法不一，浦江吴氏《中馈录》所载加工简单，把猪精肉和肥肉分别切成三寸长（约十厘米）的筭子条，加砂糖、花椒粉和缩砂仁拌味，晒成肉干后再上锅蒸熟即成，口味偏甜而微辣。而《事林广记》中的筭子犯则取猪或羊精肉，先拿刀随意剁切小块，撒盐、香料和豆粉揉拌，然后将肉捣研成肉泥，再搓成小条，微蒸后烘干。虽说做起来有点费劲，但由于肉纤维被破坏了，而更易于咀嚼。据

◒ 下图：铅质算筹
西汉
中国国家博物馆藏
-
长五厘米至十六厘米。1982 年陕西省西安市东郊出土。

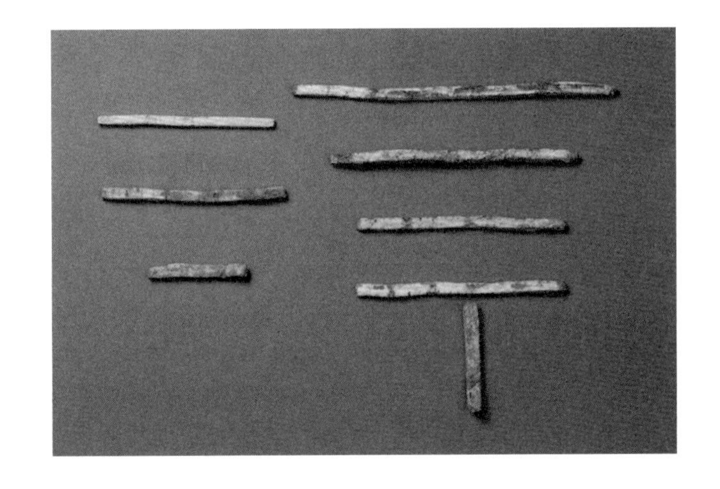

精猪、羊肉略剁过，别入盐料及豆粉少许拌，研令烂，卷作小条，蕉叶托蒸微熟，取出烘干。每数条，用彩线束供。

——南宋·陈元靓《事林广记》

说，羓鲊铺会用彩线把数根箄条羓绑成一束来销售。

二是“影戏”。此羓与皮影戏的道具有共同之处，都是薄而透，猜测做法类似《事林广记》中的“水晶羓”。选去净皮脂的精羊肉（或猪肉），批为大张薄片，用澄清的味料稍腌，逐片平摊在筲箕上，置于烈日下晒干，成品看起来略透而光洁。此外，大鱼也能制作影戏羓，名为“鱼肉影戏”。

三是“松脯”。松脯在当时又称“肉珑松”，就是今天所说的肉松。宋人会用猪、羊、牛或鸡胸肉、干虾来制作松脯，如用前三者，先把肉顺纹切成指头大的块，入锅，加酒、醋、水、盐、椒、芹同煮至软硬合适，再捶研肉块使肉纤维散开，烘焙干燥即成。成品要呈茸丝状而非碎屑末，才算合格。

今天，在中国西南部的云南、贵州和四川等地，人们仍将这类肉脯叫作干巴。其中云南省就有多种牛肉干巴，有将大块黄牛肉用盐及香料腌上十天半月，风干后，一般切成片入锅油炸，或加干辣椒和姜蒜爆炒成一盘菜；也有将细肉条腌味后，用烘烤、油煎炸的手法加工为开袋即食的干巴条，比如傣族传统牛肉干巴，嚼起来香酥麻辣，令人欲罢不能。

食材：

猪里脊肉 / 三百五十克
花椒粉 / 两克
小茴香粉 / 两克
盐 / 约六克
绿豆淀粉 / 二十五克

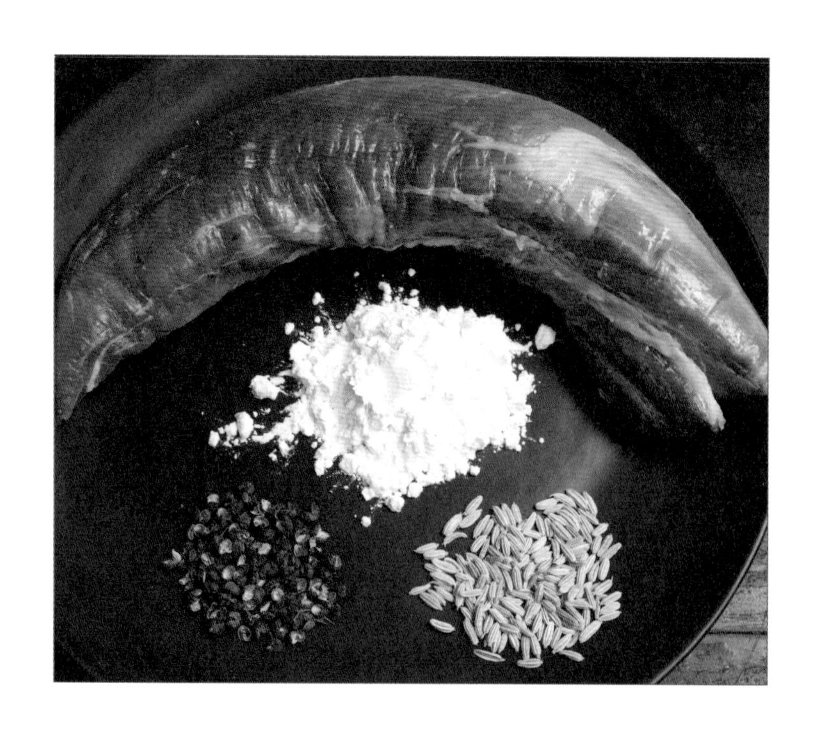

【制法】

① 将猪肉上的白色筋膜剔净。先切成片，然后切碎，用刀来回剁数遍，剁成碎丁状。

② 加入盐、花椒粉和绿豆淀粉，抓匀。

③ 将肉铺在案板上，拿木棒或肉锤使劲敲打，使纤维捶开变成肉泥。

④ 取一张烘焙纸垫在板上，将肉泥均匀铺在纸面，再拿一张烘焙纸盖上，用一块小菜板压在肉面，轻轻压平肉泥。肉泥厚度约一厘米，宽十八厘米，长度不限。

⑤ 用刀将肉泥四边修平，并分切为九厘米长、一厘米宽的细条。

⑥ 将肉条的边角搓圆，搓成棍子状。

⑦ 原食谱使用蕉叶垫底，如无，也可用蒸笼垫纸、烘焙纸代替垫在盘中，码上肉条，注意每根之间不粘连。放入蒸锅，水开后蒸三分钟即取出。将肉条移至沥水网上，摊开散散水汽。可晾上一两小时，至表面干身。

⑧ 烤箱八十摄氏度预热，将肉条烤制四小时。每小时翻面一次，使四面都烤色均匀。可直接食用，若下油锅里炸香或稍微油煎会更美味。

◆ 烤制四小时的肉干软硬适中，易于咀嚼。也可按照个人喜好延长一两个小时，这时肉干会变得色泽棕红，口感非常干硬，适宜储存。

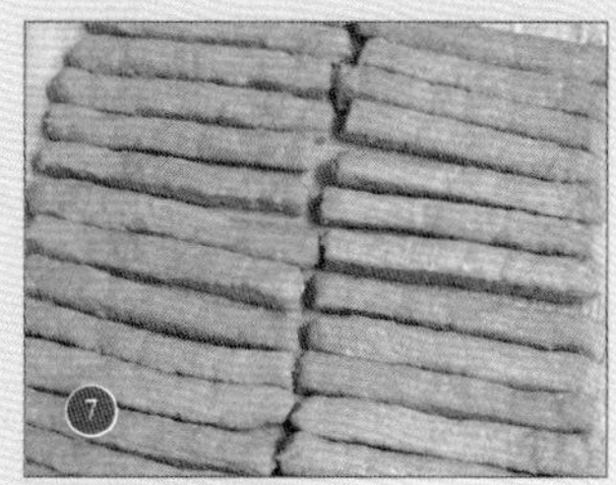

蜜煎橄榄

良久有回味，始觉甘如饴

宋朝高级酒宴上常见的一道前菜是：蜜煎果子。

在那场清河郡王张俊宴请南宋高宗皇帝赵构的知名筵席中，进入正式礼饮环节前，席面先摆上“雕花蜜煎一行”十二小碟：雕花梅球儿、红消花、雕花笋、蜜冬瓜鱼儿、雕花红团花、木瓜大段花、雕花金橘、青梅荷叶儿、雕花姜、蜜笋花儿、雕花橙子、木瓜方花儿。

蜜煎，其实是古代版蜜饯，用大量蜂蜜为辅料，极为甜腻，耐储存。为了衬得起这场盛会，张俊呈上的蜜煎上特地运用了雕花工艺来突出精致感。“雕花梅球儿”是在球形梅果上镂刻花纹，对比参看云南雕梅，则是简单刻一圈花纹并去核，蜜渍压扁后像是花朵。“蜜冬瓜鱼儿”，估计是将冬瓜肉雕作小鱼形状，这与湖南靖州的特产柚子皮雕花蜜饯有点像。“青梅荷叶儿”，可能是去核压扁的梅果，雕作小荷叶。而“木瓜方花儿”，大概是切作方片并镂花。至于花纹，除了对称花草纹，多半会有四时花卉、鸟兽鱼虫、仙寿人物之类的图案吧。

在当时的食谱中，收录了若干种蜜煎方子，介绍如何煎制金橘和橙子、煎樱桃、煎荔枝、煎桃杏、煎橄榄，以及如何做蜜煎冬瓜、蜜煎藕、蜜煎姜、煎地黄、蜜煎笋，还有用桔梗微甜带苦的干燥根来炮制的蜜煎桔梗。除了直接食用，还可将蜜煎放入茶盏，冲沸水，泡成香甜的茶汤来奉客。

市面上有蜜煎专卖店，杭州的驰名字号莫过于五间楼前的周五郎蜜煎铺，也有小贩沿街兜售从作坊进货或自制的产品，开封人还能在每月五次的大相国寺集市上，买到由孟家道院的王道人所制蜜煎。

◒ 下图：《文会图》局部
北宋 赵佶
台北故宫博物院藏

-

桌面上高高隆起的果盘，即为“看盘”，细看有莲蓬、桃子和花红果，通常也会由散发清香的香橼、橙、榠楂、木瓜堆成。在每盏看盘间隔处，还用花台装点。而那四行整齐排列的白色小浅碟，估计就是盛放蜜煎咸酸、干果肉脯之类的容器。

橄榄不拘多少，用新汲水于瓦上，捺去厚皮，用铜刀子界列入半，用米泔煮，取出去核。用蜜再煮，控去水，晒干。再炼好白蜜，入橄榄，数沸。候冷，入瓶瓮盛之，然后美。

——南宋·陈元靓《事林广记》

◓ 上图：靖州柚子皮雕花蜜饯和云南雕梅

◓ 上图：青白釉芒口葵瓣碟
南宋
四川宋瓷博物馆藏
-
高 1.5 厘米、口径 10.8 厘米、底径 6.8 厘米。四川遂宁金鱼村窖藏出土。
这款比普通饭碗直径还小的葵口碟，共出土百余只，或许它们曾经就是用来放蜜煎干果的。

专业办宴机构的“四司六局”的六局之一便是“蜜煎局”，负责宴会所需一切糖蜜花果、咸酸劝酒。所谓“咸酸”，在上述筵席中与蜜煎同时出场的是“砌香咸酸一行”十二碟：与蜜煎一样是用梅子、木瓜、樱桃打造，但会多加甘草、花椒、紫苏、姜、豆蔻、白芷等香料，味道咸而酸。此外，蜜煎局的拿手戏还有“簇饤看盘果套山子、蜜煎像生窠儿”——仅供欣赏，而非当场食用的装饰性果盘。经渍制的果子经雕刻、堆叠等手法做成，如宫廷的“意思蜜煎局”曾在水蜜木瓜表面雕一幅“鹊桥仙”作为七夕看盘；还会将不同色泽的蜜煎果，拼作像生花果人物。一般人的家宴是用不起看盘的，只有高级筵席才会配备。

相信许多人会赞同，比起作为鲜果直接吃，橄榄更适合做蜜煎。宋人在橄榄里加蜂蜜煎煮，使其酸涩转换为可口的香甜，制造出“煎橄榄”。至今，橄榄仍是蜜饯里的主打品类，发展出盐津橄榄、甘草橄榄、辣橄榄、咸橄榄、烤扁榄等各种风味。

另外，宋人发现一组能大幅改善生橄榄涩味的奇妙搭配：生橄榄和生栗子切薄片，撒上盐，拌和同吃。舍弃蜜，而改用同样能减弱涩味的盐，并以栗子增加脆甜感。入口细嚼，会惊讶地发现“梅花脯”之名其实相当贴切，三者在口腔中生成的甘香余韵，能瞬间让人联想到白梅的气味。

食材：

橄榄 / 七百克
蜂蜜 / 五百克
米泔水 / 一大碗（与橄榄齐平）
盐 / 三克（可有助于去苦涩味）

【制法】

① 橄榄洗净控干。橄榄皮的涩味较重，可拿擦菜器（原文用瓦片）将表皮刮净。这道工序比较费时费力，你也可用小刀薄薄批去外皮。

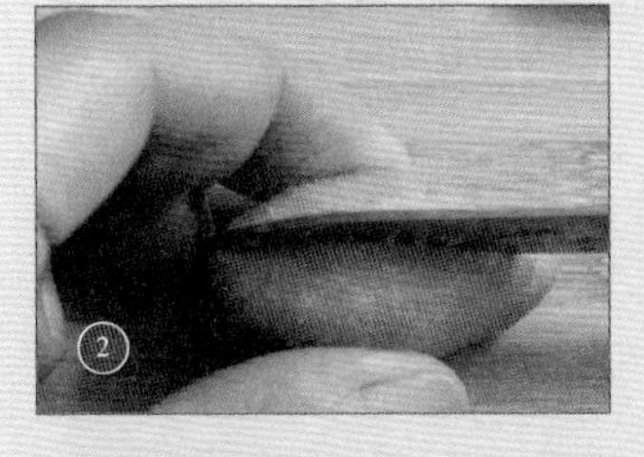

② 去皮橄榄在接触空气后容易变褐，最好浸在淡盐水中待用。拿小刀在橄榄上竖划一刀，深至果核。

③ 橄榄控干水，倒入锅，加一大碗米泔水没过。如无米泔水，也可用清水。水煮开后，小火继续煮六分钟至十分钟，至橄榄肉变软。如果没有煮到位，果肉与果核会相粘较紧，不易脱核。用笊篱捞出橄榄，控水。

④ 待橄榄稍散热，从刀口处小心抠出果核。

⑤ 橄榄重新入锅，加四百克蜂蜜。中火加热，至蜜沸腾，捻中小火，这时果肉会析出不少水分，煎煮约十五分钟，让水分收一收，然后捻小火，继续煎煮三十分钟。不用加盖，其间密切留意是否煳锅。

⑥ 关火，拿笊篱捞出橄榄，沥干汁水。

⑦ 将橄榄放在竹编簸箕中摊开，阳光下晾晒上一两天。

⑧ 晒至果肉半干、尚柔软的状态。若太干，成品会干硬难嚼。

⑨ 锅里倒一百克蜂蜜，煮沸后加入橄榄，煮一两分钟，关火。放冷后，用瓷瓶连蜜收贮，或只收贮橄榄。

梅花脯

食材：橄榄 / 二十粒，栗子 / 十粒，盐 / 少许

① 橄榄搓洗外皮，擦干水，纵向切薄片。
② 栗子剥壳，撕去褐衣，切成薄片。
③ 栗子片和橄榄片混合，撒盐，拌匀，即食。

◆ 山栗、橄榄薄切，同拌，加盐少许，同食，有梅花风韵，名“梅花脯”。

——南宋·林洪《山家清供》

瓜齑

碧盘盛来什锦丝，鸡白笋脯腌瓜美

腌菜，是宋朝平民餐桌上不可或缺的拌饭菜。它以大量盐、酱、醋或香料腌渍，以极咸或酸著称，一小碟足够扫下几碗粥饭，是物资贫乏时期的产物。其优点显而易见，重盐重酱吃起来会让人产生莫大的满足感，同时解决了瓜蔬保存的问题，一年到头随时可享用，是平民特别是穷苦人食物的重要组成部分，鱼肉并进之家是不会视腌菜为主打菜的。

几乎没有士大夫花费大量篇幅来介绍腌菜，一则腌菜不上档次，二来他们对制作工序的了解也相当有限。每家每户，负责腌菜的通常是主妇，她们从家族女性长辈那里，得到祖传配方和一些程序上的经验指点，确保对每个环节了如指掌。今天，可以从《中馈录》和《事林广记》中，看到大约四十种当时的腌菜加工法，诸如琥珀瓜齑、豉瓜儿、酱姜、盘酱瓜茄、腌萝卜、盐腌韭、糟姜、糟茄、糟瓜、干闭瓮菜、食香瓜茄之类，大多为酱渍、盐腌、糟制等门类。由于这些古老食谱对步骤描述比较详尽、配方精准，可以看得出和现今沿用的手法差别不大，连原料也大同小异。

当时的人制作腌菜，多用菜瓜（黄瓜、甜瓜、稍瓜等）、茄、萝卜、冬瓜、大蒜、笋、姜、芥菜、菘菜和韭。配料，则是形成多重风味的基本要素，很多时候，人们用不同配料处理同一种瓜蔬。以使用率很高的黄瓜为例，简单处理制坯后入酱缸浸渍，即为酱瓜，单纯表现为咸酱味，若追求复杂口味，可以尝试很花工夫的“酿瓜”：需选老而大的黄瓜，对半剖开，去瓤，盐稍腌后攥干水。亮点在馅料，均切作丝的生姜、陈皮、薄荷、紫苏，与茴香、炒砂仁、砂糖拌匀，分别酿入半只瓜内，然后拼合成整只，用线扎紧，浸入酱缸腌五六日，这步主要是让酱香渍透

◒ 下图：《纺车图》
宋 王居正
北京故宫博物院藏

在男耕女织的传统时代，除了安顿家人的一日三餐，主妇还需承担织布的重任。

酱瓜、生姜、葱白、淡笋干或茭白、虾米、鸡胸肉各等分，切作长条丝儿，香油炒过，供之。

——宋元·浦江吴氏《中馈录》

◓ 上图：糟姜

福建宁德传统的红糟姜，染红是因为加了红曲粉。做法与《中馈录》的“糟姜方”差不多，都是用嫩姜、酒糟、盐三样。

◆ 糟姜方：
姜一斤，糟一斤，盐五两，拣社日前可糟。不要见水，不可损了姜皮。用干布擦去泥，晒半干后，糟、盐拌之，入瓮。

食材：

鸡脯肉 / 一百二十克
酱瓜 / 八十克
淡笋干 / 三十克
虾米 / 六十克
生姜 / 四十克
葱白 / 三十根（茎小葱，可酌量增加）
麻油 / 八十毫升至一百毫升

瓜身，捞出，切碎，然后摊在烈日下晒干。酿瓜属混合味型，味道构成里包括橘油香、辛辣、辛香、麻凉、樟香和咸中微甜的酱味等元素。

瓜齑，原意泛指酱渍的菜瓜，多以黄瓜、甜瓜或稍瓜之类制成。据《事林广记》所载“琥珀瓜齑”，大致做法是：把半生的甜瓜去瓤，随意切瓣块，先经沸水焯烫，然后拿食盐揉擦，并添加适量浓酸醋、面酱，以及研磨成粉末的马芹（孜然）、川椒、干姜、陈皮、甘草、茴香和芜荑，一起炒拌均匀，最后装入瓮中，并用手掌压实瓜坯，待腌上半个月就可以享用。由于经酱料渍透的瓜肉半透，色泽棕红似琥珀，故得名琥珀瓜齑。

瓜齑通常切一切能直接吃，也可作为烹饪配料使用。这道“瓜齑”即出自食谱浦江吴氏《中馈录》，是一道含酱瓜的家常什锦小炒。主料是六种菜丝，包括鸡胸肉、虾米、酱瓜、淡笋干（也可以换成茭白）、生姜和葱白，并用“爆炒”法来烹成——这是中国人最常用的烹饪技法，用炒锅下油，把菜丝通过灶火翻炒干香，表面略微焦黄。酱瓜直接食用会比较重口，而与肉类、鲜蔬、干货搭配，则颇能起到提味增鲜的作用，使这道菜吃起来风味相当浓郁而富有层次，配白米饭来吃简直一流。

菜瓜也常用酒糟糟制，人们还探索出“糟瓜色翠”的方法，在坛内码入瓜坯时，间铺数十枚古老铜钱，铜钱生锈产生的铜绿——据说这种孔雀绿色的粉末色素能使瓜色鲜艳，而非暗黄无光。

◆ 鸡脯肉：尽量用生鲜鸡脯而非冷冻鸡脯，如果有土鸡脯更好，速成白羽鸡脯的口感和香味都差很多。

◆ 酱瓜：考虑到《中馈录》原为浙江菜谱，可选择江浙传统酱园生产的酱瓜，咸中透甜，酱香浓郁。

◆ 淡笋干：选择细长而壁薄的无盐小笋干，最好用嫩笋尖。

◆ 生姜：市面上常见三种生姜——仔姜、姜、老姜，辛辣度表分别呈现为轻淡、适中、浓重。我这里用的是辣味淡的仔姜，当蔬菜入口也没有问题。如果用后两者，吃起来会重口一些，但可能更接近宋朝版本。

【制法】

① 用温热水浸泡笋干两小时，换成凉水来泡，通常泡十二小时至十八小时就足够，其间换一次水。泡发好的笋肉捏起来是软的，能用手轻松撕开。将笋干搓洗一遍，并撕净外皮附着的笋衣（如有的话），抹干水。先分切为同等长度的小段（长约六厘米至七厘米），每段再竖切为细丝。

② 酱瓜亦切长段，然后剖片，改刀为细长条。

③ 生姜去皮，切细丝；小葱只取葱白部分，洗净，撕去外衣。虾米用温水泡上三十分钟，将虾壳剥掉，挑净虾线，从虾背入刀对半批开成两半（若虾米较大，可改刀为丝）；最后将净鸡胸肉也切为规整的细长条。

④ 炒锅倒入麻油，开火烧热，先倒入鸡丝，用锅铲快速翻炒，至半熟，这时鸡肉转为白色。

⑤ 接着，将其他食材一并倒下，不停翻炒一二十分钟，把食材爆炒得干香四溢。加盐调味，可再加一小勺生抽、一点能染色的老抽充分炒匀，使什锦菜丝染上诱人的黄色，看起来让人非常有食欲。和白米饭搭配着吃，咸香可口，尤其下饭。

◆ 原食谱建议，这五种食材最好取用同等分量。当然，你也可以根据个人口味增减其中某些。我多加了些笋干，并减少了生姜与葱白的用量，也很美味。

茭白鲊

卸却青衣见玉肤，但著椒葱渍鲊菹

菰米（雕菰），五谷杂粮中极其小众的一员，在唐宋时期颇受垂青。这种由浅水生植物菰草结出的籽实呈细长梭形，表面深紫褐，断面灰白，看起来像褐皮加长版的籼稻米（大概三粒大米的长度），质地硬脆，比大米更易折断。

经典吃法是用饭甑蒸制或煮作菰米饭。因颗粒大而硬，和煮杂粮红糙米饭一样，菰米在煮前最好用水浸泡一夜使其变软，煮熟的菰米，表面黏度低，不会像粳米饭黏成一团，而是颗粒分明，口感弹糯，微微散发近似粽叶般的清香。由于菰米本身更有嚼劲，一般会加一份大米混煮来改善软硬度。另外，搭配稻米或小米同熬粥也是常见吃法，甚至还能磨成细粉，揉作饼子。

唐宋名士杜甫、陆龟蒙、皮日休、陆游，都是菰米爱好者，把菰米看作“适合隐士”的食物，认为有益养生。野生食品的属性，更使其在六谷中显得与众不同。皮日休盛赞它“不是高人不合尝”；而梅尧臣在长诗《武陵行》里所描绘的世外桃源，包含多个常见的隐逸元素：恬静田园，鸡鸣犬吠，古朴民风，并且居民以菰米饭为主食。

生命力顽强的菰草能适应各种浅滩湖沼，理应分布很广，但菰米一直未被大范围培育。影响菰米量产的因素很多，比如结籽少、籽粒的成熟时间有早有晚并不统一、轻轻摇晃容易脱落，后两点都给大规模采收造成麻烦，是其致命的弱点。长期以来，菰米只能从自然界少量采集，推广人工种植简直寸步难行，一般只在饥荒期间作为补充口粮。相反，另一种水生作物水稻，凭着采收便捷的优势，很快便占据主粮界的

下图：菰米与大米

市面能买到的菰米，大多是由美国与加拿大交界的苏必利尔湖所产。

鲜茭切作片子，焯过，控干。以细葱丝、莳萝、茴香、花椒、红曲研烂，并盐拌匀，同腌一时，食。藕梢鲊同此造法。

——宋元·浦江吴氏《中馈录》

半壁江山。不过，菰米作为主食从少量食用到销声匿迹，根本原因或许在于茭白。

从茭白的别名菰首，不难看出这是菰草的另一种产物。其生成纯属偶然，部分菰草在抽穗前感染上“菰黑粉菌”，分泌出异常的生长素，刺激茎部的薄壁细胞加快分裂，最终变成肥白的肉质茎。换句话说，茭白相当于一根过度发育的菰草茎。鱼与熊掌可兼得，菰米与茭白才真的是难以并存，长出茭白的菰草，花茎将会停止发育，更遑论抽穗结籽菰米满枝了。

一开始，变身茭白只是自然界的个别现象，大部分菰草仍会顺利结出菰米。宋朝人显然更喜欢口感软滑的茭白，刻意将携带菌种的菰茎留作人工培育，通过发展大规模种植来获得稳定的收成。后来，茭白逐渐跻身主流，菰米日益边缘化，使人会误以为茭白才是菰草的原本状态。

到了南宋，茭白已是杭州菜市场里的一种普通蔬菜，只可惜相关食谱记载非常少，猜测人们可能会将之做羹或凉拌，有时也会生食。这里介绍一道来自《中馈录》的“茭白鲊”，做法非常简单，茭白切片、焯烫，捞起控干水，撒上细葱丝、莳萝籽、茴香、花椒粉、红曲粉、盐，揉拌，使茭白片均匀沾上味料，腌渍一会儿。这碟下饭凉菜，入口主要表现为浓郁的香料味，辛麻芳香此起彼伏，初次尝试未必吃得习惯。

◓ 上图：煮菰米饭

两份菰米，一份大米。将菰米在水中浸泡一夜，沥干水，加大米混合，放入电饭锅里煮饭，水量比平时稍多。

◆ 唐·储光羲《田家杂兴八首》节选：“衣食既有余，时时会亲友。夏来菰米饭，秋至菊花酒。”

◆ 红曲：白米加红曲霉菌发酵，就变成红色的红曲米，磨成粉即为红曲粉，是天然的食物染色剂，做红烧肉、素肉必备。红曲粉不能多放，否则会有奇怪的苦涩味。

食材：

茭白 / 三根（摘净二百克）
小葱 / 三根
莳萝籽 / 量勺半克
茴香粉 / 量勺半克
花椒粉 / 量勺半克
红曲粉 / 量勺半克
盐 / 量勺一克

【制法】

① 铁锅烧热，转极微火，小茴香、花椒、莳萝籽，分别放入锅里，烘出香味。

② 用研钵将三者研成粉末。或直接购买现成粉，只是现磨粉料的香气会更浓郁。

③ 葱洗净，切碎。备好以上香料及红曲粉。

④ 茭白剥去绿衣，冲洗，斜刀切薄片。将茭白片倒入沸水锅，焯约两分钟。

⑤ 笊篱捞起茭白控水，并用厨房纸巾吸干表面水分。按所需量取香料，并加盐，盐比常用量略多。

⑥ 用手充分抓匀，使茭白片两面均匀沾上味料，静置腌渍一小时即成。

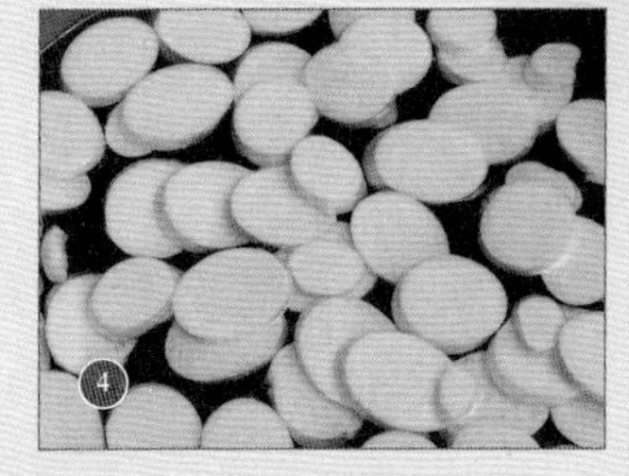

素包子

七宝素馅水晶包

《喻世明言·宋四公大闹禁魂张》故事背景设定在宋朝，书里有一段情节："宋四公夜至三更前后，向金梁桥上四文钱买两只焦酸馅，揣在怀里。"事实上，两文钱一只的"酸馅"并非假想出来的，它是宋朝很常见的一种包馅面点，又写作"酸豏""馂馅"。有意思的是，当时汴京的食店卖酸豏，招牌上书写的却是俚俗词"馂馅"，有人抱怨这会让大家感到困惑，搞不懂这是什么。

酸馅，通常指菜馅素馒头。做法如肉馒头，用发面厚皮包着一兜馅，攒的折儿较粗，笼蒸而成。它的馅料不定，无非是用鲜菜、菜干或酸菜为主料，有的里头添加了豆馅，可以推测，酸馅尝起来是咸味的或有点酸酸的。至于说"焦酸馅"（又写作燋酸豏），估计是经过烤制，皮子带点焦脆，吃起来"又香又软"，但究竟怎样烤法，史无记载，无从知晓。在两宋都城的夜市上，都有小贩在兜售这种市食。

酸馅馒头似乎是寺僧们的常见口粮，如元杂剧《半夜雷轰荐福碑》有句台词"闲便来寺里吃酸馅来"。在北宋熙宁年间，日本京都岩仓大云寺的成寻僧人在华巡礼圣迹，他曾收到赠礼"馂馅五十只、砂馅五十只、糖油饼五百个、素油饼五十个、馓子五个"，作为路食。虽说城里那些蒸作从食店所售馒头有荤有素，但其实，还有一类店是专卖素斋点心，方便食客斋戒之用。在这类店里，有酸馅、七宝酸馅，以及更多品种，如麸笋丝假肉馒头、笋丝馒头、裹蒸馒头、菠菜果子馒头、姜糖辣馅、糖馅馒头、活糖沙馅诸色春茧、七宝包儿……它们在原料和配料上均使用全素。

"辣馅"是绿豆沙馅。将去皮绿豆蒸软，捣成豆泥，加一点蜜糖、姜

◒ 下图：山西汾阳东龙观宋金墓群壁画

-

厨娘捧着一大盘包子。

① 元《居家必用事类全集》水晶角儿

皆用白面斤半，滚汤逐旋糁下面，不住手搅作稠糊，挑作一二十块，于冷水内浸至雪白，取在案上摊去水，以细豆粉十三两，和搜作剂。再以豆粉作粹，打作皮，包馅。上笼紧火蒸熟，洒两次水，方可下灶。临供时，再洒些水，便供。馅与馒头生馅同。

馅用面筋、乳饼，不以多少，细切。入蕈、胡桃、干柿、栗子、熟山药去皮并切碎，熟油、盐、酱、砂糖，调和滋味得所，以水晶角儿皮①包裹，蒸熟供。

——南宋·陈元靓《事林广记》

◓ 上图：湖北襄阳檀溪南宋墓壁画（线摹）
-
厨役在擀面做包子。

汁、熟油和盐混合，与“蜜辣馅”“姜糖辣馅”都是甜里带辣的味型。如果把蜜糖去掉，只用姜汁、油盐来拌豆泥，则为咸辣风味的“豆辣馅”。“澄沙糖馅”亦即豆沙馅，把红豆焆熟然后洗出细腻的豆沙，加砂糖、食香（用香花或香料制作的香味剂，如桂花膏、玫瑰膏）搦馅，形成美妙的香甜滋味。此外还有“活糖砂馅”，估计是用砂糖和熟面拌的糖馅。

当时的人很喜欢把多种食材混合做成杂馅，比如说“菜馅”，你能吃到切碎的黄齑（酸菜）、红豆、粉皮、山药和栗子，这种搭配颇为开胃；用菠菜作馅的话，会加栗子、红豆、面筋、干柿、核桃仁作配，以姜丝、橘皮、油盐等调好口味。如果食材达七样，通常称为“七宝馅”，七宝是佛教用语。《居家必用事类全集》的“七宝馅”方跟前述菠菜馅差不多，用栗子、松仁、核桃、面筋、姜米、菠菜和杏麻泥七样。

“素包子”方也用了七种食材，分别有面筋、乳饼、蕈、核桃、干柿、栗子、山药，均细切，味料偏甜口，吃起来甚是香甜甘美。特别之处在于，既非使用蓬松的发面皮，也不是薄面皮，而是要用“水晶角儿皮”来包制。这种皮子，以脱了部分淀粉的面团和绿豆淀粉和成，擀得也薄，经过蒸制，白色的面皮会变得晶莹半透，嚼感亦比较爽口，颇似粉果。

再来介绍一道“灌浆素馒头”吧。这一兜内馅的丰富度令人咋舌，竟然多达十三样：面筋、乳蕈、笋、藕、栗子、百合、山药、萝卜、木耳、菠菜、红豆、核桃、柿干，再用蜜糖、甜酱调成微甜口。包制时，攒折皮子不封口，而要在顶部留着个“肚脐眼”。蒸熟上桌，从口子倒入用酸奶和淡醋调的酸汁——此为灌浆，像是个满肚汁水的大汤包。

◆ 要选糯性山药，如铁棍山药。蘑菇，可选香菇、口蘑等伞盖厚实的品种。

食材：

面筋 / 五十克
乳饼 / 三十克
鲜蘑菇 / 熟二十克
核桃 / 二十克
柿饼 / 六十克
栗子 / 熟五十五克
山药 / 熟四十克
熟油（煮滚并放凉）/ 量勺十五毫升
盐 / 一克
酱（甜酱）/ 量勺三毫升
赤砂糖 / 两克

【制法】

① 首先，制作面筋和乳饼，做法见下页。栗子去壳，山药连皮洗净，两者加水煮或蒸熟。（栗子需蒸至甜糯，而山药刚熟就好，否则切粒不成形。）将蘑菇下沸水锅中焯煮一分钟，捞起，散热后攥干水。核桃剥壳去衣。柿饼去蒂与核。以上食材备好，即可开始切料。尽量切得又细又匀，这样既能提升口感，在包制过程中也不容易戳破皮子。

② 取食材装入料理大碗。可每样取等份，也可根据个人喜好来增减。建议在拌料过程中尝尝味道，然后增加或减少某些（我多加了甜糯的栗子和柿饼，减少了蘑菇与核桃的用量）。然后添加调料。注意，先放熟油来拌（油将食材的刀口裹住，能防止食材出水、变色），接着放盐、砂糖和面酱。

③ 做馅前浸泡面团，等拌好馅，就可和面和擀皮。面扑用撒绿豆淀粉（面粉会降低皮子的透明度）。将面团搓成粗条，均匀切作二十个面剂，分别擀成圆形面皮，再用碗口印压规整。由于这种面皮韧性差，容易破口，擀面力度要轻柔。面皮厚薄如馄饨皮，不能过薄（每张直径 8.5 厘米，重约八克）。

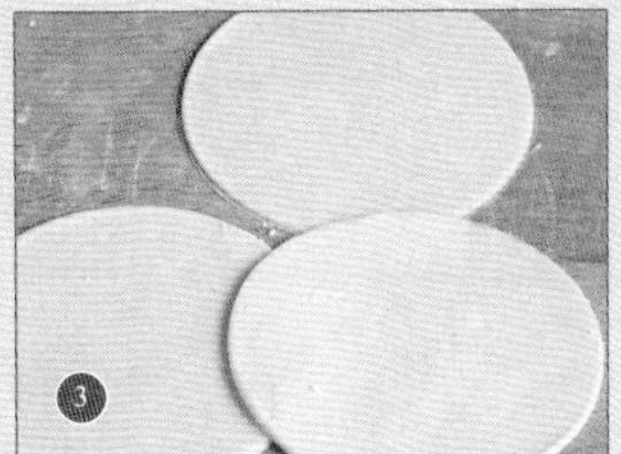

④ 将馅料搁在面皮中心，建议把馅料摆成三角形，方便包制。每份馅料约重十三克。

⑤ 左手托着面皮，右手将三条边拢在一起。

⑥ 轻轻捏紧边缘，捏作三角包子。（如果你不会做打褶包子，建议做成简单的三角包或角子包。）

⑦ 将三角包码在蒸笼中，每个之间留好空隙，不能挨着。冷水上锅，水开后蒸制十分钟。其间揭开笼盖，往包子上洒两次冷水。关火后，再洒一次水，焖五分钟。

⑧ 散热后，包子皮就会变为半透明。

水晶角儿皮

食材：
面粉 / 八十克
绿豆淀粉 / 约五十克

① 取面粉八十克。将一百克开水浇入面粉中，边倒边搅和，揉成稀面团。

② 分作三五个小团，加冷水浸泡两小时。

③ 把面团捞起来，去掉上面的白色稀糊（淀粉），只留下米黄色的面疙瘩，控干水。加入约五十克绿豆淀粉来揉面。若面团仍太湿，可酌量多加淀粉，直到和成软硬适中的面团。

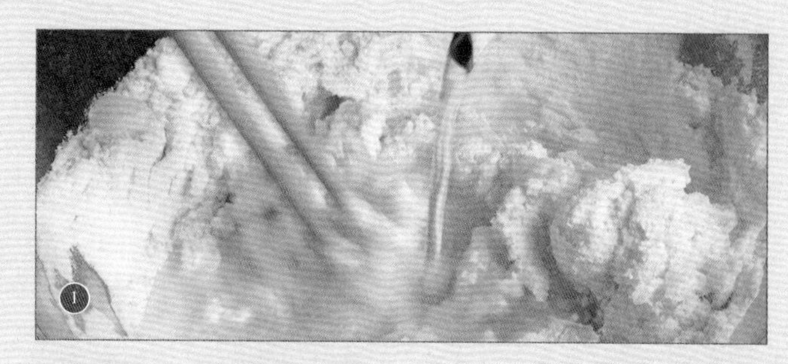

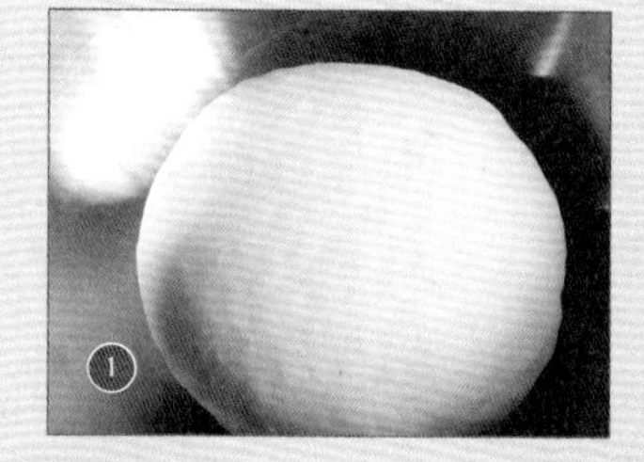

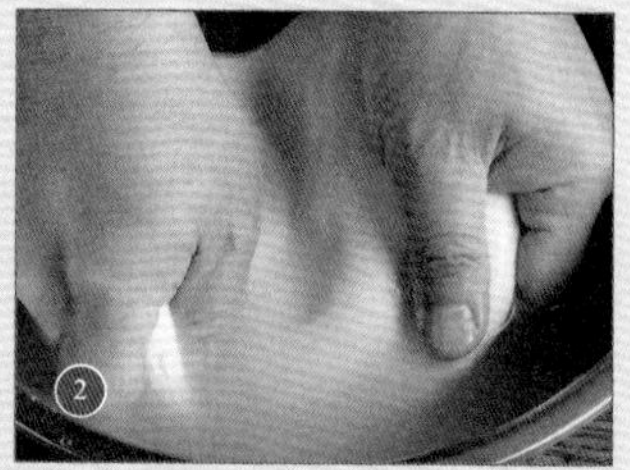

洗面筋

食材：
面粉 / 三百克
盐 / 两克
凉水 / 一百五十克

① 建议用高筋面粉，先加入盐略搅，再注入凉水和成稍软的面团。加盖醒面三十分钟。

② 盆里倒入凉水，两手轻轻揉洗面团，过程中尽量保持面团不散开。随着淀粉析出，水变成浑浊的乳白色，就换水来洗。需要更换好几次凉水，直至洗不出来淀粉为止。

③ 蒸锅烧开，放面筋团入锅，大火蒸上十五分钟。

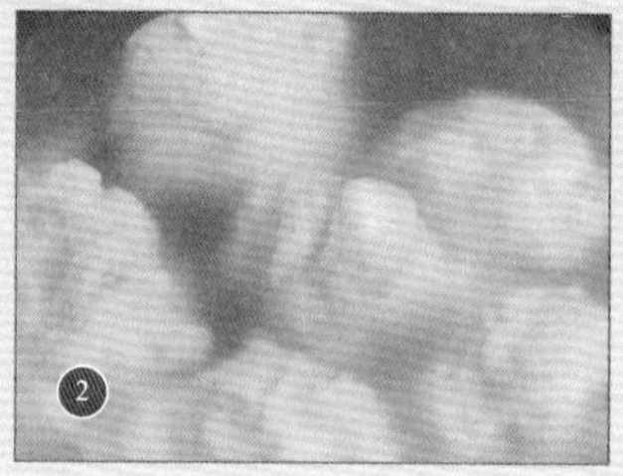

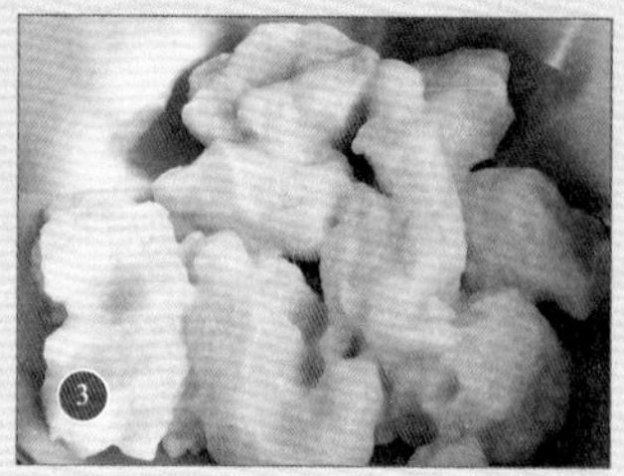

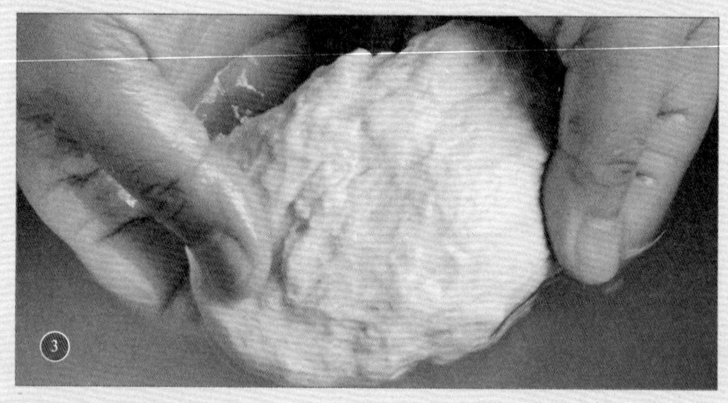

做乳饼

食材：
全脂牛奶 / 三百毫升
白醋 / 三十毫升

① 牛奶倒进小锅，加热至面上冒烟但未沸腾，关火离灶。

② 倒入白醋，搅动使之凝结。静置五分钟。

③ 用滤细网将凝固物收集起来，再用细纱布包裹成团，按压排净乳清即成。做法可看“两熟鱼”一章的乳团。此方能做出五十克乳饼。

骆驼蹄

鸭脂饼餤煎油脆

值得玩味的是，今天你在杭州包子店能买到的品种，竟然还不及八百年前的宋朝。当时的杭州人将这类面点统称为“蒸作从食”，款式很多，比如细馅大包子、水晶包儿、笋肉包儿、虾鱼包儿、江鱼包儿、蟹肉包儿、鹅鸭包儿、寿带龟、仙桃、捻尖、翦花、子母龟、子母仙桃、糖肉馒头、羊肉馒头、太学馒头、生馅馒头、笋肉馒头、鱼肉馒头、蟹肉馒头、肉酸馅等。值得注意的是，包子、馒头在宋朝都带馅，区别在于，包子的皮较薄，馒头是发面厚皮的。

馅料亦同样丰富多样，有羊肉馅、猪肉馅，也有鸡鸭鹅雁等禽类肉馅、鱼肉馅、鱼虾馅、蟹肉馅、蟹黄馅，笋肉馅（笋丁和肉丁）、麸蕈馅（面筋和蘑菇）、枣栗馅、红豆沙馅、绿豆辣馅、砂糖馅、蜜辣馅（蜜糖和姜汁）、饭馅……不一而足。据说，蔡京曾请同僚吃了一顿昂贵的蟹黄馒头，费用达一千三百余缗，虽说每只螃蟹才出那么小块蟹黄，至少十只才够包一个馒头，不过这个成本也够惊人的。在馅料之中，最让我感到意外的是用鱼虾、鸡鸭之类做馅，因为今天很少这样做，当然我们也可以从古食谱中得知，他们通过添加猪膘和羊脂来使这些馅料油润可口，味道应该不错。

至于形状，除了带皱褶的基本款包子形，有的在打褶收口时保留一个小口子，等蒸熟之后，往小口子里倒入酸奶酱汁，叫作“灌浆馒头”；有头部捏得尖起的“捻尖馒头”；有用剪刀剪出花样并染色的“剪花馒头”；有通过浸泡和添加淀粉来使皮子呈现半透明状的“水晶包子”；有专供寿筵的“寿带龟”“仙桃”“龟莲”，宋人视乌龟、桃子、莲

◒ 下图：《清明上河图》局部
北宋 张择端
北京故宫博物院藏
-
店门口矮凳上搁一蒸笼，能看到四个大包子（或馅馒头）。

① “前件料味”，指绫馅、猪肉馅所使用的盐、酱、辛香料。

② “前法肉馅”，是指前面介绍的肉馅，有羊肉绫馅、猪肉馅、鱼馅和鸡、鹅、雁、鸭诸肉馅。

鸡、鹅、雁、鸭诸肉馅等

每造十个，用鹅肉半斤煮熟肥者，猪膘一两并切如丝，羊脂切骰子块，将前件料味①拌和，包裹。

骆驼蹄

用好面，以盐泡汤，候冷搜面，揉搦成剂，擀作薄皮，用前法肉馅②放内，包裹似马蹄样式，先将猪羊脂熬油去滓，然后将包成底放油中，煎熟供之。

——南宋·陈元靓《事林广记》

◓ 上图：山西屯留宋村金代墓室壁画 庖厨图

-

厨役揭开一摞七层蒸笼的上盖，检查馒头是否蒸好了。

花为长寿的象征；还有用模具印成的荷花馒头、葵花馒头、球漏馒头，是为夏筵、喜筵等场合专用的花式点心。

所谓“面茧”，是一种似蚕茧般呈长椭圆形的厚皮馅馒头（也有薄皮包子，或用糯米粉做皮），馅用肉或素，特别之处在于，要往馅中随机置入书有官品的薄木片或纸签。若是抽取到代表高官的面茧，人们就会很高兴，认为是日后升官的吉兆，故别称“探官茧”。早在唐朝长安城，就已流行正月十五以面茧卜官位的游戏；到了宋朝，京城贵家则会在正月初七的人日造探官茧，他们在立春日亦作面茧，名为“探春茧”。除了官名，签条上还会书写古今名人警策句、吉祥祝语之类，供人占卜来年祸福。

以上种种，都是使用“蒸”法弄熟，蒸作从食店以这些面点为主打。当然，店里也会售卖一些油炸的和煎烙的面点。比如《梦粱录》和《武林旧事》都有提到的“骆驼蹄”。所谓骆驼蹄，是形似马蹄的一款油煎包。相关食方载于《事林广记》中：首先，用凉盐水来和面，擀成薄皮子，馅料不拘，用做包子馒头的肉馅就好（同书中介绍了羊肉熟馅、猪肉生馅、鱼肉馅和鸡鹅雁鸭的肉馅，都可选用），包成马蹄样式，然后用猪羊脂熬出的动物油来把它煎熟。咬一口，皮脆肉香，油脂满溢，十分美味。

食材：

馅料
鸡、鸭或鹅 / 熟肉三百克
猪膘 / 四十克
羊脂 / 四十克
橘皮粉 / 三克
茴香粉 / 一克
花椒粉 / 两克至四克
小葱 / 十根
香油 / 四十克
面酱 / 二十克

面皮制作，包裹及煎制
面粉 / 二百四十克
盐 / 两克
水 / 约一百一十五毫升（视实际情况增减）
猪膘和羊脂 / 共八十克

【制法】

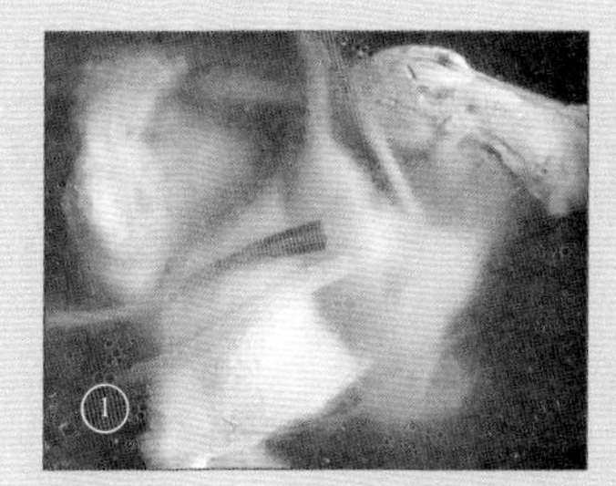

① 用鸭腿或整只鸭，治洗净入锅，加水没过，放几片姜和葱段或花椒粒，一勺料酒，开火煮沸后，再煮十分钟至十五分钟就好，至肉嫩熟无血水，但又不烂熟的状态。捞起放凉。

② 小葱去头，洗净控干水，切葱花。炒锅倒入香油烧热，下葱花爆两分钟，然后加入甜面酱，煸炒三五分钟，待酱炒得香气四溢，连油盛起放凉备用。这是一会儿拌馅用的葱酱。

③ 鸭腿脱骨，鸭皮和筋膜都仔细去净，只取净肉，称取三百克来用，将之切成碎丁。取猪肥膘和羊脂各四十克，分别切如米粒碎。（剩下的猪羊膘脂切为大丁块，留着用来熬油。）

④ 把切好的鸭肉、猪膘和羊脂一同放进大碗，加橘皮粉、花椒粉、茴香粉、葱酱，抓拌均匀，制成馅料。

⑤ 在原食谱中，此配方能做十个骆驼蹄，根据试验，成品个头像烤包子。我感觉有点儿大，且进食时容易掉馅，所以分成十八份来包制，成品小巧别致，不但容易煎透，也方便入口。

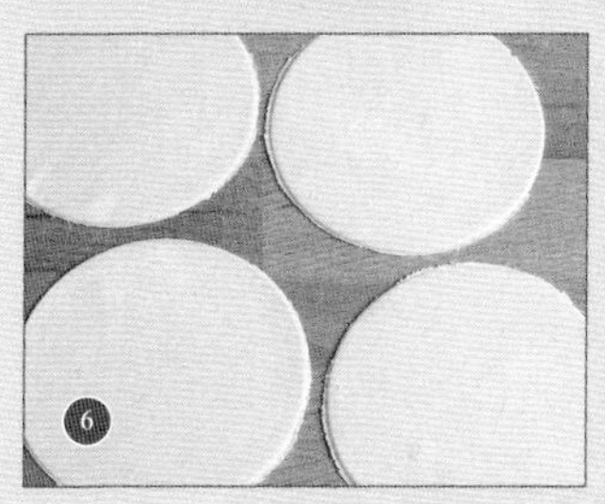

⑥ 热水加盐溶化，并放冷。用此冷盐水来和面，面团软硬适中。盖上盖子，醒面半小时。面团再次揉过，放在案板上，擀成一张薄的大面皮（比饺子皮略厚），用小碗口印取圆形面片（直径九厘米左右）。或者摘剂，将每个剂子擀成圆形片。

⑦ 在面皮中搁一份馅料，并将馅料轻轻堆成长条形。（馅料用秤分好十八份。）

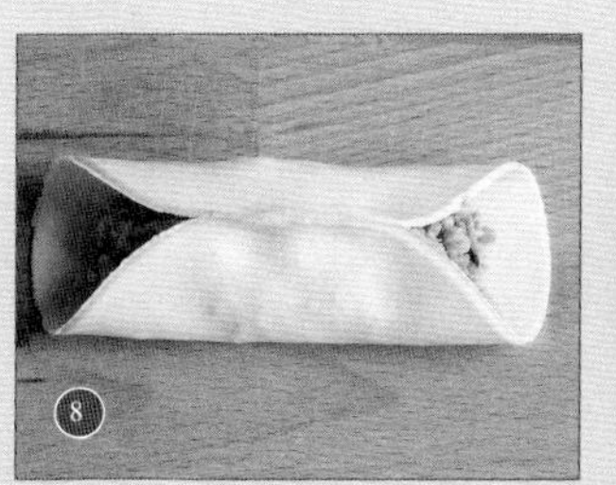

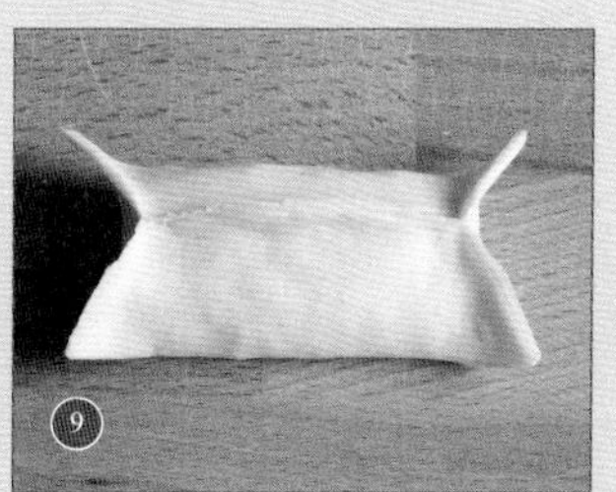

⑧ 像做锅贴那样，先把面皮中间捏在一起（为了黏合紧密，可用手指抹点水在面皮边缘）。

⑨ 两边收口捏好。由于原文所说“马蹄样

式”的包法不明，我参考锅贴的手法，设计了这个操作简单、乍一看也颇像蹄子的形状。

⑩ 把猪羊脂粒倒入平底锅里，慢火煎出动物油脂（亦可用植物油代替），去渣滓。锅里留浅浅的一层油料。

⑪ 把骆驼蹄码入锅，慢火煎，先将底部煎得黄脆。翻到侧面，煎黄。

⑫ 最后翻另一侧面。总之煎到三面都黄脆，馅内的生油脂熟透为止。

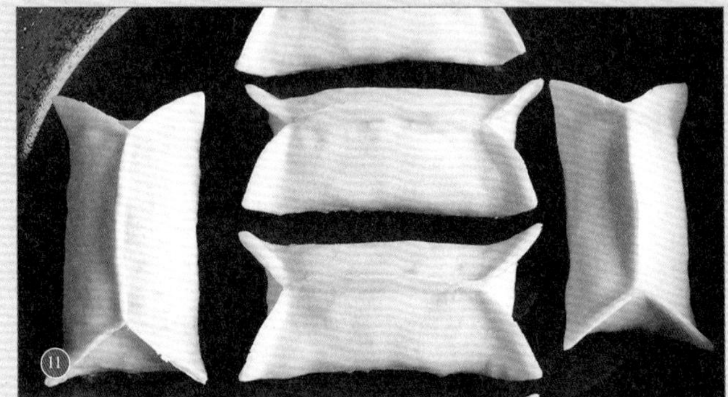

⑬ 出锅后，趁热享用。猪膘羊脂使精瘦鸭肉丁变得甘香多汁，但一点也不油腻。如果你偏好辛香浓郁的口味，建议多放点花椒粉拌馅。

附：
除了“鸡、鹅、雁、鸭诸肉馅”，《事林广记》（并参考《居家必用事类全集》）还介绍了三种馅料，都可用在骆驼蹄中。

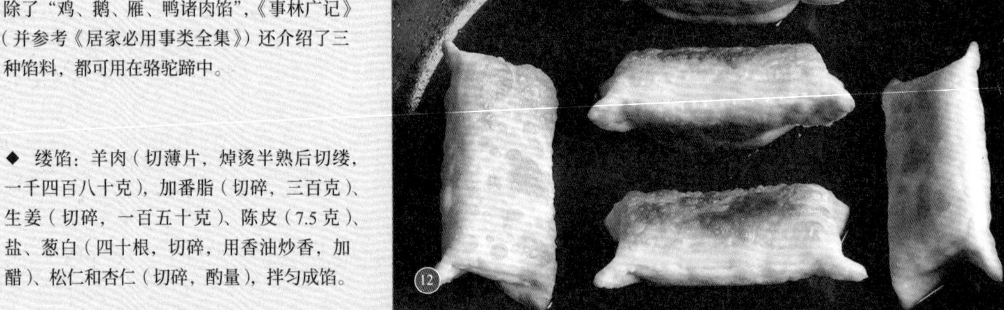

◆ 缕馅：羊肉（切薄片，焯烫半熟后切缕，一千四百八十克），加番脂（切碎，三百克）、生姜（切碎，一百五十克）、陈皮（7.5 克）、盐、葱白（四十根，切碎，用香油炒香，加醋）、松仁和杏仁（切碎，酌量），拌匀成馅。

◆ 猪肉馅：精瘦肉（切缕，六百克），羊脂（三百克），加橘皮（切碎，一个）、杏仁（二十粒）、椒末（四克）、茴香末（两克）、葱酱（锅里放香油七十五克加热，然后下酱三十八克，十根切碎的葱，同炒香，最后加醋，面芡水炒熟），拌匀成馅。

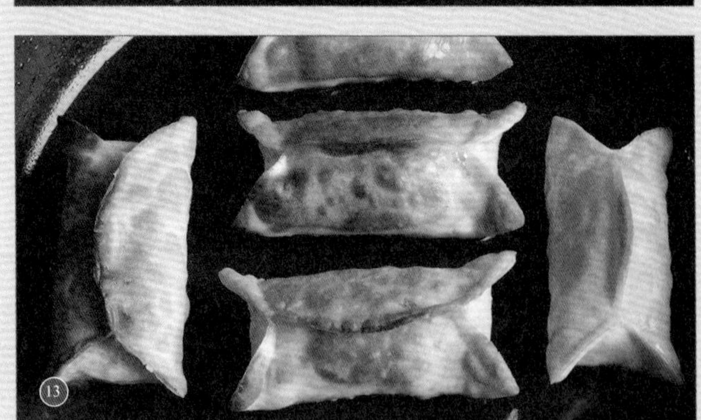

◆ 鱼肉馅：鲤鱼或鳜鱼净肉（三千克，切柳叶细片），猪膘（三百克，切柳叶细片），羊脂（三百八十克，切骰子丁），加盐酱香料如上，拌匀成馅。

冬食

山煮羊

烹羊味清鲜

在宋朝，做官有时就等于食羊肉，因为羊肉作为员工福利包含在俸禄里。所谓“食料羊”，相当于餐饮补助，主要发放给无法携带家属赴外任职的地方官员，数量多寡会根据工作地点与职务高低来决定，两只至二十只不等，差距很大。若逢喜事，还会得到额外的奖赏，如北宋大中祥符五年（1012），宰相王旦过生日，宋真宗诏赐的贺礼就包括三十只活羊，足以应付一场寿宴的羊肉菜式用量。

宫廷更是将羊肉指定为主要肉食。自开国初期，宋朝就立下“御厨止（只）用羊肉”的饮食规矩，初衷是为劝诫皇族切莫在吃喝上过于奢靡，少打山珍海错（一般比羊肉贵得多，搜罗不免劳民伤财）的主意。这种膻肥的食材很对北方人的胃口，尤其深受北宋皇室喜爱，而由于宋室南迁，南宋宫廷在沿用羊肉为主的同时，加入更多当地盛产的海鲜河鲜作为补充。御膳餐单上常见的羊肉料理会有：精羊肉细切后加香料、米饭、酒浆等拌腌的“羊肉旋鲊”，选羊肋排用明火炙烤的“炙骨头”，整腔羊抹上料汁后入坑炉里烤熟的“坑羊”，熟肉切片丝后用皮子包作卷状、再经蒸炸的“羊肉签”“羊头签”。传闻，北宋仁宗曾在某个深夜感觉饥饿难耐，突然特别想吃“烧羊头”。而在南宋隆兴元年（1163）五月三日晚，宋孝宗赐宴老臣胡铨，这次便宴，君臣享用了鼎煮羊羔、胡椒醋羊头（配珍珠粉）和炕羊（配泡饭），孝宗且对胡铨赞道“炕羊甚美”。相比起来，猪肉被视为不入流的平民食材，宫廷中猪肉的总用量仅为羊肉的百分之一，然而，作为内脏的猪腰与猪肚却出奇地受欢迎。

食羊肉是身份的象征，为了获取这个“身份”，考取功名看起来是

◒ 下图：《题王诜诗帖》
宋 苏轼
北京故宫博物院藏
-
苏轼在元祐元年（1086）九月八日给挚友王诜写的一封信件。笔法圆劲，细节精妙，本身就是一件上乘的艺术品。
苏黄米蔡：苏轼、黄庭坚、米芾、蔡襄（一说蔡京），并称“苏黄米蔡”，是后世公认的宋朝四大书法家。据记载，南宋人周必大曾花七贯钱购入苏轼的《高无雪》二帖。

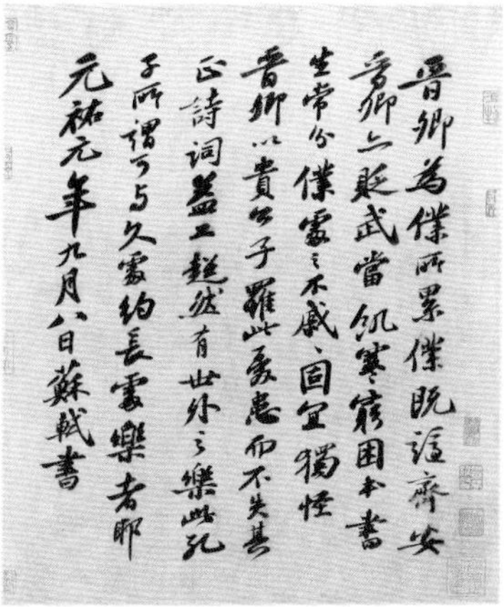

羊作脔，置砂锅内。除葱、椒外，有一秘法，只用捶真杏仁数枚，活水煮之，至骨亦糜烂。每惜此法不逢汉时，一关内侯何足道哉！

——南宋·林洪
《山家清供》

◓ 上图：《二羊图》局部
元 赵孟頫
美国弗利尔美术馆藏
-
据《宋会要》记，宋神宗某一年，宫内吃掉“羊肉四十三万四千四百六十三斤四两，羊羔儿一十九口”。为弥补不足，朝廷会从陕西或河北大量购入活羊。所吃品种，包括山羊和绵羊。
北宋开封城的食店有供应“闹厅羊”，即由食客当场挑选、割下想吃的羊肉部位，然后交给厨下，用蒸或其他手法做成佳肴。

公平又理想的途径。陆游在《老学庵笔记》中提到，在北宋官员苏轼的家乡川蜀，流传着这样一句谚语：“苏文熟，吃羊肉；苏文生，吃菜羹”。读苏轼的文章，会让人感受到其深厚的文学造诣：通今博古、立意新鲜、措辞典雅、字句节奏舒畅，不愧为殿堂级文学家，颇得时人赞赏。为了在文化界崭露头角、在科场赢取功名，过上享用羊肉的美好生活，读书人会下很大功夫去研习去模仿，愿能写出媲美苏轼之作，因为谁也不想顿顿咽菜羹。

如果说“苏文熟”是通向羊肉的一扇门，那么拥有苏轼的墨宝等于羊肉在手。典故“换羊书”的主角韩宗儒十分贪恋美食，他与苏轼时有书信往来。对书法家而言，信件也是一件墨宝，按当时收藏的行情，一件苏轼真迹能卖到几贯钱，有的甚至还能高达百贯，且非常抢手。另一主角，担任殿帅一职的姚麟，武官出身，却是狂热的苏轼书法藏家。所以，韩宗儒和姚麟愉快地达成交易——每收到一件苏轼信函，韩宗儒当即送到姚府，换出十几斤羊肉。为了吃到更多羊肉，他甚至一天内给苏轼发去多封信件，并让信差当场催促回笔，贪吃本性毕露，传为笑谈。

山煮羊，《山家清供》推荐的小众羊菜，调味清淡，意在突出羊肉的本味，颇具山林隐逸气质。羊肉切大块，码入砂锅，加泉水没过，除了去腥膻的小葱、花椒，还必须放一点杏仁（宋时流传“凡煮羊肉用杏仁或瓦片，则易烂”的烹饪诀窍），慢火炖，直至酥烂。肉块入口软烂多汁，羊肉香与杏仁香交织一处，汤底鲜度很高。

食材：

羊肉 / 一千克
小葱 / 十根
花椒 / 二十粒
杏仁 / 二十粒
盐 / 酌量

◆ 最好选羊腿肉。腿肉厚而嫩，还带一点肥脂，非常适合炖煮。

【制法】

① 羊肉切成两指宽的方块。

② 放入砂锅，加水至肉高处，放葱段、花椒、杏仁。市场上能买到瓶装矿泉水，最好不要用自来水。

③ 烧开后，撇去血沫，捻小火，加盖炖一个半小时，至羊肉软烂，关火前酌量加盐。

酥黄独

雪翻夜钵截成玉，春化寒酥剪作金

山家吃芋的方法有三，都算得上美味，是禅食的代表作。

土芝丹：个头较大的芋头，湿纸包裹，纸外涂煮酒和酒糟，以糠皮所燃的微火煨熟，趁温热剥皮大啖，勿加盐，能吃出新鲜的芋香。

土栗：拣小芋头，晒干装进瓮里储藏。待寒夜，取出小芋头放入灶膛，再覆盖一把稻草，点火，以短暂而猛烈的火力和后期草灰的余热煨熟，据说质地紧而实，香味接近栗子。

如果说土芝丹、土栗是升级版的煨芋，那么“酥黄独”可谓煮芋的进阶版。芋头煮熟剥皮，切片，撒上以研碎的香榧子、杏仁，裹上酱及面粉调好的面衣，入锅油煎。面衣在芋片表面结成酥脆的外皮，点缀粒粒甘香的果仁，里面的芋肉粉化软糯，芋香味饱满，组合成口感层次丰富的美食。后来，至少有三部明清食谱抄录了这道美味的小吃。《遵生八笺》建议不妨把芋片油炸；《养小录》提到“榛子、松子、杏仁、榧子”等果仁都可用；《调鼎集》有一道菜名为“炸熟芋片”：用杏仁、榧仁研末和面，加甜酱，拖片油炸，显然就是酥黄独的翻版。

文士对芋头有着特别的情怀，这很大程度上受掌故“煨芋谈禅”所陶染。在禅僧辈出的唐朝，名僧的个人履历里，往往能找到几件为之增色的传奇事迹。典型例子有鸟窠禅师，他栖居于杭州秦望山峻峭处探出的一株巨松上，常年在枝叶密实处打坐修行，与一旁筑巢的鹊鸟共处，故而又称“鹊巢和尚”。还有懒残禅师，因懒惰，只食僧人钵头里的残羹剩饭充饥，原本很普通的法号“明瓒”，被彰显个性的“懒残”替代，煨芋谈禅的始创者就是他。

◒下图：《八高僧图》局部
南宋 梁楷
上海博物馆藏

-

取自鸟窠禅师与白居易谈禅的掌故。白居易：“禅师的住处甚危险。”鸟窠：“太守身处的名利场更是险象环生。”

雪夜，芋正熟，有仇芋曰：『从简，载酒来扣门。』就供之，乃曰：『煮芋有数法，独酥黄独世罕得之。』熟芋截片，研榧子、杏仁，和酱拖面煎之，且白侈为甚妙。诗云：『雪翻夜钵截成玉，春化寒酥剪作金。』

——南宋·林洪《山家清供》

◓ 上图：《雪堂客话图页》局部
南宋 夏圭
北京故宫博物院藏
-
寒冬雪夜是烤火煨芋的理想时光。一般情况下，燃料首选糠皮和稻草，但有的富豪会用奢侈得多的上等好炭，烤之前还会在芋头外皮涂上名贵的龙脑香，这就脱离了体验禅寂的初衷。

据说，懒残禅师在煨芋期间处理了两件重要事务。一是给李泌预言官运：当朝官员李泌由于政派斗争，数度被迫辞官退隐。一次，在遭受中书令崔圆与宠臣李辅国的联手压迫后，他再次挂冠求去，避走湖南衡山。这里僧院聚集，是著名的佛教圣地，李泌无意中被衡山寺的杂役僧懒残的非凡举止吸引，于是夜半登门拜会，希望求得指引。这是一段反常的会面，尽管李泌异常恭敬，但正兀自靠在干牛粪火堆旁烤芋的懒残僧，却对这位慕名者破口大骂，气氛一度紧张而尴尬。待到芋熟，懒残从火灰扒出一个芋，吃了半个，另一半递给李泌，神秘地说："慎勿多言，领取十年宰相。"故事的结局，李泌果然当了十年宰相。

二是拒绝皇帝的召见：懒残仍是在干牛粪火旁，因过于专注拨寻火灰中的熟芋，毫不理会奉德宗皇帝之命前来的使者，也对滴垂到胸前的长鼻涕置之不顾，场面滑稽。使者笑劝，赶紧拭净清涕随他入宫面圣。懒残僧漠然回应，我哪有工夫为俗人拭涕！这般情景，套用偈诗"深夜一炉火，浑家团圞坐。煨得芋头熟，天子不如我"形容，最贴切不过。

这两个掌故的编造痕迹非常明显，却在文士界广为传颂，其意义在于塑造一个淡泊、超脱的禅僧形象。因为在唐宋，与知名禅僧结交是时髦又高雅的事，唐朝的王维、白居易，宋朝的苏轼、黄庭坚（类似名单可以列上一长串）都至少与一两位高僧保持紧密联系。长期浮沉官场导致他们神经敏感而脆弱，需要定期将内心的迷茫困惑、工作中遭受的压力挫折，与相当于精神导师角色的禅僧分享，以获取指引，得到慰藉。

食材：

芋头 / 四只
香榧子 / 二十粒（约二十克）
甜杏仁 / 二十克
面粉 / 六十克
豆酱或面酱 / 两勺（二十毫升）
盐 / 少许
油 / 油煎的量

【制法】

① 香榧子剥去外壳，将果仁上的黑衣搓净。取等份香榧子和甜杏仁，分别在研钵里捣碎。不要全捣成粉末，最好保留一些大颗粒，口感会更为丰富。

② 芋头洗净泥沙，放入锅中，加水没过。煮开后，捻中火煮至熟，亦可放入蒸锅蒸熟。（蒸煮时间，视芋头的个头而定。不要过于软烂，刚熟就好。）

③ 散热后，剥去芋头的外皮。

④ 将芋头切成约六毫米厚的片状。

⑤ 杏仁、香榧子、面粉放入大碗，加适量水，拌成酸奶状的稠面糊，再加酱搅匀。若感觉不够咸，可加少许盐。

⑥ 芋片在面糊里滚过。

⑦ 注意使芋片表面都沾上薄面衣。同时将铁锅烧热，多倒点油，沾好面衣立即入锅煎制。

⑧ 油煎过程中，火要慢，待一面煎出硬壳，再翻面。出锅最好趁热吃，放凉就不脆了。

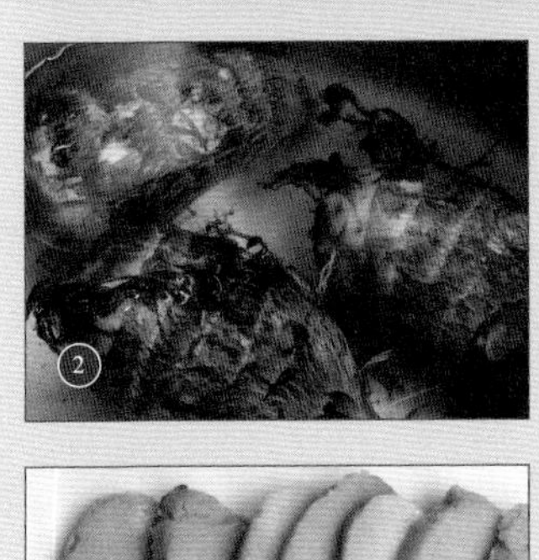

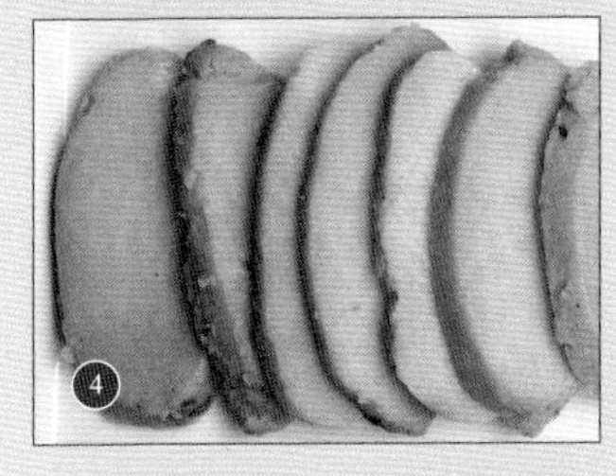

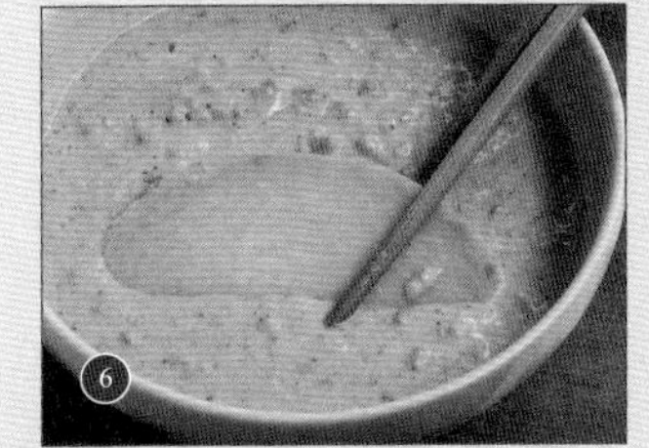

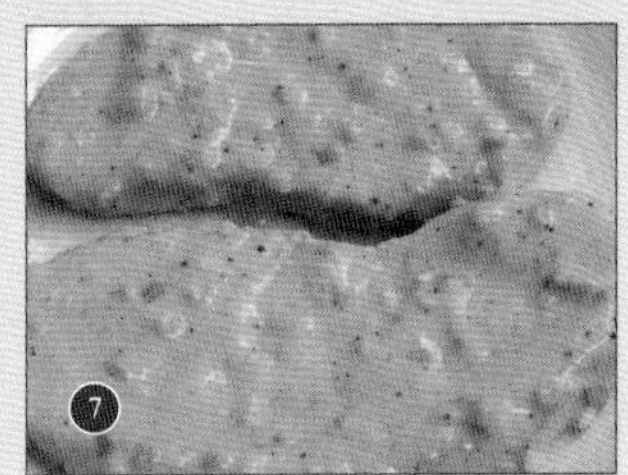

盏蒸羊

绿醅量盏蒸羊软

蒸羊肉在宋朝一度相当流行。

盏蒸羊、烂蒸大片、蒸软羊、酒蒸羊、五味杏酪羊，都属蒸羊行列。盏蒸羊（碗蒸羊），是将带肥膘的嫩羊肉切片，粗蒸碗里码好，用碎葱一撮、姜三片、干姜末少许、半盏酒及醋，酌量加酱与盐调味，湿麻纸密封碗口以阻隔蒸汽落入，微火焖软。蒸羊对火候的讲究，也能从菜名“烂蒸大片”“蒸软羊”中看出，强调最终口感的又软又烂。所谓“酒蒸羊”，则须倒入较多酒水做蒸料，会带浓郁的酒香。

苏轼所嗜“烂蒸同州羊羔，灌以杏酪”，即为“杏酪羊”，要在刚出锅正冒着热气的肥嫩羊羔肉上，淋一盏杏酪——杏仁像磨豆腐那样带水磨浆，滤去渣，再经煎煮至浓稠——这使羊肉上带有一股迷人的果仁甘香。当时的人还喜欢在蒸鹅上浇以杏酪，名为“五味杏酪鹅”。五味，意思是加了酱和香料调足味。

纵观杭州城中的羊肉专卖店，“职家羊饭”这类店的性质是侧重吃饭，但会兼卖一些酒水；而“肥羊酒店”（如丰豫门归家、省马院前莫家、后市街口施家、马婆巷双羊店）主打自酿特色好酒，搭配软羊、大骨、龟背、烂蒸大片、羊杂熓四软、羊撺四件等为下酒菜；此外，还有可打包带走类似熟食店的熟羊肉铺。在综合性餐厅里也有不少羊肉菜式，除了诸式蒸羊，还有鼎锅炖煮的“鼎煮羊”，批薄片加姜葱醋香料拌了生吃的“细抹羊生脍”，用羊头肉仿制鳖鱼的“羊头元鱼”，入炉烤制的“炕羊”，经蒸炸或烘晒的肉脯“千里羊”等。羊杂亦颇受欢迎，关于羊肚的菜式就有三色肚丝羹、银丝肚、肚丝签。

◒ 下图：《清明上河图》局部
北宋 张择端
北京故宫博物院藏

门口左侧挑出一根木杆，上挂一面布幌子，写着“孙羊店”，店主姓孙，主卖羊肉菜，应属于肥羊酒店。
门口挂“正店”招牌，表明这是有实力自酿自售的星级酒楼。门前用长条枋木扎起高耸的彩棚，繁复壮观，二楼以上分割出私密的包间，适合招待贵客。这类高级酒楼的餐具很精美，通常由白银打制，仅两人对饮的酒桌上也会摆一副温酒的注碗、两套酒盏、果碟菜碟共十只，水菜碗三五只，整套银质器具约重数十斤。

肥嫩者，每斤切作片。粗碗一只，先盛少水，下肉。用碎葱一撮、姜三片、盐一撮，湿纸封碗面，于沸上火炙数沸。入酒、醋半盏，酱、干姜末少许，再封碗慢火养，候软，供。砂铫亦可。

——元·佚名《居家必用事类全集》

◓ 上图:《清明上河图》局部
北宋 张择端
北京故宫博物院藏

-

紧挨孙羊店的羊肉铺。铺面挂一竖牌，上书“斤六十足”，即每斤羊肉的价格是六十文钱。一人正在肉案前剁切肉块。

值得一提的是，在南宋初建时期，杭州城中的羊肉店大多由开封人经营。他们原本就在开封做羊菜生意（如薛家羊饭），北宋灭亡后跟随宋室南渡，在这个新的都城中开店扎根，除了引入北食羊馔，就连装潢也继续沿用开封模式，在当地引领风潮。

羊肉还作为一味原料参与造酒，酿出的就是风靡两宋的羊酒。

酿一份北宋酒类专著《北山酒经》里介绍的“白羊酒”，除糯米与酒曲，另需含肥膘十斤的连骨嫩羯羊肉三十斤。羊肉加六斗水，入锅炖烂后去骨。撕碎的肉块、肉汤与糯米搅和，蒸成酒饭，拌入酒曲发酵，酿造时间和大酒同步，都是冬腊酿夏初出，酒精浓度估计接近黄酒。相比起来，《事林广记》中提到的“羊羔酒”，配料比白羊酒多出杏仁和木香，且发酵程度很轻，只酿十日即熟，更像甜酒酿。

宋人表示，羊酒的最大亮点是入喉甘滑。想象在“黄酒”“甜酒酿”的基础上，羊肉不仅带来膻香，还使酒水浓稠度变高，未过滤的酒面会浮着一层油花及羊脂。在开封曲院街南那家前带楼阁后带台榭的高级酒楼“遇仙正店”里，一角（四升）银瓶酒售价七十二文，而羊羔酒则售价八十一文钱。由于肉的加入拉高了成本，这个价位算是在中上水平。

羊酒常被朝廷用作宴饮与赏赐，给官员发放的福利也包括羊酒。在仁宗一朝，一斤贡团茶、两瓶白羊酒是每年的赏赐惯例。

肉酒在今天还能喝到，比如广东佛山和陆丰的猪肉酒。但是，猪肉酒在加肉环节上与上述两种羊酒不同，是在现成米酒里加熟肥猪肉浸酝。浸过的酒亦带肥厚感，陆丰人视猪肉酒为祭祀妈祖最好的酒。

食材及工具：

带肥羊腿肉 / 一斤（五百克）
葱 / 三根
姜 / 三片
干姜 / 一小块（制成碎末）
黄豆酱 / 一匙
黄酒 / 半杯（约一百毫升）
醋 / 半杯
盐 / 酌量
食品级粗纸 / 两张

◆ 想要蒸羊肉不柴，最好选带肥的羊腿肉。腿肉本身肉质嫩，蒸过的肥肉入口软化，能起到调节软度、添加脂香的作用。

【制法】

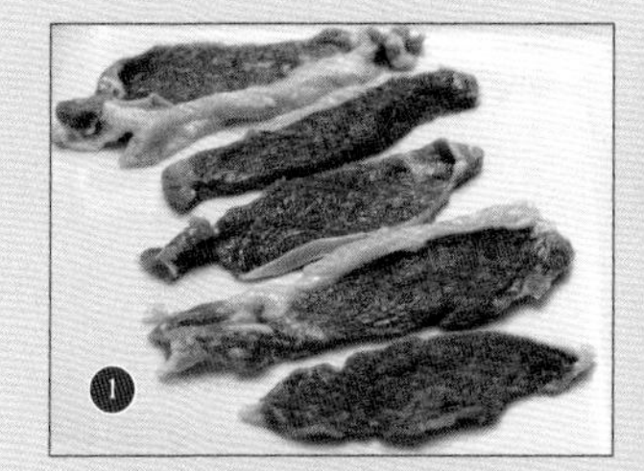

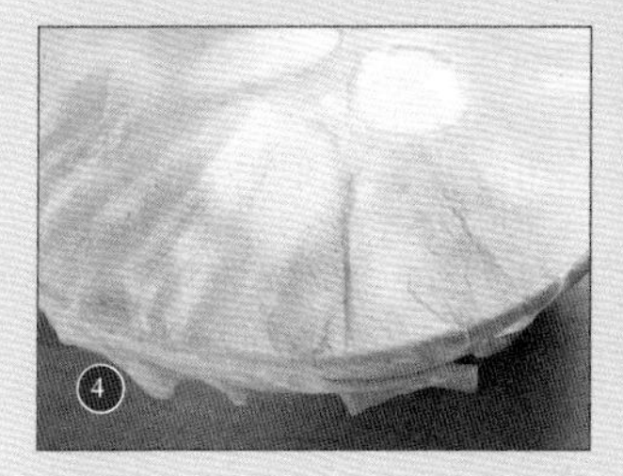

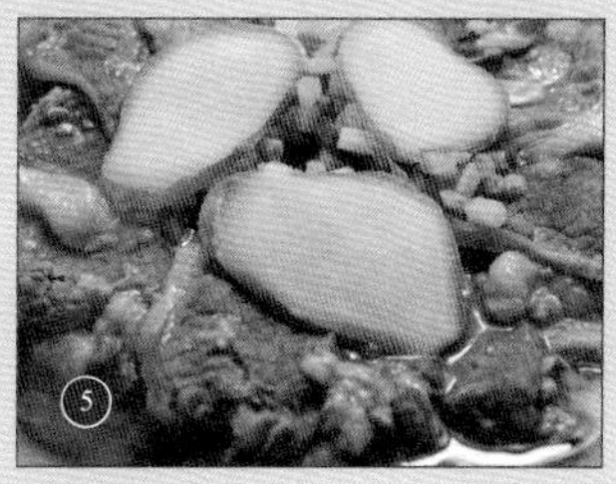

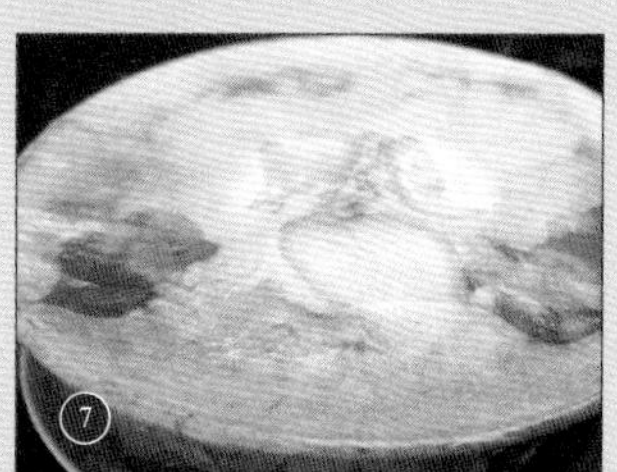

① 羊肉冲洗一下，抹干水。切成约八厘米长、二三厘米宽的片状。

② 粗陶碗里加两匙水，羊肉片依顺序逐片码入粗陶碗内，码成花形。

③ 葱切粒，姜切厚片。在羊肉上撒葱粒一撮、姜三片和盐适量。

④ 食品级粗纸打湿，蒙住碗口，纸粘在碗壁封好。

⑤ 蒸锅烧开后，放入蒸碗，蒸两分钟。

⑥ 拿出蒸碗，揭开纸，见羊肉已微白，倒掉渗出的汁水。倒入酒、醋各半杯，放豆酱一匙、干姜末少许。

⑦ 拿出新纸再次打湿，蒙好碗口。

⑧ 将羊肉放入蒸笼中，文火蒸两小时以上。取出，揭开纸，夹去姜片，撒一撮葱上桌。

◆ 从北魏到元朝的蒸羊配方三张

1. 北魏 贾思勰《齐民要术》蒸羊法：
缕切羊肉一斤，豉汁和之，葱白一升着上，合蒸。熟，出，可食之。

2. 南宋至元 陈元靓《事林广记》女真蒸羊眉罕：
用连皮去毛羊一口，去头、蹄、肚，打作八段。葱、椒、地椒、陈皮、盐、酱、酒、醋，加桂、胡椒、红豆、良姜、杏仁为细末，入酒、醋调和匀，浇在肉上，淹浸一时许。入空锅内，柴棒架起，盆合泥封。发火，火不得太紧，斟酌时分取出。食之，碗内另供元汁。

3. 元 忽思慧《饮膳正要》盏蒸：
补中益气。捋羊背皮或羊肉（三脚子，卸成事件）、草果（五个）、良姜（二钱）、陈皮（二钱，去白）、小椒（二钱）。上件，用杏泥一斤，松黄二合，生姜汁二合，同炒葱、盐、五味调匀，入盏内蒸，令软熟，对经卷儿食之。

金玉羹

山栗薯蓣比金玉

以珠玉、宝贝、雄黄和朱砂的煎汁煮羹，“每食一杯羹”付出的代价是三万钱。虽说贵得离谱，但每付羹料只会重复利用三次就倒掉，口味估计相当古怪难吃。传闻，这是唐朝宰相李德裕为求长生不死而服食的药方：珠玉羹。

在很长一段历史中，玉石矿物被上流人士视为养生食品，名单中有：蓝田玉、云母、石钟乳、紫石英、赤石脂、雄黄、雌黄、石硫黄、曾青、白礜、磁石等。早期服食方法比较简单，石料磨成粉屑后，可直接吞服、搓药丸吃、用水酒浸泡喝下或经煎煮溶为浆水来饮。魏晋士林热衷服食的五石散就是矿物类制剂，因砷超标，会引起皮肤瘙痒、狂躁易怒等症状，甚至使人中毒身亡。到唐朝，制作工序更复杂的道家炼丹术成为主流。上流社会争相安炉置鼎，按配比混合各种矿物，用加热烧炼法使之发生有趣的氧化还原反应，生成新的物质。比如汞的硫化矿物“丹砂”，在受热后能提炼出液状水银，炼丹过程仿佛化学实验。但是，大多数唐人并没意识到丹药的危害，致命的重金属汞、铅、砷，往往包含在丹砂、雄黄、铅砂、硫黄等最基本的炼丹元素里，这就很容易理解为何暴毙事件屡见不鲜。据说整个唐朝，包括唐太宗李世民在内，共有五位皇帝死于金丹。

经过晋唐的惨痛教训，金石服食逐渐被人冷落，安全得多的草木食疗在宋朝更受关注。由于“药食同源”的理念盛行，某些中药材以日常饮食的形式频繁出现在餐桌上。《山家清供》便收录了二十来种这类文人养生膳食，诸如地黄馎饦（地黄汁和面做面片）、栝蒌粉（栝蒌根淀

◒ 下图：《高逸图》局部
唐 孙位
上海博物馆藏

-

魏晋风度的代表，竹林七贤中的阮籍嗜酒如命，而嵇康则钟爱服食“五石散”。鲁迅猜测配方中的“五石”分别是：石钟乳、紫石英、白石英、石硫黄、赤石脂。

山药与栗各片截，以羊汁加料煮，名『金玉羹』。

——南宋·林洪《山家清供》

◓ 上图：中药石钟乳

粉为粉食）、金饭（用黄菊瓣焖饭）、苍耳饭（苍耳子加米粉为糗）、神仙富贵饼（白术粉、石菖蒲粉、山药粉和面粉，加白蜜做饼）……此外还有“松黄饼”，在松黄粉里拌入熟蜜和成小饼，这种从松树上采集的淡黄色花粉具有特殊清香，人们相信久服能固颜益智；而黄精经九蒸九曝之后口感又糯又甜，将之捣如饴糖，可捏做果食“黄精果”，又或者将黄精制煎如软膏，掺炒黑豆粉与黄米粉，捏成二寸大的饼子，便是待客佳品，“客至可供二枚”。

反过来看，人们认为许多蔬果也具有很好的调治作用，擅于利用的话，可在每日进餐的同时达到延年益寿的目的。富含油脂与蛋白质的“仙家食物”松子、核桃、芝麻，淀粉充足的芋头、山药、栗子、百合，园圃里常种的瓠瓜、萝卜、生姜，山里采的木耳与蘑菇，地里挖的野菜，都是宋人养生食材名单中的成员。

◆《山家清供》还介绍了一种很有趣的烤栗，名为“雷公栗”。一个栗子蘸油，一个栗子蘸水，都放进铁铫子里，上面用四十七个栗子覆盖住，再盖上铫盖。随后将铫子放到炭火上烤，待发出一阵噼啪如雷的爆裂声后，栗子就烤熟了。由于担心随栗壳爆裂而带出的火星会将毛毡引燃，每当寒夜围炉读书困倦，想要煨栗时，林洪都会将此念头压下。后来，好友向林洪推荐了上述烤栗法，不但安全易行，且比沙炒的栗子还要美味。

山药含大量淀粉、粗蛋白质、粗纤维与氨基酸，宋人认为它易于消化，是调脾胃补虚羸的食疗圣品。相关烹调方法有这几种：可切块加水煮山药羹，假如再加些白菜、芋头、萝卜同煮得软烂，就会得到陆游爱吃的甜羹；也可清水煮熟后蘸盐或蜜享用，还能将之焙干后磨成粉来制作玉延索饼（山药汤面）。在《山家清供》中名为“金玉羹”的养生菜，用栗子片与山药片搭配出金玉色泽，带来视觉上的美感，煮羹所用的清水由羊肉汤代替，使蔬食含有油脂香，更加美味。

食材：

栗子 / 一百五十克
山药 / 一段（与栗肉等份）
羊肉汤 / 一大碗
盐 / 酌量

◆ 栗子：有一面是平底的称为板栗，整只呈圆锥形的称为锥栗，不拘选哪种。

◆ 山药：山药有圆有扁有粗有细，口感也从脆口到软糯不等。水山药属脆口，适合清炒，铁棍山药属软糯，宜煲汤。此处要选软糯的山药。

◆ 羊肉汤：事先用一块带骨羊肉加清水、姜葱料，熬两小时，滤出清汤备用。

【制法】

① 山药削去皮，斜刀切成约五毫米厚的片。

② 生栗子剥壳，用沸水泡五分钟，捞起后泡在凉水中，能很容易撕去栗衣。切片。

③ 山药片和栗子片放入砂锅，加羊肉汤没过，煮开后捻中小火，煮约八分钟。注意火候，使汤汁不多不少呈现滑滑浓浓的羹状，而山药、栗子仍保持完整造型（不要煮烂了），入口软糯适度。出锅前酌情加盐调味。

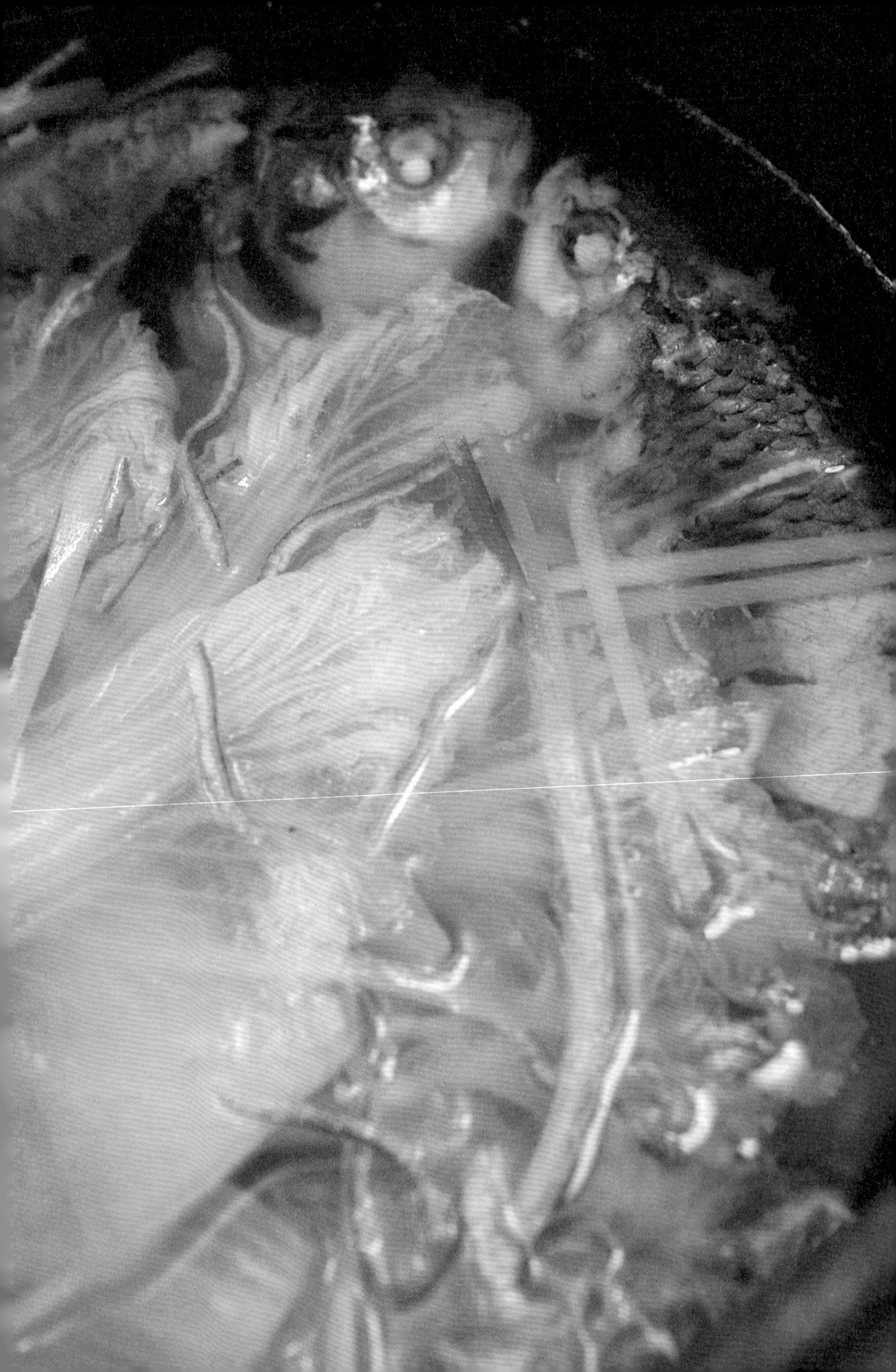

煮鱼

清鲜自珍，超然有高韵

煮鱼，是北宋文豪苏轼确凿吃过的一道菜。他在《煮鱼法》开篇第一句便说道："子瞻在黄州，好自煮鱼。"接着，他熟稔地描述了整个煮制过程：选鲜鲫鱼或者鲤鱼，治净斩块，同冷水入砂锅，烧滚；第二步，放入白菜心和葱白几根，半熟后，倒入由鲜榨白萝卜汁、酒水及一撮姜丝混合的秘制调料；临出锅，撒上橘皮丝，其间谨记勿翻搅，否则会搅碎鱼肉。

用鲜字形容这道煮鱼最贴切，清淡的调味料并没有掩盖鱼的原味，而压低鱼腥的办法是用生姜、白萝卜汁、酒水三管齐下，鲜嫩的白菜心也为这锅汤增添清甜感。出来的汤汁是通透而清亮的淡黄色，只漂着几星油花，可以连肉带汤吃得一干二净。

勾留黄州那四年又两个月，是苏轼最常吃煮鱼的时候。原因不难理解，作为长江沿岸小镇，黄州鱼虾产量大且很便宜。而这时因"乌台诗案"被贬黜至黄州的苏轼，接任俸禄很低的闲职团练副使，手头拮据，买不起贵价食材。另外，他发现黄州猪肉也价廉物美，便也时常买上一块，炖烂来吃。

黄州无疑是苏轼人生中的重大转折地。曾获两朝皇帝赏识，而现在却作为罪臣被下放到穷苦之地，苏轼对仕途跌宕感到无奈，苦闷与豁达两种情绪时常反复交替。总之，这段焦灼的经历极大影响了苏轼对人生意义的认知，使他一度潜心投入佛道，试图让内心获得平静，面对困难更懂得随遇而安。

苏轼最知名的别号"苏东坡"亦诞生在黄州。到黄州一年后，苏轼

◒ 下图：《赤壁赋图》局部
南宋 李嵩
纳尔逊-阿特金斯艺术博物馆藏
-
月夜游赤壁矶（非赤壁之战原址），是苏轼在黄州时期很惬意的一项娱乐活动。与友携手，载酒泛舟，吟诗对句，在磅礴而孤寂的江上追思古人，激发了浪漫主义色彩之作《赤壁赋》与《后赤壁赋》的诞生。

子瞻在黄州，好自煮鱼。其法：以鲜鲫鱼或鲤治斫，冷水下，入盐如常法，以菘菜心芼之，仍入浑葱白数茎，不得搅。半熟，入生姜、萝卜汁及酒各少许，三物相等，调匀乃下。临熟，入橘皮线，乃食之。其珍食者自知，不尽谈也。

——北宋·苏轼《煮鱼法》

◓ 上图:《野蔬草虫图》
南宋 许迪
台北故宫博物院藏

地上有一株白梗绿叶的小白菜。据《梦粱录》载，南宋杭州所产白菜，有大白头、小白头、夏菘和黄芽。黄芽的育法似韭黄，冬至，拿大把干草将巨菜覆盖起来，由于缺乏光照，新抽发长成的菜叶黄白纤莹，故名。

◆ 鲫鱼：煮鱼是否好吃，全看食材的品质。菜市场基本被杂交或引进的养殖鲫鱼占据，这种鲫鱼个头较大，身形也阔，鱼鳞看起来黑黑的，但吃起来肉质很柴，土腥味比较重，适合油煎和红烧。而在鱼塘或江河捕捞的本土小鲫鱼，个头小一号，整体鱼鳞偏白，鱼肉细滑鲜嫩，更适合清蒸或煮汤。

就遇到生活上的困难，旧友马正卿帮他申请了城东山坡上一块约十亩的官用营地，让他可以自耕补贴家用。可这块地因荒废已久，遍地是荆棘和瓦砾。为开垦农场，苏轼费很大周章除草、犁土，然后播植了各种蔬菜、数十畦果树、百余棵黄桑，还有一大片水稻与大麦。过程非常辛苦，皮肤也晒得黝黑，然而劳作带来了简单的满足感，劳动所得也解决了财务问题，加上体验陶渊明式的田园生活让人得到心灵的慰藉，所以，苏轼以耕地为灵感，自称“东坡居士”。

第二年，耕地旁筑起的“雪堂”——房屋在大雪中完工，室内墙壁绘上一幅寒林渔隐雪景——给苏轼带来不少快乐。拥有人格魅力与文坛光环的苏轼人缘极好，喜欢结交各路朋友。在相当于会客厅的雪堂里，他接待过以“米点山水”与书法闻名的年轻人米芾、被贴以惧内标签的陈季常（“河东狮吼”故事的男主角）、热衷探讨偈诗的禅僧参寥，以及一同携手夜游“赤壁”的道人杨世昌。他们总是饮酒畅谈，遇上好兴致，苏轼还会亲自下厨，说不定上面提及的某人就曾尝过他煮的鱼羹。

离开黄州五年后，苏轼到富庶的浙江出任杭州太守，境遇已大为改观。有段时间吃腻了大油大荤，他坦言无比怀念黄州煮鱼，当即洗手剖鱼煮了一份。好友仲天贶、王元直、秦少章品尝后，给出“超然有高韵，非世俗庖人所能仿佛”的一致好评——这简直是表面赞美厨艺实则褒扬人品的典范。

食材：

小鲫鱼 / 三条
（每条约一百五十克）
白菜 / 一棵
白萝卜 / 一段（约五厘米厚）
生姜 / 两片
小葱 / 五根
橘皮 / 一片
黄酒 / 一匙
盐 / 酌量

◆ 菘菜：宋人所说的“菘”，是指白菜，即散叶大白菜或小白菜。而今天常见的结球形大白菜，大约要到明清时期才被逐步培育出来。这里要用菘菜心，不拘选哪种，只要是鲜嫩的就好。

【制法】

① 大白菜剥去外叶，只取用腕口粗的菜心，剥开清洗，控干水，横切三段。白萝卜削皮，切成蓉，用干净纱布包裹，挤压出萝卜汁。小葱洗净，将葱叶去掉。生姜去皮切丝，橘皮剪成细丝。

② 鲫鱼刮去鳞，除去鱼鳃和内脏，鱼腹内的黑膜也要搓净，再冲洗控水。鱼身横划五刀，放入砂锅，倒两大碗水，水要刚没过鱼身。若鱼较大，可切成数段来煮。

③ 大火烧开，捻中火，放入白菜、葱段，继续煮，其间不要搅动。

④ 煮约五分钟，至鱼嫩熟。将姜丝、萝卜汁、黄酒混合后，倒入锅中，再煮两三分钟，关火前，加盐、撒上橘皮丝。

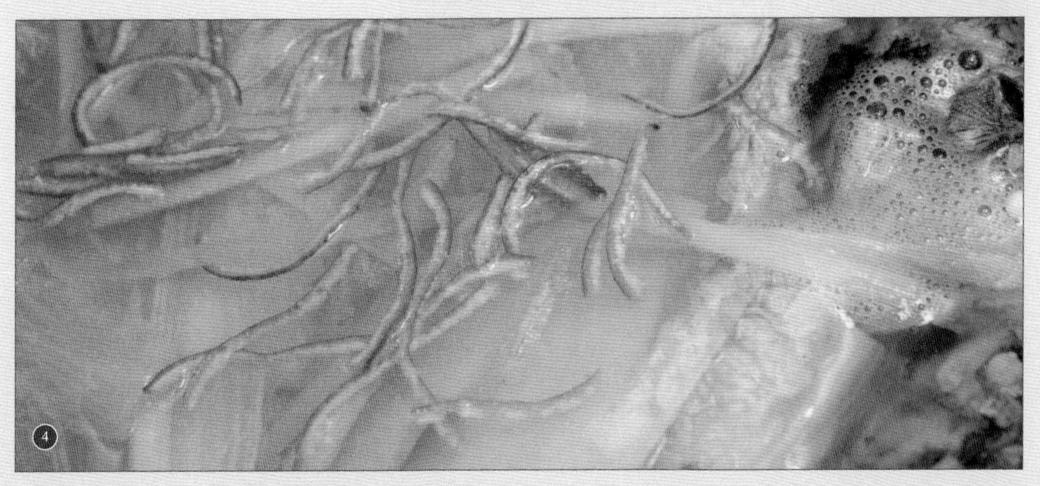

东坡脯

捶鱼作脯坡不识

将鱼条经轻渍、裹香料豆粉衣，再轻手捶打成薄鱼片、揩麻油，然后晒干为鱼脯，名为“东坡脯”。当时的人制治此类肉脯是为耐存。食用时，通常将之蒸熟或加以油煎。和煮鱼相反，东坡脯出自苏轼创意一说缺乏真凭实据，不但从未被苏轼本人提及，且首现于南宋食谱，猜测是后人附会而作。作为饮食界的理想代言人，归入苏轼名下的菜肴还有东坡肉、东坡豆腐。不过现代餐桌上的“东坡肉”，十有八九是加酱酒焖得酥烂的五花方肉，很难说究竟有多正宗。

在《鸡肋编》中还有件苏轼为美食代言的逸事。被贬海南岛儋州期间，以卖馓子为业的邻居老妪见苏轼学识过人，便多次向他求诗文，后来，苏轼戏作“纤手搓来玉色匀，碧油煎出嫩黄深。夜来春睡知轻重，压匾佳人缠臂金”[①]奉送。这首文辞优美的咏物诗，将馓子的制作要点和口感描述得很生动——白面条搓得匀细，油锅里炸成金黄，好似臂膀上的金臂钏，酥脆得一压就碎。

在人口过百万的开封与杭州，店铺鳞次栉比，商贩在熙熙攘攘的马路边也支起摊位，从吃的干鲜果蔬、鸡鸭鱼肉、面饼糕糍、茶酒酱醋，到用的炉铫炭薪、锅盘碗盏、壶勺匙箸，穿的袍袄衫裙、巾帽簪环、裤带鞋袜，玩的书籍字画、香袋花扇、珠宝玉石，应有尽有。货物来自五湖四海，明州的鱼鲞、福州的漆器，从海外进口的香料、玻璃杯、椰枣、彩色宝石也能买到，此外还有儿童戏剧糖果与各色刀枪小玩具，最让人意想不到的是，竟然有宠物专用的狗食、猫鱼，真实景象比《清明上河图》描绘得更热闹。

◒ 下图：《清明上河图》局部
北宋 张择端
北京故宫博物院藏

店面招牌是最基本的广告元素，左下角“刘家上色沉檀拣香”，可见是一家沉香檀香专卖店，店主姓刘；右上角“锦帛铺”，猜测主营各色丝织布料；右下角“孙羊店”，许是孙姓人经营的高级羊肉酒店。

① 庄绰《鸡肋编·馓子》中记载的诗文与《寒具乃捻头出刘禹锡佳话》略有出入，此处为《鸡肋编》版本。

鱼取肉，切作横条，盐、醋淹片时，粗纸渗干。先以香料同豆粉拌匀，却将鱼用粉为衣，轻手捶开，麻油揩过，晒煎。

——南宋·陈元靓《事林广记》

由于存在消防隐患，市民并不常在狭窄的木结构家中开火做饭，下馆子成为常态，这促使饮食业空前繁盛，竞争激烈。商业的兴盛使宋人萌发品牌意识，而某些店铺还会花大心思来招徕客人，如绍兴年间，卖雪泡“梅花酒”的店肆会请乐人现场奏《梅花引》曲破，并用银盂、勺、盏子等酒器营造氛围，吸引顾客进店购买这种夏日消暑饮料。在遍地开花的食铺中脱颖而出，晋身杭州城“金漆招牌”行列的，有戈家蜜枣儿、官巷口的光家羹、寿慈宫前熟肉、钱塘门外宋五嫂鱼羹、涌金门灌肺和中瓦前职家羊饭等。

一般来说，味道才是食店的制胜因素，但例如宋五嫂鱼羹，爆红的原因显然要归功于高宗赵构的名人效应。普通小贩获得大人物代言的机会太渺茫，唯有自己出招。

吟叫、唱曲儿、击鼓、敲盏，这些叫卖手段在当时实在太过普遍，而在五间楼前大街贩卖茶汤的老妪，则以发髻插三朵花、一手敲响盏一手掇头儿拍板的滑稽举止招徕顾客，路人看了“无不哂笑”，由于行为奇特，很容易被记住。在北宋，京师熟食小贩会故意用怪异的口号叫卖，比如有人整天莫名其妙地叹气道：“亏便亏我也！”很不巧那时昭慈皇后刚被废黜，官府见他每日在废后的瑶华宫墙外长吁短叹，怀疑是为皇后叫屈，于是捉拿审问，虽证实无罪，但仍杖责一百以儆效尤。后来不敢再喊那句口号，改为“待我放下歇则个”。结果，小贩因这件逸事而走红，生意节节攀升。他卖什么？估计无人能猜出——馓子。

食材：

大鱼 / 中段（可选刺少的青鱼）
净肉 / 四百克
花椒粉 / 两克
小茴香粉 / 两克
绿豆淀粉 / 五十克
盐 / 五克
醋 / 八毫升
麻油或其他植物油 / 五十毫升

【制法】

① 选刺较少的大鱼，取鱼中段使用。将鱼段洗净抹干，批取净肉四百克。

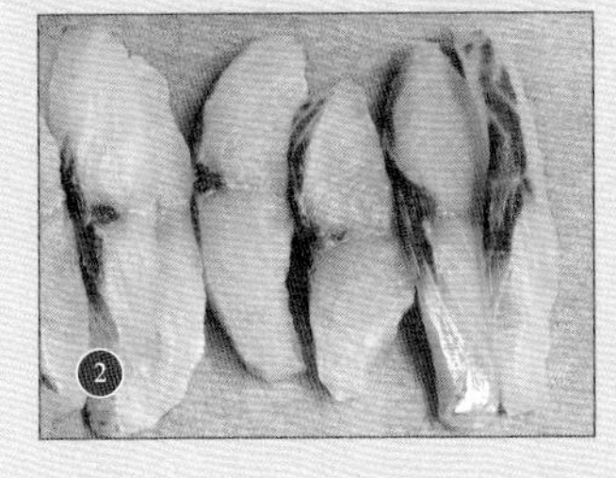

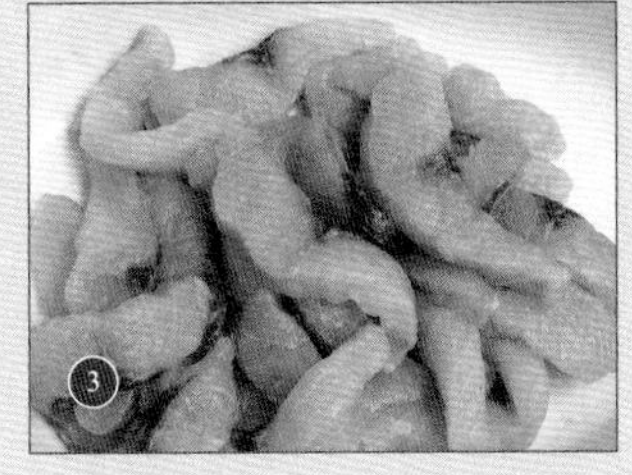

② 将鱼肉横切为约八毫米厚的片条。切至鱼皮时将刀一斜，将鱼肉与鱼皮分离，切好的鱼条不带皮。

③ 将鱼条放入大碗，加盐、醋抓匀，腌渍十五分钟。鱼条用厨房纸巾抹干水，并摊开放置，晾半小时至表面水干。

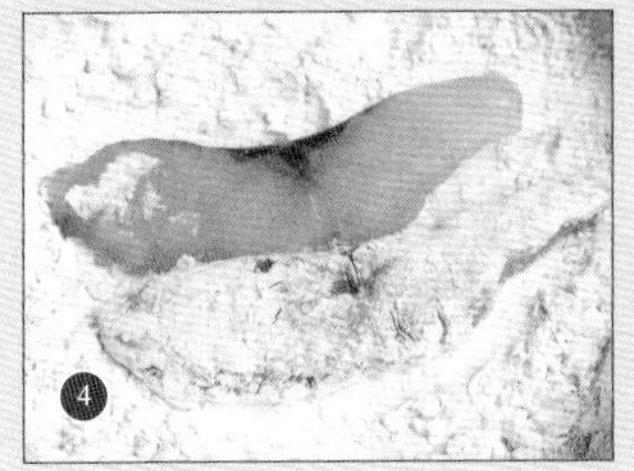

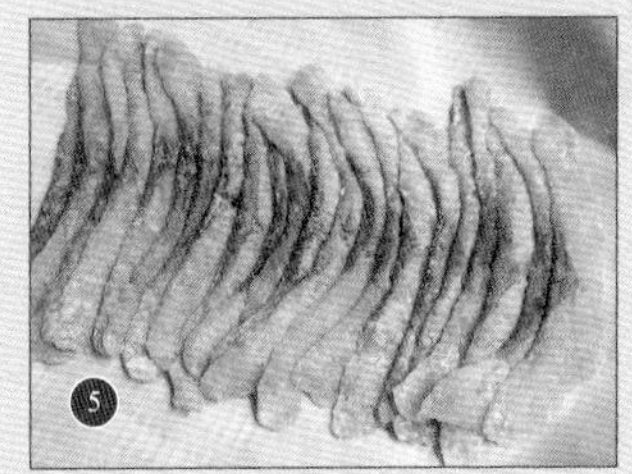

④ 取绿豆淀粉，加入花椒粉和小茴香粉，拌匀。再将鱼条放进香料粉中滚过，使表面都沾上粉。

⑤ 每根鱼条平摊在案板上，拿木杵轻轻地从左至右敲打，再来回敲打，将之敲薄。原文未说明薄度。可将鱼条敲至长宽加倍，厚度三四毫米就好，也可敲至更薄一些。前者煎好后耐咀嚼，后者更脆口。

⑥ 麻油倒进小碗，拿刷子蘸油刷在鱼片表面，如果油太多，可用厨房纸巾轻擦去。（麻油在晾晒时会散发的强烈的气味。如果你不喜欢，可换成其他植物油。）

⑦ 将鱼片摊在簸箕中，放到室外晾晒，每隔两小时翻个面。炎热的夏季、凉爽干燥的秋冬都适合晾晒鱼干。要避免在潮湿的雨天晾制，这样鱼干会发臭。晒上一两天，鱼片表面变硬，但内部还带一点点软心时（八九成干），就可拿来烹饪。如果打算储存，须晒至干硬才好，否则容易长毛。

⑧ 煎锅倒一点油，加热，把鱼片放入，煎到泛黄香脆。慢慢咀嚼，鱼肉口感干香，边缘薄处更为香脆，一些无法去净的鱼刺亦变脆，能直接食用，十分适合下酒。

胜肉侠

笋蕈胡桃味胜肉

宋代滑稽戏有这样一个故事，写得诙谐可笑：话说，宫廷厨师不小心给宋高宗皇帝煮了一碗夹生的馄饨，高宗龙颜大怒，将厨师投入大理寺监狱，从重发落。当时高宗正在看戏，只见两个伶人扮演着士人模样，一登场，即相互询问生年。一人说："甲子生"，另一人说："丙子生"。另有第三个伶人向高宗禀告："这二人都该下监狱。"高宗感到疑惑，就问其原因。伶人即答："侠子、饼子都生，恐怕该和馄饨没熟同罪！"高宗一听大笑，就赦免了那个厨师。总之，多亏了伶人临场发挥谐音梗。

说到侠子（夹儿），这是南宋杭州比较大众化的面点，从街角点心铺能买到多种款式，其中有以馅料命名的肝脏夹儿、细馅夹儿、笋肉夹儿、江鱼夹儿，也有以形状命名的蛾眉夹儿、金铤夹儿，还有以烹饪方式称呼的油炸夹儿、油炸素夹儿；长居杭州的林洪也在他的《山家清供》中，记录了一款"胜肉侠"。

"夹"字透露出，侠子应该是一种扁平馅饼，以"外皮加馅料"组成。只不过，对于面皮擀多大尺寸、多厚、什么形状、怎样弄熟……宋人食谱只给出了零星描述，缺少一段贯穿头尾、细节完整的操作流程，来明确告诉我们具体做法。不妨试着梳理和推测：

侠子用面粉和面做皮，但和着重强调坚薄的馄饨皮、需要发酵的馅馒头皮不同，对侠子外皮并无类似要求，可理解为"普通厚度、不发面"，皮料大概类似韭菜合子。造型可能以圆饼形为主，另有部分呈弯月状的"蛾眉形"（蛾眉是指女性的眉毛，可能像厚大版饺子），似砖块的"金铤形"（宋代的金铤是长方形、中部收腰）。侠子可进一步理解

◒ 下图：《清明上河图》局部
北宋 张择端
北京故宫博物院藏

左边摊位，在售卖一些圆球形点心，可能是油炸的面球（馉饳儿），摊主手持一根树枝在食品上拂动，似乎是在驱赶飞虫。右侧摊位规模较大，撑着一把青布伞，伞下挂了一摞像烤馕的大饼，货台上也摆着两盘球形点心，还有几只三角形大包子，可能是烘烤或蒸的。

焯笋、蕈，同截，入松子、胡桃，和以油、酱、香料，溲面作侠子。试蕈之法：姜数片同煮，色不变可食矣。

——南宋·林洪《山家清供》

◓ 上图：陈二郎十两金铤
南宋
浙江省博物馆藏

◓ 上图：《杂剧卖眼药图》
宋 佚名
北京故宫博物院藏
-
卖眼药郎中的衣冠上绘满眼睛图案，似乎在向老者推销眼药，两人正在演出宋朝滑稽杂剧《眼药酸》。

◆ 原文所用“香料”不明。翻检宋元食谱中所记拌馅法，香料多用花椒、茴香、胡椒、莳萝或橘皮等。这里我选择了花椒和茴香，你也可以根据个人口味偏好，选择其中某几样来拌馅。

为：圆形、蛾眉形或金铤形的小型馅饼。

馅料使用“肉饼馅”，由于肉饼馅与馒头馅一样，估计常规款会有羊肉馅和猪肉馅。此外，“肝脏夹子”应是用羊肝脏制馅；“笋肉夹儿”猜测是笋丁肉臊馅；“江鱼夹儿”则是鱼馅，鱼肉馅通常会添加猪羊脂来使口感润泽；至于说“细馅夹儿”，当时把用熟猪肉切碎拌的馅，称为“熟细馅”。还有各种各样素斋馅的夹儿，“胜肉饫”就是这类，以蔬果和干果做馅。

再来看弄熟方式。“油炸夹儿”（荤馅），是直接入油锅里炸熟，在素点心铺也能买到诸种油炸的素馅夹儿，估计皮色金黄焦脆，馅料汁水丰盈，十分美味。而吴氏《中馈录》收录的“油夹儿”，则是运用类似韭菜合子、锅贴等手法，在鏊子里以油煎烙熟。不排除宋人也会将饫子入炉鏊烤熟，但似乎不会像包子那样上笼蒸制。

现在试着复原胜肉饫。原料没有用肉却要比肉香，秘诀是用笋、蘑菇、松子、核桃联手，加熟油、酱料、香料调味。包制之后，再加薄油在锅中煎烙。一口咬下，香脆的面皮里融入笋菇香，不小心咬碎的松子、核桃仁又会带来油脂甘香，合力呈现菜名中想要达到的“胜肉”口感。

在宋朝典籍中频现的饫子，后来却几乎销声匿迹，原因也许很简单，它在流传过程中改了名称，导致难以对号入座。此外，在南宋都城的点心铺，除了诸色包子、诸色饫子，还有诸色美味的“角儿”。根据13世纪、14世纪的食谱中所介绍“烙面角儿”“驼峰角儿”和“馄饳角儿”来看，它们使用烫面皮或油酥皮子，包馅做角子（形状饱满，两头带尖角），炉鏊烤熟或油炸，油炸的估计很像酥饺。

食材：

鲜笋净肉 / 一百四十克
香菇 / 一百四十克
松子仁 / 二十五克
核桃肉 / 二十五克
面粉 / 一百八十克
花椒粉 / 一克
茴香粉 / 一克
豆酱或面酱 / 三十克
熟油 / 二十五毫升
盐 / 酌量
植物油 / 油煎的量

【制法】

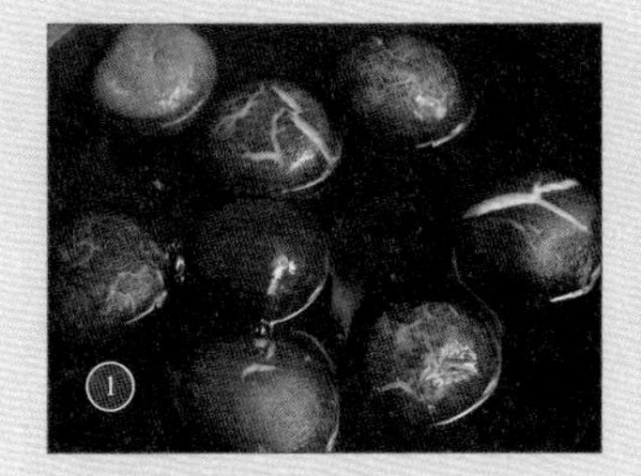

① 准备馅料。笋剥笋衣，去老头，取一百四十克净笋肉。春季可用春笋，如寒冷季节就用冬笋。将笋段用水焯煮五分钟。捞起散热。香菇剪去柄，取一百四十克净肉。也如法焯煮，攥干水。蘑菇不拘用哪种，最好选质地较为紧实的菇类。

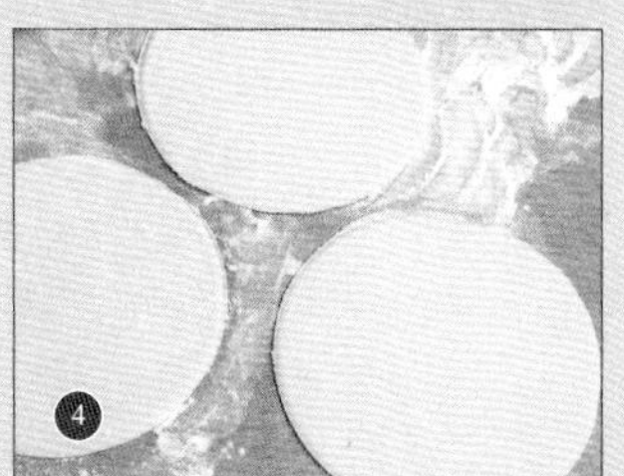

② 将笋、香菇分别切成细丁。两者的分量应差不多。

③ 将净核桃肉切碎，松子仁也切开。核桃和松子最好提前备好，核桃用无添加任何味料的原味核桃，夹壳取仁，用开水浸一下然后撕净褐衣；松子剥壳。

④ 在拌馅前，可先和面。舀出面粉，加入盐 1.5 克，然后将九十克温热水（五十摄氏度至六十摄氏度），倒入面粉中，迅速搅拌成疙瘩块。就按常用方法来揉面，将面团揉光，揉好面团略软。醒面三十分钟。再揉几十下，然后搓成粗条，切为八个剂子。每个剂子，拿擀面杖擀成直径约十二厘米的圆饼，用碗口压一下印取圆饼，会更完美。

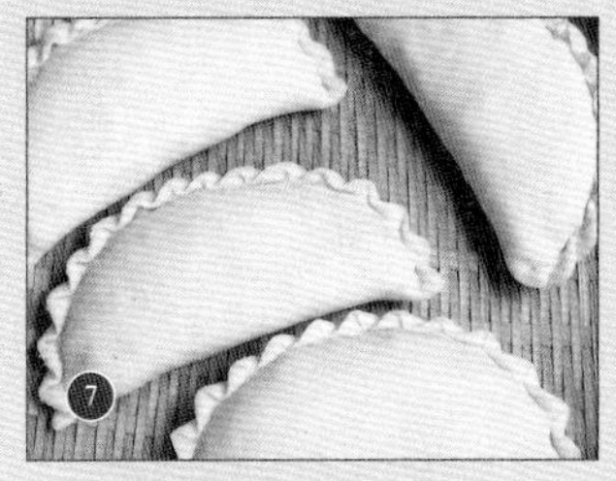

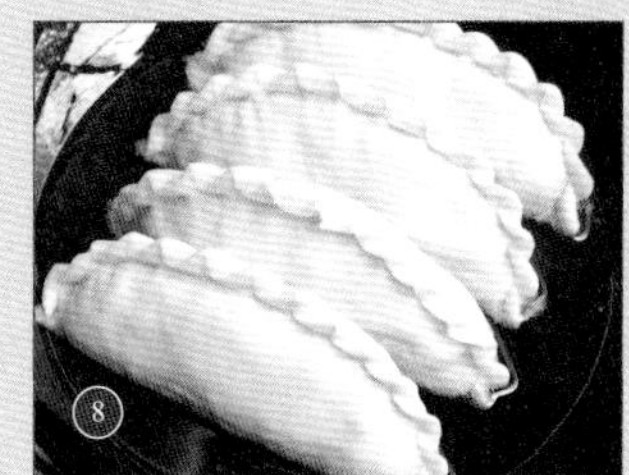

⑤ 把笋丁、香菇丁、核桃和松子碎粒拌在一起。先加入熟油搅拌均匀，然后添加酱、花椒粉和茴香粉。试味，若感觉不够咸，可酌量加盐。分成八份。

⑥ 把面皮平摊，馅料铺在上面。

⑦ 面皮对折收口，手指蘸水在面饼边缘涂抹少许水以加强黏性，捏紧之后，折花边。

⑧ 煎锅倒入油，加热后，将饺子坐在锅底，煎至定形。

⑨ 再翻至侧面，煎好左右两侧。翻动两三次，直至面皮金黄香脆。

胡萝卜鲊

爱此珊瑚箸，堪登白玉盘

给宋朝人一根胡萝卜，他们会端出来一盘“胡萝卜鲊”。

是的，在南宋浙江地区的菜市场能买到胡萝卜。由于与本土栽植已久的长条白萝卜存在不少相似点：上粗下细的圆锥状，又脆又肥的根茎头上顶着一束菜叶，且都带有一股具有很高辨识度的气味——切开的白萝卜能闻到轻微辛辣，胡萝卜则散发出明显的蒿子气。按古人给外来物种命名的一贯原则，这种演化自阿富汗、从胡人地界传入国内的蔬菜被命名为“胡萝卜”。正如同早期胡椒、胡麻、胡瓜、胡饼，都顶着“胡”字标签登场。但其实，从植物分类学上来看，胡萝卜与白萝卜并非近亲，最明显的区别在花。白萝卜花呈四瓣状（十字花科），胡萝卜花簇聚成伞盖状（伞形科）。

现今市面常见的胡萝卜大多为现代改良品种，口感清甜爽脆，充当水果生吃也毫无问题。然而，考虑到早期品种的蒿子味更浓郁，入口会略有令人不悦的刺激感，过量食用容易反胃；再加上与高雅品位和养生保健丝毫不沾边，胡萝卜显然不太受宋朝上流社会的关注。只在主妇食谱《中馈录》中，不经意提到一道胡萝卜鲊。

在当年社会各阶层的餐桌上，都能看到鲊这类味道相当特别的佐餐小菜。蔬菜鲊多选择块茎部位（单薄的叶子菜往往不做鲊而是用于凉拌或腌咸菜），如笋、茄子、萝卜、胡萝卜、茭白、蕈、蒲笋、藕稍（嫩藕芽）。此外，面筋也能用同样的手法炮制“麸鲊”。

鲊菜加工简单，只有一焯、一拌两步，像胡萝卜、茭白本身可以生吃，轻度焯水就好，否则变软了反会影响口感，茄子和蒲笋适合炸至断生，相反竹笋就必须多蒸煮一会儿至熟透。经过这一步处理，然后控

◒ 下图：云南茄子鲊、湖北辣椒鲊

-

茄子鲊：茄子切条，晒干后蒸熟，加炒黄磨细的大米、糟辣椒、八角、草果，连同盐，充分揉匀后装坛，压实密封，发酵一个月至半年不等。吃时，先蒸熟后油炒，是下饭送粥的必备咸菜。

辣椒鲊：主要含青辣椒、红辣椒、蒜、盐，也是压实密封发酵，生吃略苦，油炒后很香，呈现酸辣口味。

切作片子，滚汤略焯，控干。入少许葱花、大小茴香、姜、橘丝、花椒粉、红曲研烂，同盐拌匀。罨一时，食之。

又方：白萝卜、茭白生切，笋煮熟，三物俱同此法作鲊，可供食。

——宋元·浦江吴氏《中馈录》

◓ 上图:《五蔬图》局部
（传）元 钱选
台北故宫博物院藏
胡萝卜
-
萝卜的叶茎较为粗壮，叶片也更大。其嫩叶茎亦是美味的蔬菜，俗称“萝卜缨”。
胡萝卜的叶茎多分支，叶片细碎，与萝卜叶完全不同，十分容易辨认。

◆ 胡萝卜鲊属于一种下饭腌菜，入口“辛辣麻香咸”，各种滋味混合一处，夹杂着胡萝卜的甜脆，初吃会有些不习惯。由于原方并未说明调料的具体用量，可根据个人口味来增减。

干水分，若是里头含水较多，就用布将之包裹，压上重物使水分挤干。

拌料，才是鲊菜的点睛之笔。鲊菜的拌料比较固定，有大小茴香、莳萝、花椒、生姜、细葱、橘皮、红曲、粳米饭、熟油和盐，通常会使用其中六种以上，比如胡萝卜鲊就添加了八种。大茴香与莳萝的香味较为浓郁，香型接近的小茴香则温和而微甜，还曾经充当口香剂（为保持口气优雅，古人会随身怀揣一小把茴香，方便随时咀嚼）。花椒、生姜与葱负责辛烈麻辣口感，干橘皮带来醇和的橘香，红曲（微酸涩）和粳米饭有助腌渍发酵。为保证入味，香料均研成细屑或切碎，腌上片刻或一时，然后上桌。

虽说“凉拌菜”和“鲊菜”都是焯拌两步，但两者间有一处明显的区别，那就是凉拌通常会添加酱油、醋这类汁料，而是鲊菜的拌料却是碎末状的各种香料，且会添加红曲和粳米饭，今天看来可以算得上是古怪。

当然，并非所有鲊菜都是即食的，也有一些需要腌久一点。如蒲笋鲊、藕稍鲊，最好腌上一宿再取食；而在制作笋蕈鲊（笋与蘑菇混合）和茄鲊时会多加熟油拌料，装瓶后须压实并密封，这些手段都有助于后期的发酵与储存，故而适合久腌，使之转化为更像咸菜的状态。至于现在，蔬菜鲊仍在少数地区流行，像云南人餐桌上又咸又香的茄子鲊、湖北人厨房里酸辣开胃的辣椒鲊、从古风式的菜名到几乎雷同的工序，不难看出，它们其实都是鲊菜的现代版。

食材：

胡萝卜 / 两根（四百克）
八角粉 / 半克
小茴香粉 / 一克
花椒粉 / 一克
橘皮 / 一片（取粉一毫升）
生姜 / 五克
小葱 / 三根
红曲粉 / 一克
盐 / 两克

◆ 市面常见的胡萝卜，肉色橙黄，尾部较粗，特点是甜度高，蒿味淡，水分足，且一年四季都能买到。这里建议选择蒿味及香味都比较浓郁的品种。

【制法】

① 将花椒烘香，在研钵里磨成碎末。现磨花椒粉的香味更为浓郁。

② 橘皮剪碎，亦用铁锅烘香。橘皮研碎之后，可用细筛子筛出细粉使用。

③ 准备小茴香粉和红曲粉。八角因很难磨粉，可购买现成的八角粉。生姜去皮切碎，葱亦切碎。

④ 胡萝卜洗净，切片，不要去皮。半锅水烧开，胡萝卜片放入焯二十秒，捞起控水，并用厨房纸巾抹干表面水分。

⑤ 加入八角粉、小茴香粉、花椒粉、橘皮粉、姜末、葱粒、红曲粉，以及适量盐。

⑥ 用手充分揉拌使胡萝卜片的两面都沾上拌料，腌渍一两小时。

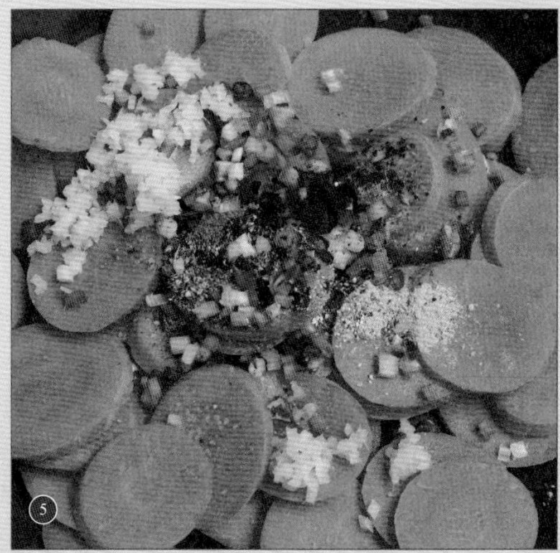

炉焙鸡

天寒炉暖焙鸡酥

炭薪是宋朝厨房里必不可少的物料。在燃气灶问世前，传统燃料通常为各种干草（野草、稻麦秆、芦苇）、各种木柴（松柏枝、桑木、栎木）、竹材、木炭、煤块，以及糠皮。不同性能的燃料，甚至会影响盘中餐的口感。

干草易燃，火力旺但后劲差，烹饪期间必须持续添加，适合讲究锅气的爆炒菜。以匀火焖烧的炉焙鸡，则需要用到煤炭。整鸡水焯八分熟后斩成小块，小泥炭炉上置一口锅，锅里放鸡块略炒，淋入小半杯酒和醋，加盖，汁水快收干时再次淋酒醋，反复三五次直到鸡肉酥软入味，效果类似三杯鸡（一杯酱油、一杯猪油、一杯米酒）。苏轼版本的炖猪肉是更典型的火功菜，用一根火焰微弱似炭的粗柴头焖上半日，猪肉入口特别烂。一般来说，烤饼、烤肉、煮茶温酒熬药，也首选煤炭。

炭薪的另一重要任务是取暖。按档次排名，木炭最好，其次是木柴和石炭，干草垫底。木炭，把干柴密封在炭窑里烧制而成，燃烧效率和火性的稳定度明显优于干柴，特别是微烟无异味这点很能彰显生活品质，理所当然成为上流社会的日用燃料。制造所用木材不同，炭的品质也千差万别。能漂浮水面的“浮炭”粗松多孔，在当时属下等货，上好的硬杂木炭则质地致密，断面呈金属般光泽，耐烧度也远胜浮炭。精心加工的花色木炭是只有少数人能享用的奢侈品，比如圆饼炭（精炭粉加米粥水调匀，用铁模压成碗口大小）、兽形炭（用炭粉加辅料塑成兽形）。宋皇室御用的“胡桃纹鹧鸪色”（猜测是表面有核桃壳般凹凸纹理的红褐色炭）造价不菲，连高宗也深感奢靡得过分，遂令停造。对比而

◓ 上图：《清明上河图》局部
北宋 张择端
北京故宫博物院藏
-
三只负载了木炭的毛驴。主人可能正在寻找买家。

◒ 下图：《晓雪山行图》局部
南宋 马远
台北故宫博物院藏
-
前头的毛驴驮着一筐煤炭，后面毛驴驮着一筐木炭，估计是在去往集市的路上。

用鸡一只，水煮八分熟，剁作小块。锅内放油少许，烧热，放鸡在内略炒，以碇子或碗盖定。烧及热，醋、酒相半，入盐少许，烹之。候干，再烹。如此数次，候十分酥熟取用。

——宋元·浦江吴氏《中馈录》

◓ 上图:《雪夜访普图》局部
明 刘俊
北京故宫博物院藏
-
在火盆的炽炭上，放了一只烤肉的支架，两片肉正摊在架上炙烤着，炭火旁还有一把酒壶。

言，干柴往往会出现烟熏火燎刺眼呛鼻的情形，而采自地下的石炭（煤块）虽然比木炭略便宜（约四文钱一斤），也比木炭更加耐烧，但其致命缺点是含二氧化硫杂质，会散发出刺鼻的气味。

每座城市的燃料使用情况也有区别。因靠近开采地，石炭在开封人的取暖燃料中占了相当的比重。树木葱茏的南方普遍使用木炭，巴蜀会用粗壮的竹材加工出质量上好的竹炭，具备易燃无烟和耐烧的优点。

北宋开封流行一时的"暖炉会"，是在农历十月一日搬出炉具（铁炉、铜盆或瓦盆），装入通红的煤炭，人们围坐在暖烘烘的炭炉旁聊天、饮酒、吃炉火烤的肉作为庆祝，意味着从这天开启御寒模式。倘若燃料充足，寒冬将会过得比较惬意，从白居易的诗作"绿蚁新醅酒，红泥小火炉。晚来天欲雪，能饮一杯无？"中可以感受到文士围炉小酌之情趣。禅僧也普遍进行煮茗、煨芋等活动。为了尽可能靠近炉火，炉口罩一只镂空的网盖，防止烫伤和杜绝消防隐患很有必要，投几丸香料到尚有余热的炉灰中薰炙，营造出暖香暗浮的氛围是更风雅的享受。另外，还可花一千钱购置相当于热水袋的"脚婆子"（铜锡制作的扁圆水壶状容器）。睡前，灌满热水后塞进被窝里暖脚，十分助眠，黄庭坚就买过一只。

◒ 下图：辽代张世古墓室壁画
-
河北省张家口市下八里村出土。矮脚圆口大火盆里正燃着煤块，可温酒可煮水点茶，也可取暖。

食材：

鸡 / 一只（两斤至三斤）
醋 / 一百六十毫升
黄酒 / 一百六十毫升
盐 / 酌量（四克）
油 / 酌量

【制法】

① 最好选择活鸡、鲜鸡，净膛一千克左右。把鸡治净，剪去尾部和爪尖，并去掉颈部的淋巴组织和气管，用水冲洗干净，控干。大半锅水烧开，整鸡浸入锅中，烫煮五分钟左右，至鸡皮紧实，鸡肉半生不熟，捞起，控干水并抹去血沫，放凉。原方说要煮至八分熟，你也可以延长烫煮时间。

② 斩块。先从翅根下刀，卸下翅膀，接着卸鸡腿，斩下头颈，腔腹对半剖开，再全部斩成合适的大小。

③ 砂锅里倒入炒菜的油量，烧热，放入鸡块，翻炒一两分钟。

④ 捻中小火，盖上锅盖，焖两分钟。

⑤ 把醋和酒混匀。先用三分之一杯，沿锅边浇一圈，撒少许盐，翻动鸡块使之沾上汁料。

⑥ 加盖小火焖煮，待锅内汁水收稠（大约十五分钟），再次倒入三分之一杯酒醋混合汁，继续烧煮，如法重复三次或以上，最后将汁收稠（但不要收干）。其间不能离开炉灶，需要随时检查汁水状况并拨动鸡块，酌情调节火力，以免粘锅。烹好的鸡块肉软易咬，酸香入味。

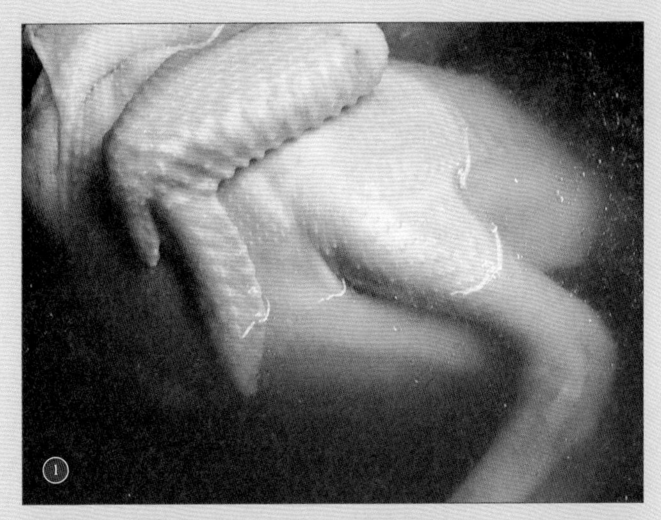

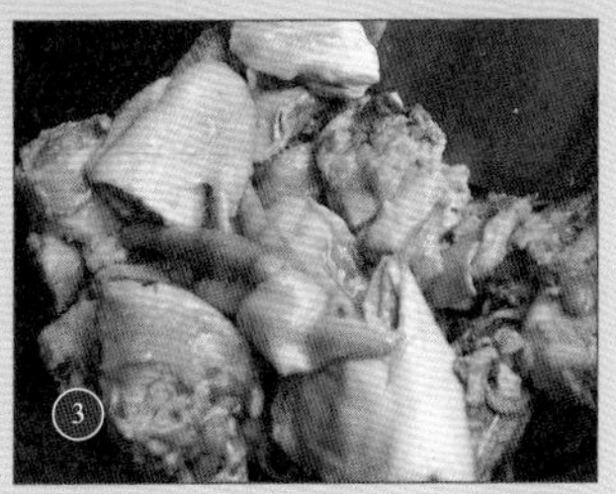

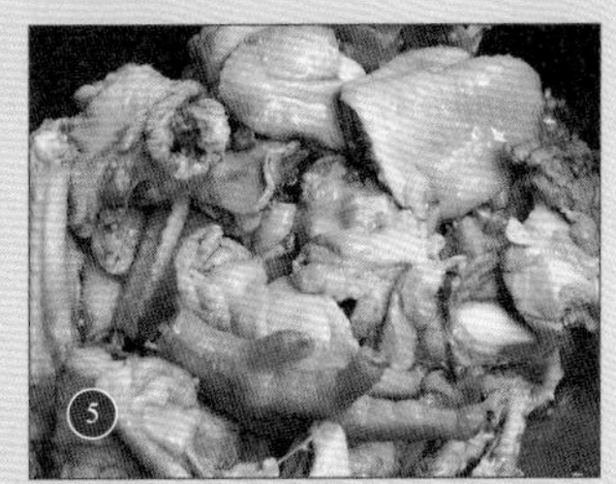

香橼杯

剖果刻金杯，清芳胜玉斝

让酒宴富有情趣的办法，是准备一只劝杯。安排在一本正经的礼饮结束后、进入寻欢作乐的侑酒环节时出场，能增添惊喜与趣味，使客人愉快地饮下更多酒。

当然，劝杯跟普通杯盏很不一样。有的尺寸大得离谱，容量至少在一升（约七百毫升，两罐啤酒的量）左右，难以一口饮尽，几杯下肚必醉无疑，简直是罚酒游戏最理想的道具。有的精美绝伦，以金银打造出惟妙惟肖的金菊花盏、牡丹盏、芙蓉盏、银梅花盏、蜀葵盏、水仙花盏、金瓜杯、金蕉叶杯，本身就是一件值得赏玩的艺术品，在镇江市博物馆能看到多套这类贵金属劝酒杯。高档劝杯还有这些：荷叶或寿桃白玉杯、犀角杯、琉璃杯、玛瑙杯。话说，身为太上皇的宋高宗便曾在自己的寿宴上，赐给孝宗皇帝一只“翡翠鹦鹉杯”，据说这是宣和年间从外国进口的；还有一次，高宗以“黄玉紫心葵花大盏”给宠臣史浩赐酒劝饮。

◓ 上图：银鎏金摩羯式酒船
北宋
广西壮族自治区博物馆藏

-

广西南丹县北宋银器窖藏出土。常见的酒船是以陶瓷烧制。南宋宫廷中有一只带机关的“玉酒船”，当船内酒满，“船中人物多能举动如活”，极为精巧。孝宗皇帝就曾使用这只酒船向太上皇敬酒。

寿桃形劝杯大多在寿宴上使用，而鱼化龙造型的劝杯因寓意登科有望，在文士中颇受青睐。银鎏金摩羯形酒船为后者中的代表作，集工艺精巧、容量惊人、饮用难度高于一身——试想从鱼嘴前端喝光多达一升的酒水，恐怕不是件易事。很多时候，展示一只值得炫耀的劝酒杯，或许比品尝美酒本身的意义更大，它往往能将现场气氛推向高潮，甚至能左右宾客对这场酒宴的满意度，成为全场的焦点。

让人意想不到的是，螺壳也能加工为劝杯。取棕红条纹的鹦鹉螺壳，或碧青色的青螺壳、白色大海螺为质料，剖开作杯子形状，外壳细细打磨，呈现润滑手感。除了能从使用中感受自然的意趣，螺杯也具备

雪夜，张一斋饮客。酒酣，簿书何君时峰出沆瀣浆一瓢，与客分饮。不觉，酒客为之洒然。客问其法，谓得之禁苑，止用甘蔗、白萝菔，各切作方块，以水烂煮而已。盖蔗能化酒、萝菔能消食也。酒后得此，其益可知矣。《楚辞》有『蔗浆』，恐即此也。

谢益斋（奕礼）不嗜酒，常有『不饮但能看醉客』之句。一日书余琴罢，命左右剖香圆作二杯，刻以花，温上所赐酒以劝客。清芬蔼然，使人觉金樽玉斝皆埃壒之矣。香圆，似瓜而黄，闽南一果耳。而得备京华鼎贵之清供，可谓得所矣。

——南宋·林洪《山家清供》

◓ 上图：梅花盘盏一副
南宋
邵武市博物馆藏
-
银鎏金梅梢月纹盏和银鎏金梅梢月纹盘，福建邵武故县银器窖藏出土。

◓ 上图：菊花盘盏一副
南宋
邵武市博物馆藏
-
银鎏金菊花纹盏和银鎏金菊花纹盘，福建邵武故县银器窖藏出土。宋代酒杯，通常由一盏一盘组成，杯盏置放在托盘中央。

容量大的特点，适合用作罚酒。

碧筒饮与香橼杯则是风雅的象征，它们新鲜、带着活泼的生命气息，彰显文人雅士的小众趣味。以碧筒饮为主题的酒宴很挑时间与地点，必须是夏日，设宴于荷塘边水榭中，因为酒杯正生长在池塘里。以荷叶为杯使饮酒过程充满了游戏感。不过，挑战碧筒饮并非易事，叶片的柔软质地导致酒水极易倾洒（按规定洒洒了得从头再喝），而且它的容量也不容小觑。

而冬日适合赏玩香橼杯。

香橼果与佛手是近亲，果皮类似皱柑但厚度惊人，有时比果肉还厚，带清新的橘香。两者最大区别就在形状，佛手一端长出数只爪，香橼更像一只小瓜。由于果肉小而酸味重，一般不会当水果吃，要么腌作蜜饯，要么晒干入药，还时常充当“闻果”。旧时流行在室内摆放十几颗香橼（明清出现专门用于盛放香橼的瓷制、漆制或铜制的“香橼盘”），给空气增添一股若隐若现的橘柚系香味，还可用香橼做衣笼里的香薰剂。

谢奕礼（宰相谢深甫之孙）坦言自己不嗜杯中物，但爱看客人尽兴痛饮。一次酒宴上，他便以香橼杯作为劝酒器。一只香橼，对半剖开，去瓤挖空，果皮上刻画装饰图案，两只大香橼杯才算完工。斟满天子所赐御酒，依法温热然后劝客。加热使香橼果的芳香素析出，入口的酒因而混合了酒杯的韵味，这正是香橼杯的魅力所在。若用鲜橙剖挖作酒杯，则名为“软金杯”，金朝第六位皇帝章宗喜用此法。

◑ 右图：几种香橼果
-
图中左下：佛手。
中（两枚）：云南香橼。
右上：市售的一种“香橼”，气味和香橼不同，且果皮较薄，更像西柚。
右下：市售的另一种“香橼”，气味也与香橼不同，皮亦薄，切开像柠檬。

【制法】

① 香橼对半切开，用金属勺挖出瓤，然后修成酒杯状。

② 用食品雕刻刀在杯身刻上花纹。可选择莲瓣纹、卷草纹、云纹等宋代流行的装饰性纹样。

③ 倒入大半杯黄酒。蒸锅烧开，将带酒的香橼杯移入，蒸三分钟。取出，置于盏托，趁热饮用。

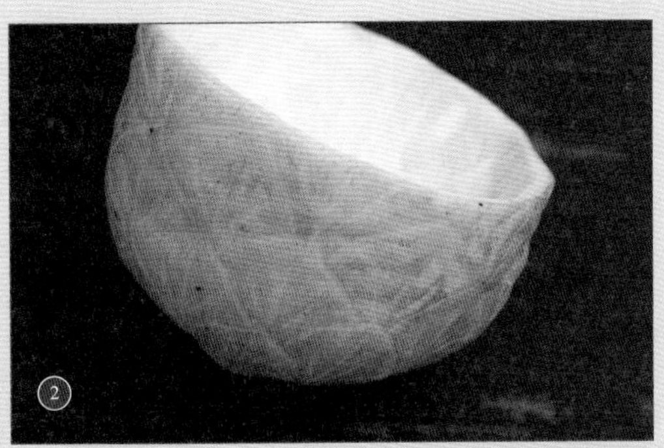

◑ 右图一：福建野生香橼

各地栽培的香橼品种不一，尺寸有大有小。云南野生香橼有的重达五六斤，如蜜柚般巨大，而福建野生香橼，通常约一掌大小。做香橼杯，不拘选哪种。尽量找表皮较光、皱褶少的果子，这样才好刻花。

市面上还能买到其他两种称为“香橼”的果子，均散发浓郁的橘柚清香，只不过，气味闻起来与香橼不同，且皮较薄，做成的酒杯会很软。

◑ 右图二：香橼果切开

切开的香橼，果皮比果肉还厚。

沆瀣浆

雪夜分沆瀣，甘蔗融萝菔

宋朝人普遍爱饮酒，凡遇节庆吉事、公私聚会都少不了酒的助兴。虽然当时蒸馏酒技术仍未普及，不论是高端的官酿蔷薇露、流香、雪醅、齐云清露、蓝桥风月，还是大小酒坊之产品，其口感大多类似甜酒、米酒或者黄酒，酒精度数普遍偏低（十度上下，而现代高度白酒动辄便四五十度），但过量饮用还是会醉得难受。这时需要解酒药出场，专业办宴机构“四司六局”中六局之一的香药局，就负责准备宴会所需的醒酒汤药。

沆瀣浆，从宫廷流出的饮料，生僻又古怪的名字“沆瀣”，原意为纯净的朝露，是美好饮品的代名词。做法非常简单，切块的甘蔗与白萝卜加水，文火熬烂，入口表现为清甜润喉。

高宗赵构在酷热的六月会喝冰过的沆瀣浆解暑，而林洪等人是在寒冬的雪夜喝沆瀣浆解酒——张一斋做东饮宴，当宾主都喝得醉醺醺时，何时峰端出一瓢热腾腾的沆瀣浆，与众人分饮，酒力很快就消退了。沆瀣浆能解酒之说，其实有一定道理。作为制糖业核心原料的甘蔗本身含大量糖分，砂糖即为其加工品，人体在补充糖分后，血糖浓度将会增加，血液中酒精的浓度便相对降低，可加快酒精代谢的速度，产生清醒的感觉。甜味汤水还能缓解酒后的口干舌燥，使人周身舒畅。

◒ 下图：银鎏金“寿比蟠桃”杯
宋 镇江市博物馆藏

-

1982年江苏溧阳小平桥村宋代窖藏出土。

食材：

甘蔗 / 一段
白萝卜 / 大半只

◆ 紫黑皮甘蔗是可以直接吃的果蔗，汁水丰、甜度好，也很容易咬开。青皮甘蔗更清甜，但纤维粗硬很难嚼，一般制糖。不拘使用哪种。

【制法】

① 白萝卜洗净，不去皮，切成大块。

② 甘蔗削皮，切成段。甘蔗的用量可比萝卜略多，会更甜。

③ 食材放入锅里，加清水浸没食材，烧开后，小火熬煮一小时或以上，至水量剩三分之二。

④ 趁热饮，清甜醒神。

满山香

油菜糁椒姜，满山过脔香

相比家常味十足的《中馈录》,《山家清供》显然气质优雅得多，一眼能看出的区别在于：菜名。

《中馈录》，作者据称是宋元时期浙江名为吴氏的家庭主妇，收录当时地道的家常菜，字句虽简明，但重要步骤都被记录下来，某些配方精准到“炒盐三两、花椒一钱、茴香一钱”，菜名普通而朴实，从“原料加做法”的取名原则能轻松猜出大概，比如“蒸鲥鱼”即用蒸锅蒸熟一条鲥鱼，“蟹生”即凉拌生吃的螃蟹，“糟茄子”十有八九是酒糟腌渍的茄瓜。

汇集文士界流行菜式及各府私房菜的《山家清供》，作者林洪为绍兴年间进士，家学渊源。由于文士对厨艺的熟悉程度肯定无法与主妇相提并论，故书中对配方、步骤等细节的描述多不及《中馈录》具体。然而，在内容编辑上，林洪另辟蹊径，不仅罗列洗切调煮之法，还通篇穿插文学掌故和私人感受，尤其擅长给稀松平常的食物冠上别致美名，以语言的魅力赋予菜肴以意境。拍案叫绝的好菜名在《山家清供》里比比皆是，诸如拨霞供、雪霞羹、冰壶珍、沆瀣浆。他还把从竹林里挖取竹笋，再就地扫聚林中枯竹叶煨烤鲜笋的山家做法，戏称为“傍林鲜”；而类似青团的米粉点心，因使用鲜橘叶为配料而散发似有若无的橘香，使林洪联想到置身橘果满枝的洞庭湖畔的愉悦场景，故得名“洞庭饐”。

嗅觉与味觉均感受到香字的“满山香”，其实是煮油菜。区别于普通版油菜羹，满山香的亮点在这张调料配方里：莳萝、茴香、生姜、花椒碾成碎末，贮藏在葫芦（晒干的葫芦瓜轻薄且密封性能很好，媲美塑料制品）里。每次煮油菜羹，趁菜刚熟，加熟油、豆酱，撒一把混合香

◒ 下图：《五蔬图》
（传）元 钱选
台北故宫博物院藏

蔓心、矮菜、黄芽、芥菜、菘菜、菠菜、莴苣、韭菜、苋菜、水芹、蕨菜、紫茄、白茄、黄瓜、冬瓜、稍瓜、瓠瓜、笋、芋、茭白、萝卜、甘露子、芦笋、蘑菇……南宋浙江地区的菜市场出售近四十种蔬菜，包括刚引进种植的胡萝卜，当然，辣椒、玉米、甘薯、西红柿还暂时缺席。

一日，山妻煮油菜羹，自以为佳品。偶郑渭滨（师吕）至，供之，乃曰：『予有一方为献：只用莳萝、茴香、姜、椒为末，贮以葫芦，候煮菜少沸，乃与熟油、酱同下，急覆之，而满山已香矣。』试之果然，名『满山香』。比闻汤将军孝信嗜盦菜，不用水，只以油炒，候得汁出，和以酱料盦熟，自谓香品过于禁脔。汤，武士也，而不嗜杀，异哉！

——南宋·林洪《山家清供》

◆ 宋元时期，在大城市近郊种植蔬菜，能获得不错的收入，比单纯种植谷麦的回报率高得多，于是有人投资买入大片菜圃，另雇人垦种培灌，自己坐等收成。当时有位叫作纪生的菜园户，用二十亩菜地，解决了一大家子三十口人的温饱问题，他感叹道："此二十亩地，便是青铜海。"

料焖片刻，味道立马升级，"满山已香矣"。还有更美味的做法吗？当然了。比如只用油，大火爆炒青菜，不加一点水，最后如上调味，据说这是汤将军（汤孝信）所嗜之味。莳萝与茴香的郁香、姜的辛辣、花椒的麻辣构成"香"的基调，吃起来是重口的咸、香、麻，完全颠覆了蔬菜清淡的刻板印象。

"脆琅玕"流传至今的菜名是"凉拌莴苣"，一样的味道顶着不同的名字，风雅与家常的差别却是显而易见。"琅玕"原意为青翠挺拔的竹子，肉质茎修长、剥叶后有弧形节痕的莴苣，跟竹子竹笋有点像，别名"莴笋"正是基于上述理由。这种隋朝才引进中国的外来蔬菜，此时已成功融入宋朝人的生活，"脆琅玕"是相当大众的食法：莴苣削皮，切寸块，沸汤里焯片刻，加姜末、盐、糖、熟油和醋调拌，简单三步，造出一盘碧绿而脆口的拌莴苣。

没有独步清溪幽涧的经历，大概不易理解"碧涧羹"致力传达的细腻感官体验。略显矫情的菜名，若换成白话即为水芹菜羹。用二三月份的嫩水芹，焯水，加醋、研芝麻、茴香、少许盐调味作羹。早在《诗经》里亮过相的古老蔬菜水芹，带着一股浓烈的似蒌蒿的特殊芳香，如法煮拌后吃起来清香爽口，脑中会浮现与此味道相关的场景：苍山翠林，初春的青草，湿润的泥土、石子与青苔，潺潺清溪……一定程度上将客观口味提升到诗意的高度。碧涧羹的灵感源自哪里？答案是唐朝诗圣杜甫的诗歌。

◆ 油菜：并非专指一种蔬菜，而是十字花科下三种作物（甘蓝型油菜、芥菜型油菜、白菜型油菜）的泛称，特点是菜籽含油。据学者考证，宋元时期江浙地区种植的应为白菜型油菜。
此处就近选择俗称"上海青"的油菜，是江浙常见的绿叶菜。菜市场所售上海青大小不一，有的比巴掌还长，有的像鸡毛菜般短小。比较推荐小棵的，更嫩些。

食材：

油菜 / 四百克
生姜 / 半块
花椒 / 一把
小茴香 / 一把
莳萝籽 / 一把
盐 / 酌量
油 / 酌量
豆酱 / 两勺

【制法】

① 生姜搓净，削皮，切姜蓉。原方并没给出每种香料的用量，你可以按等份取姜蓉、花椒、小茴香和莳萝籽，也可按个人口味酌情增减，这里我减少了小茴香和莳萝籽的用量，突出生姜与花椒之味。

② 铁锅烧热，转微火，分别放入花椒、小茴香和莳萝籽烘至表皮脆、发出香味。将花椒倒入研钵中，捣成碎屑。倒出花椒碎，简单清理一下研钵。

③ 再将小茴香倒入研钵捣碎。最后捣制莳萝籽。

④ 这样粗制的香料末会更有质感，也比较香。如果想要细腻的粉末，最好使用研磨机磨制。由于香料粉的香味会随着时日逐渐散失，最好不要用早已磨好的袋装料粉。

⑤ 将姜末倒入锅里摊开，烘至发蔫，让表层水分收干。关火。倒入花椒粉、小茴香末和莳萝籽末，四者炒拌均匀。散热后，用小瓷罐装好密封。炒菜时取出，可用三四次。

⑥ 油菜择去外围老叶，削掉老菜根，洗净沥水。

⑦ 开大火，烧热炒锅，倒多一点油，放油菜，翻炒至半熟，加两勺豆酱、撒一把香料，不停翻炒至熟，可加盖稍焖一小会儿。如不够咸，酌量加盐。

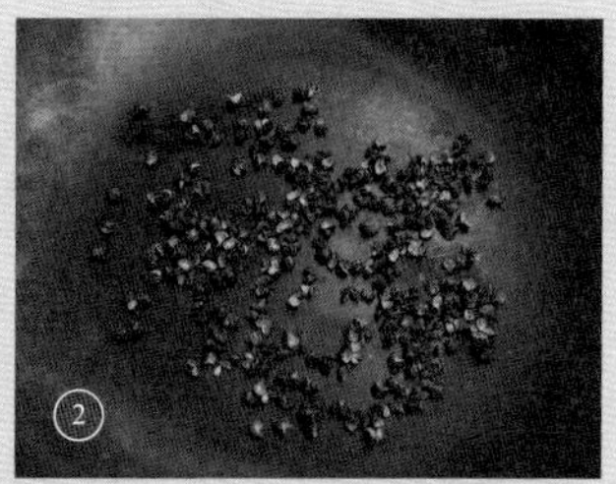

酿烧鱼

火满红炉酒满瓢，炽炭焦炙鱼羊鲜

酿菜的设计，是为获得复合的口味享受。《太平广记》所记载“浑羊殁忽”称得上是重量级之作：将鹅治净，鹅腹内填满调足味的熟肉丁糯米饭，接着将鹅塞入净膛的羊腹里，用针线缝合羊腹。把这只羊入炉或上架炙烤，直到羊肉与酿鹅熟透。与家鸭、野鸭、鸽依次相套的“三套鸭”不同的是，作为最外层的羊在上桌前会卸去，酿鹅才是真正的宴会主角。传言，浑羊殁忽是在唐朝军中庆宴上才能享用的尊贵食物，照顾到军兵嗜食鸡鹅，尤钟情嫩鹅的喜好而研发。而每设此宴，都会根据人数备料，保证每人能独自享用一整只酿鹅，那得多费羊啊！

酿羊肚的经典方式，有北魏农书《齐民要术》中这道“胡炮肉”（胡人炮肉法）：洗净的羊肚充当酿壳，酿馅由肥嫩羊肉丝、切碎的羊脂，酌量加豆豉、盐、葱白、生姜、花椒、荜拨、胡椒组成，拌匀后酿入羊肚，缝紧开口。羊肚浅埋入事先烧热的草灰火坑里，其上燃起一堆火，整个加热过程并不接触明火，而是利用热力煨熟，通常要等上好几个小时才熟透。煨好后，挖出拍净火灰，切开享用，入口大概是又香又软。胡炮肉显然是今天新疆和田菜“羊肚包肉”的前身，连煨烤方法亦大同小异，足见酿羊肚的食用历史起码已有一千五百年。

兔也可酿。做“酿烧兔”，拿一只大兔子治净，只留去皮兔身做酿壳，将腿脚肉剔下切丝，心、肺、肚三件内脏也切丝，并细切四两羊尾脂来添加甘香，再加粳米饭、炒葱、盐、姜丝与面酱混合，入锅炒熟制成馅料，酿入兔腹然后缝口，用杖子夹定，架炭火上炙熟。由于米饭能吸收油脂，在馅里放米饭能降低其整体的肥腻度，并增加嚼感的层次，

◒ 下图：汉釉陶烧烤炉
河南省济源博物馆藏

左边烤棒上放置了三只鹌鹑，右边烤棒则摆了四条鱼。这只方形陶烤炉模型，生动地展示了汉朝人烧烤的情形。

① 穰烧兔
兔子大者一只，剥去皮、肚、脚、膊，只用腔子。分脚膊上肉，心、肺、肚缕切。葱丝二枝，少用油打炒葱热；羊尾子脿四两缕切，粳米饭一匙，盐少许，生姜丝，面酱少许，一处拌匀，再于锅内炒热，装在兔腔子内，针线缝合。用杖子夹定，炭火上烧热，食之。

鲫鱼用大者，去鳞肚，脊上开一，依烧兔法①，物料装在肚内，如前法烧之。

——南宋·陈元靓《事林广记》

加咸酸菜也有类似效果。

鱼类的酿菜，在古烹饪书中至少有两道，且都属于炙烤菜。一是《齐民要术》所载“酿炙白鱼”：须选两尺长的大白鱼，馅用肥鸭肉丁、姜末、橘皮、葱、豉汁和鱼酱汁、酱瓜拌成（“鱼肉+鸭肉”的搭配在今天颇为罕见）。另一道是宋元食谱中的“酿烧鱼”：以大鲫鱼做酿壳，并用米饭、豉酱、数种香料拌肉馅。不过请注意，做酿鱼，鱼都不能像平常那样从腹部破开掏肠，而是从背脊开个口子，使鱼腹保持完整，才能兜住酿馅。此外，酿鱼的馅料都需事先炒熟，然后才酿入鱼腹，防止出现鱼身已经烤得微焦，但馅料仍旧半生的尴尬情况。炙烤途中，还要频繁往鱼身涂抹烤汁，比如酿炙白鱼刷的是醋、鱼酱和豉汁的混合汁，使鱼肉香气诱人。

以上提及的酿菜，都有一个特点，就是肉里酿肉，口腔中出现两种肉味，打破了大多数人对酿菜的刻板印象——比如菜里酿肉的酿辣椒、酿茄子、酿香菇。事实上，从北魏至元朝这八百年间，食谱记载的酿菜主要是肉里酿肉型，这没什么好惊讶的，因为能被录入书中的菜肴几乎都源自中上阶层。至于在小莲蓬里酿入鱼肉的“莲房鱼包”、在橙内盛满蟹肉的“蟹酿橙”，则是酿菜的另一个极端——酿壳不过是为添加额外的趣味而缺乏食用的可能性，结合在一起却获得迷人的诗意，很符合文士的雅趣。

◆原方并没有说明鱼腹中酿的是哪种肉料，你可以参考《齐民要术》的“酿炙白鱼”，选择鸭肉馅；也可选择常见的猪肉馅或羊肉馅。

◆今天我们熟悉的酿鲫鱼菜，通常称为“荷包鲫鱼”或“怀胎鲫鱼”。除猪羊肉，馅内还加冬笋、蘑菇、火腿等物。酿好后，一般先下油锅炸得鱼皮黄脆，再加酱香料红烧，如此制作的酿鱼会带有汤汁。而这道明火炙烤的“酿烧鱼”则比较干身，表皮焦香，带诱人的烟熏味，也同样美味。

食材：

鲫鱼 / 两条，每条三百五十克至四百克
带肥羊肉 / 两百克
小葱 / 两根，或多加
粳米饭 / 量勺十五毫升
生姜 / 十克
豆酱或面酱 / 量勺三毫升
酱油 / 量勺三毫升
油 / 少许
盐 / 适量
烧烤酱汁 / 一碟
料汁 / 一碟（以两勺酱油、一勺醋、少许花椒粉拌成）

【制法】

① 将鲫鱼刮鳞、摘净鱼鳃。建议保留鱼鳍，造型更好看。从背脊入刀，开口，从中将内脏掏出，口子尽量开小一些，以能掏出内脏为宜。用水冲洗净鱼身及鱼腹内，控干水，再拿厨房纸巾抹干内外。可用盐和花椒粉抹在鱼身及腹内，腌制半小时，将腌出的水抹净。把鱼摊在通风处晾干鱼皮上的水分，晾至干身。晾一两小时即可。

② 做馅料。原方建议添加羊尾脂，它会给瘦肉带来甘香润泽。羊尾膻味重，也不好找，可选择带肥羊肉来做馅。将羊肉先切成薄片，再切碎。

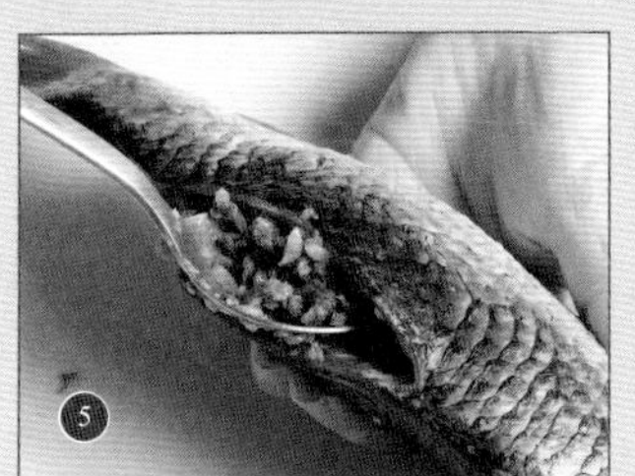

③ 小葱切碎。锅里倒少许油，倒入葱末炒一两分钟，炒至发香，盛出。生姜去皮，切成细末。提前做好粳米饭，留一大匙来用。将羊肉、葱、姜、米饭、酱、酱油拌匀，味道可偏咸一点。

④ 锅烧热，倒一点油使不粘锅底，将馅料下锅翻炒至香熟，如觉不够味，可加少许盐调足，盛出。在炒制过程中，羊肉会结成一坨，须把它打散才好。

⑤ 待肉馅散热，将之填进鱼腹内。

⑥ 确保鱼腹内部填满，不留空隙。

⑦ 将烧烤炉的木炭点燃，烧上一会儿，至火色均匀就可以开烤。

⑧ 将酿好的鱼用烤鱼夹子夹好，上炭火炙烤。

⑨ 烤制期间，需要不时刷上油和酱料，烤得焦香四溢。

酥骨鱼

其骨皆酥犹堪食

作为细刺很多、食用略显麻烦的食材，鲫鱼的魅力其实在鲜味。宋朝人菜谱里的鲫鱼吃法不外乎几种，能全方位展现鱼鲜的莫过于斫鲙，被文士奉为无上美味。在北宋，开封人可以到皇家水景园金明池购买一张垂钓许可证，现场钓上鲫鱼后，请专业厨人快刀批作细薄片丝，再佐以橙齑或鲙醋、芥辣汁享用，“以荐芳樽”。

降低细刺入口不适感的秘诀，是将鱼做成重料重工的“酥骨鱼”。小鲫鱼治净，盐及香料涂抹鱼身后控干，油煎得鱼皮焦香，码入锅里，加调味料共十二种：莳萝、花椒、马芹、橘皮、豆豉、葱、楮实子、盐、油、酒、醋、酱。调清水浸没鱼身，加盖后以小火焖至酥软。这使浓郁的香料味渗入鱼肉，入口汁水饱满，味微甜，口味类似江浙一带的佐酒家常冷菜——熏鱼。大部分骨刺已变酥软，可以嚼碎吃下，酥骨之名正是由此而来。

从宋至今，酥骨鱼衍生出各种版本。元末明初《易牙遗意》所载“酥骨鱼”只用酱水、酒、紫苏叶和甘草来煮，且鲫鱼无须油煎；清《调鼎集》的“酥鲫鱼”则添加大量葱、香油、酒、酱、姜片等焖烧而成。往时酥骨鱼多在过年前后制作，焖上一大锅，随吃随取，如唐鲁孙在《酸甜苦辣咸》中介绍了几道北平家常年菜，其中就有美味的“酥鱼”：小鲫鱼用黄酒、酱油、米醋、白糖腌过，再用油煎透，然后一层大葱一层鲫鱼入锅，加料汁浸没，煨焖一个半小时。今天，酥鲫鱼仍然是北京人熟悉的家常菜。

餐桌上的鲫鱼几乎都属银白青黑色系，而在自然界小概率存在的黄金或橘红色变异鲫鱼，则被当作观赏鱼。更早的年代，人们将随机捕获的彩色鲫鱼单独挑出，数量有限，颜色也全靠自然生成。到宋朝，观赏鱼才迎来第一轮人工选育的热潮，继而在之后几百年里，两大观赏鱼体系中的鲫鱼发展出体态万千的金鱼，鲤鱼演变为繁花似锦的锦鲤。

◒ 下图：《冬日婴戏图》局部
宋 佚名
台北故宫博物院藏

除了彩色鱼儿，毛相漂亮的狸奴也是上流社会钟爱的宠物。名贵品种，比如身披黄白色长毛的“狮猫”。

鲫鱼二斤洗净，盐腌，控干。以葛蒌酿抹鱼腹，煎令皮焦，放冷。用水一大碗，莳萝、川椒各一钱，马芹、橘皮各二钱（细切），糖一两，豉三钱，盐一两，油二两，酒、醋各一盏，葱二握，酱一匙，楮实末半两，搅匀。锅内用箬叶铺，将鱼顿放，箬覆盖，倾下料物，水浸没。盘合封闭，慢火养熟。其骨皆酥。

——元·佚名《居家必用事类全集》

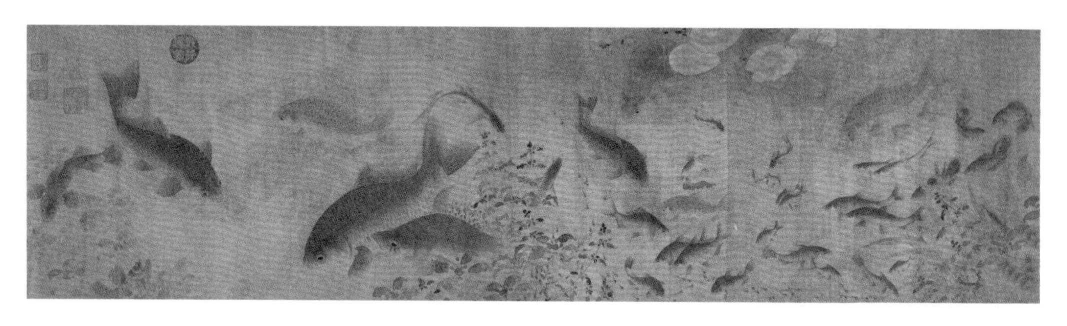

◓ 上图：《群鱼戏瓣图卷》局部
（传）宋 刘寀
圣路易斯艺术博物馆藏
-
红鲫鱼和普通鲫鱼。

只是，宋朝还处在饲养金鱼的初级阶段，纱裙般飘逸的标志性大尾鳍尚未出现，更遑论浮夸又古怪的名贵品种（比如头顶鼓起一团泡状肉球的“狮子头”，眼睛下长出一只巨大的半透明水泡的“水泡眼”）。家养金鱼仍多为普通鲫鱼形状，养殖者也仅仅是在颜色上探寻各种可能性。在育变技术与稳固色泽方面，业内人往往秘而不宣，从岳飞的孙辈岳柯听来的传闻得知，一条普通鱼经历从银白色、黄色，再到金黄色的蜕变，秘诀就在小红虫。这种说法并非全无道理，长期给金鱼投食红虫，确实能使鱼体色泽的艳度得以稳固。

职业培养及售卖金鱼，在宋朝叫“鱼儿活”，杭州钱塘门外是此行当的聚集地。除了贩卖金银鲫鱼、金鲤鱼、红鲤鱼、金鳅、金鲹，以及白底黑花斑的玳瑁鱼等鱼类，还有玳瑁龟和玳瑁虾，金龟、金虾、白龟、金田螺之类。南宋年间，一条金鲤能卖到数贯钱（几千个铜钱。一斤普通鲤鱼最多只要六十文），属于奢侈品，不是一般人能玩得起的。观赏鱼被精心饲养在厅堂的鱼盆或花园的沼池里。宋高宗赵构逊位后用于颐养天年的德寿宫里，有一方“泻碧”金鱼池，水里很可能游弋着高宗到处搜罗来的心爱宠物——金鲫鱼。

食材及工具：

小鲫鱼 / 六条（共七百克）
莳萝籽 / 两克
花椒 / 两克
马芹 / 四克
橘皮 / 四克
砂糖或红糖 / 二十二克（两勺）
豆豉 / 七克（几粒）
楮实子 / 十一克
葱 / 一大把（约三十克）
盐 / 酌量
油 / 油煎的量再加四十五克（焖煮时用）
黄豆酱 / 一匙（约十毫升）
黄酒 / 半碗（一百六十毫升）
醋 / 半碗（一百六十毫升）
箬叶 / 八张
土砂锅 / 一只

◆选择本土小鲫鱼，每条重二两左右，巴掌长。大鱼的骨头既粗且硬，不容易酥软。

◆楮实子是构树的干燥成熟果实，一般入药。吴氏《中馈录》多次提到，煮各种肉类时加点楮实子，能使肉易烂又香。

◆箬叶是箬竹的叶片，形似竹叶，但比竹叶大得多，常用来包粽子，清香宜人。

【制法】

① 小鲫鱼刮鳞，去净内脏，冲洗抹干，用盐抹遍鱼身，腌半小时。厨房纸巾吸干鱼身水分，晾放通风处一小时，使鱼皮干身。如有葛缕子，就用这种香料粉涂抹在鱼腹内，或用香味近似的孜然代替。

② 铁锅烧热，倒多一点油，油烧热转文火，放入小鲫鱼，煎至鱼皮焦黄。煎鱼鱼皮不烂的要诀是：锅热油热后再放鱼，锅壁荡油防粘，鱼体干身，火要小，不要急着翻面。

③ 箬叶洗过，沸水锅里烫十秒，剪去头尾。砂锅底部先铺一层箬叶（横竖各铺两张），作用是防止鱼体粘锅。

④ 将鲫鱼整齐码放入砂锅。

⑤ 用四张箬叶覆盖鲫鱼，横竖各盖两张。

⑥ 按配比，取莳萝籽、花椒、马芹、橘皮丝、砂糖、豆豉、盐、油、酒、醋、葱（切碎）、楮实子（最好研末），搅匀成酱汁。（原方用盐约二十二克，有点过多，可按个人口味酌量。）

⑦ 酱汁倒在箬叶上，铺平，再加适量清水，至刚漫过箬叶的高度。

⑧ 盖上砂锅盖。大火烧开转文火，焖两三小时。

⑨ 关火。热时夹鱼容易弄碎鱼身，要等凉透了才取食。如果不着急吃，放到第二日再焖半小时，会更美味。

◆当时的一斤比现在重，将近六百克。每斤十六两，每两约三十七克，每钱约四克。如果将之按照现代重量粗略换算，则每一千克鲫鱼，用莳萝籽和花椒各三克，马芹和橘皮各六克，糖三十一克，豉九克，盐三十一克，油六十二克，楮实子十六克。

◆《梦粱录》载杭州食肆中有“酥骨鱼”，究竟怎样做，可惜史无记载。姑且按照《居家必用事类全集》的食谱来仿制，以供参考。

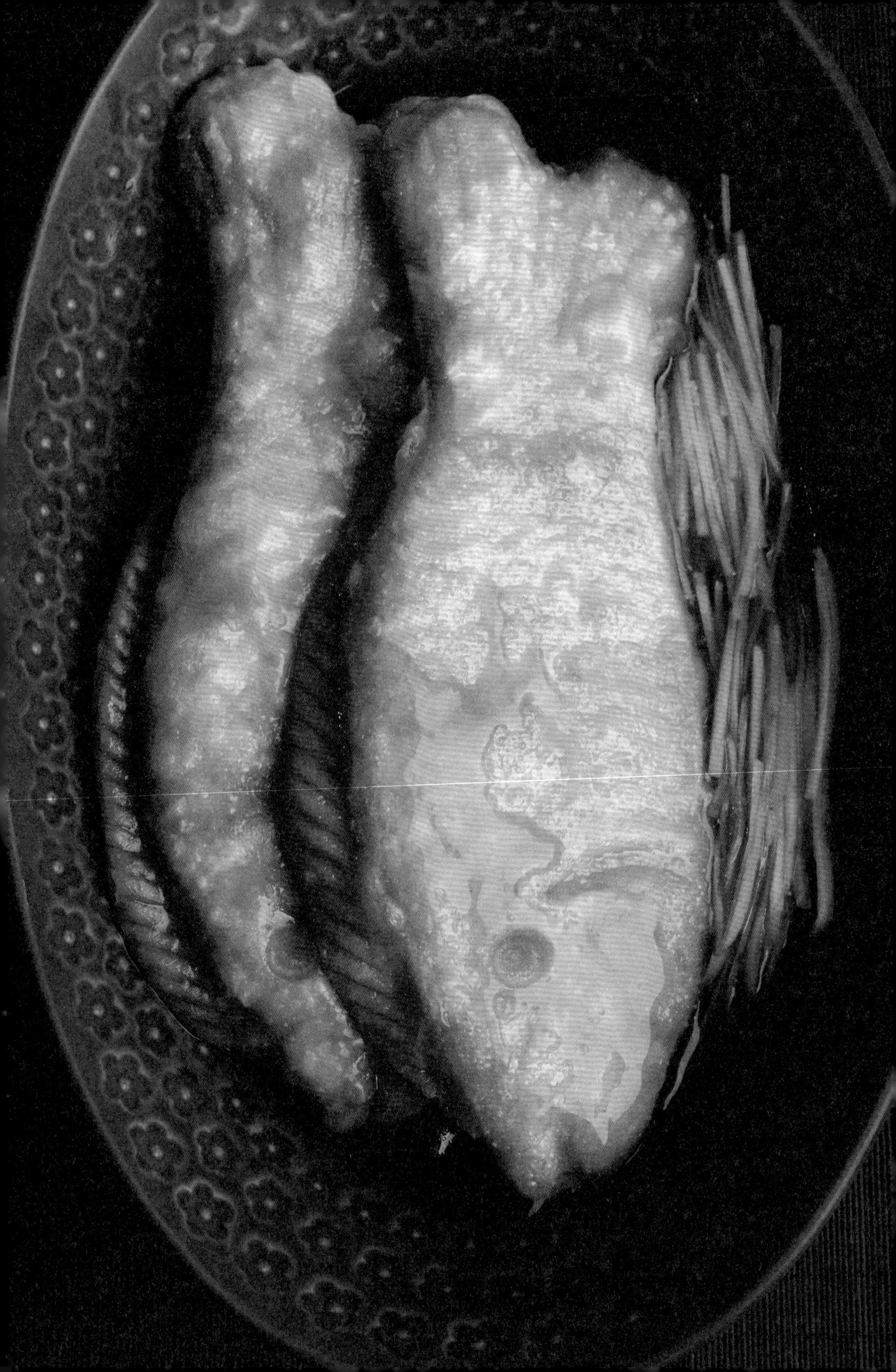

两熟鱼

乳蕈薯粉素鱼肥

与直接饮用生鲜奶相比，宋朝人更乐于吃酥、酪、乳团、乳饼等加工乳制品，主要原因是鲜奶的腐败速度惊人，而乳制品兼备耐存与风味上佳的优点。

先来说“酥”，这是通过搅打或加热从牛奶中分离出来的乳脂肪。生酥似奶油，将生酥进一步煎炼去渣而得出的浅黄色液体（冷却会变固体），则为酥油，如同牧民自制的黄油，两者都被视为“酥”。由于酥具有“加热变稠软、遇冷变硬”的物理特性，宋朝人常用来制作“滴酥”——这是将酥用挤滴或似奶油裱花的手法，将添加了蜜糖和经染色的酥，塑成好看的造型。最常见的莫过于“滴酥鲍螺”，这是下圆上尖形似螺壳、上有螺蛳转纹的小甜点，当时杭州人能从市西坊的食肆中买到，充当配茶佐酒的果食。又据《金瓶梅》所形容，将滴酥鲍螺噙入口中，“如甘露洒心，入口而化”。

还有人巧手将酥滴塑作花鸟鱼虫、祥瑞鸟兽之状，用作筵宴的看盘，据苏轼的三儿子苏过提及，其堂姊对于滴酥怀有巨大的热情，她甚至为每位来宾创作多达二十盘酥花。而每当南宋皇帝在明远楼赏雪，后苑也会准备很多精美的酥花，并以金盆盛放献上，以供后妃们赏玩。此外，酥也能泡茶，据说陆游就喜欢在热茶里添加酥，搅溶后，茶面会浮起一层油，能喝出酥油茶的感觉。

再说酪。酪相当于今天所说的酸奶，浓稠而味酸。“王家乳酪”“乳酪张家”是北宋开封很有名的两家奶酪专卖店，当时流行在新鲜樱桃上浇一大勺乳酪混合同吃。当酪发酵完毕，表面会凝结出一张乳脂肪皮膜，

◒ 下图：酥爊鹿脯

在南宋杭州的素斋馆和素面店，有很多以假乱真的仿荤菜品：两熟鱼、蒸果子鳖、蒸羊、油炸鱼茧儿、三鲜夺真鸡、油炸河豚、大片腰子、假炙鸭、干签杂鸠、假羊事件、假驴事件、假煎白肠、葱焙油炸骨头、米脯大片羊、红爊大件肉、煎假乌鱼、炒鳝面、卷鱼面，等等。

酥爊鹿脯是在模仿鹿肉干。生面筋团掺入辛香料并用红曲粉染成肉红色，再经油煎和汁炒，形成似肉脯的紧实和弹牙口感，色泽也像肉脯。

山药（二斤，去皮），乳团（一个，擦碎），陈皮（三片），生姜（二两，各切碎），姜末（半两），豆粉（六两作糊，更下干豆粉末五两），盐（少许）右将上件物料，一处下于糊内调匀，用粉皮一个，亦用生粉系抹过，将馅放于粉皮上，折皮盖合，用手捘作鱼样，入油内炸明黄色，取出，下于熬成蘑菇汤内，煮合熟，盛于碟内，上用姜丝、新青菜头少许。

——南宋·陈元靓《事林广记》

称为“酪面”，刮起另用。在杭州后市街有一家“贺四酪面”，人们购买一张酪面，再用两张新式油饼夹起吃，成一时风潮，高宗皇帝也是这家酪面店的忠实顾客。

乳饼和乳团是类似豆腐块的固体。两者做法相似，只是原料不同，前者使用鲜奶液，后者使用酸酪。先将原料加热，再点入酸浆水作为凝结剂。酸促成酪蛋白聚集，结为松散的豆花状，倒入绢布包里滤去乳清，最终呈现似老豆腐的质感。相比起来，乳饼的乳香味更浓，而由于乳团的原料经过部分脱脂，故脂肪含量更低，两者的口感都与西式芝士有很大不同。如今，云南地区仍保留这种古老的“乳饼”技法，当地白族人和彝族人多用羊奶和牛奶来制乳饼，分别称为羊乳饼、牛乳饼。

乳饼和乳团常被用于烹饪。仿真素菜“两熟鱼”的配料构成里就有乳团：研碎的乳团，与山药泥、绿豆淀粉糊、陈皮、生姜拌成泥状馅料，构成素鱼的“肉”，外用粉皮充当“鱼皮”包裹馅料，捏塑成一条鱼的形状。素鱼先在油锅里炸黄，后用蘑菇浓汤略煮。因乳团赋予淀粉泥奶脂香，所以能吃出鱼肉的感觉。

或许很多人会感到疑惑，明明使用了乳品的两熟鱼却在寺院斋食行列。事实上，当时浙江地区将牛奶视为素食，杭州素食店主要使用的食材便是“乳麸笋粉”（乳制品、面筋、鲜干笋、绿豆淀粉），客人除了能吃到包含乳团的素鱼“两熟鱼”，还有加乳饼拌过的冷面“乳齑淘”。在当时食谱记载的素菜“炸骨头”和“玉叶羹”中，亦能看到乳团的参与。

◆ 古籍中所说的“粉皮”，不知是哪种粉皮。尝试过绿豆粉皮，但绿豆粉皮一折就裂开，且无法油炸成明黄色，并不适用。此处我使用了“水晶角儿皮”的制法，用面粉和绿豆淀粉混合制成，先蒸熟后油炸（原食谱亦无蒸这一步），可使粉皮的口感较酥脆。

【制法】

蘑菇汁

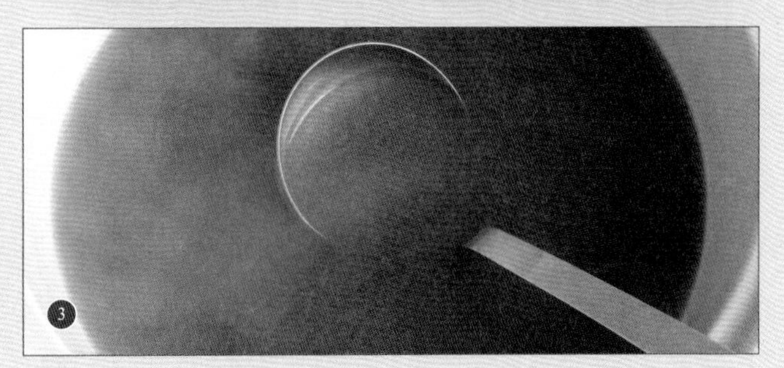

食材：
干香菇（或搭配一半茶树菇）/ 五十克
面酱 / 五十克
姜 / 数片
醋 / 十毫升
酱油 / 十毫升
盐 / 适量

① 蘑菇汁提前一天熬制。香菇搓洗泥沙，放入锅，加一千二百毫升水，浸泡两小时。

② 放几片姜，大火烧开，转文火，撇净沫，小火熬制五小时，尽可能将香菇内的风味物质熬出。

③ 捞去香菇和姜片，得到约四百毫升清汤。舀出面酱，冲入六百毫升沸水，搅成酱汤。将四百毫升蘑菇汤和面酱汤一同入锅，煮开后滚上几滚，关火，加少许醋、盐调至略咸。最后用极细滤网，将汤过滤清澈，备用。

外皮

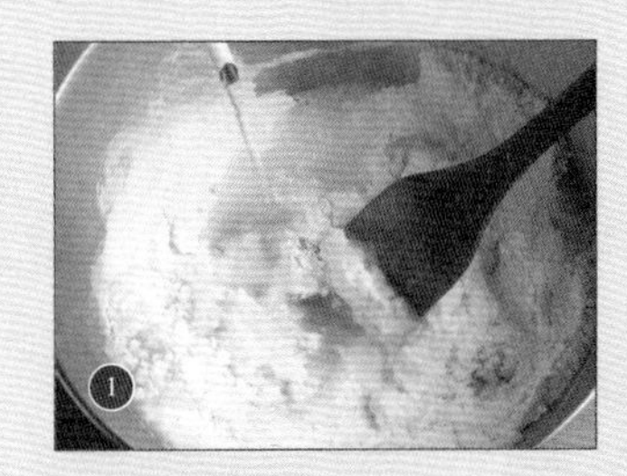

食材：
面粉 / 一百二十克
开水 / 一百五十克
绿豆淀粉 / 约七十五克。换成豌豆淀粉，油炸后更为酥脆。

① 将开水注入面粉中，边倒边搅拌，揉成稀面团。

② 面团分摘几块，浸泡在凉水中。

③ 备馅。待馅料备好，面团也浸泡得差不多了。捞起面团，洗掉淀粉糊及控干水，添加适量绿豆淀粉，和成软硬适中的面团使用。

乳团

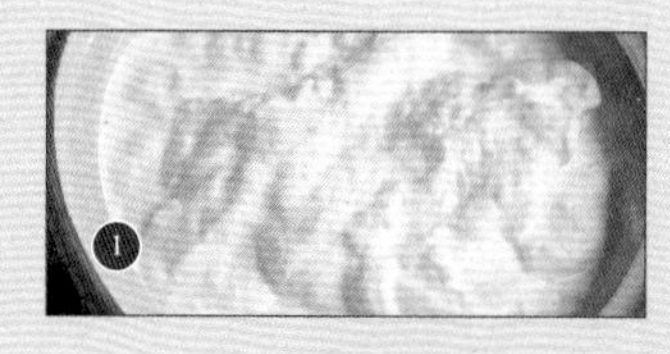

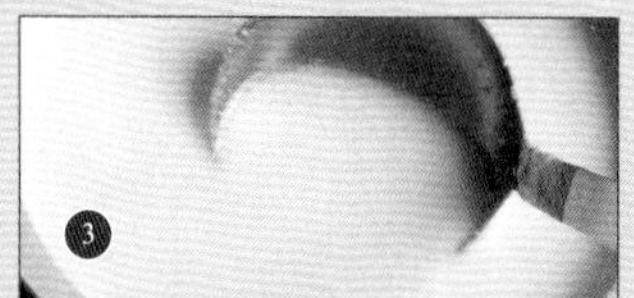

食材：
酸奶 / 七百毫升
白醋 / 七十毫升

① 要用无糖零添加的纯酸奶，将酸奶倒入小锅中。

② 开中大火加热，边煮边搅动，以防煳锅。

③ 待酸奶煮热冒烟，但还未沸腾的状态，关火。倒入白醋，用勺搅动，酸奶马上就形成凝乳。

④ 用细孔漏勺将凝乳捞起来，倒进纱布里。

⑤ 将纱布攥紧，把乳清挤压出来。可再用重物压在乳团上，压二十分钟，以便将乳清排得更净。

拌馅料

食材：
山药 / 二百二十克
乳团 / 六十克
生姜 / 一块（磨姜蓉十五克）
干姜粉 / 四克
盐 / 一克
陈皮粉 / 两克
绿豆淀粉 / 四十克（加水四十毫升调成糊），三十三克（干粉）

① 山药洗净外皮，切成十厘米小段。加水煮约十二分钟至软熟。捞出，去皮，用刀身压成细腻的泥（或用压土豆泥的工具）。

② 乳团亦压成细腻的泥状。

③ 生姜洗净，削去皮，用擦子磨成姜蓉。

④ 取豆粉四十克，加四十毫升水调成粉糊。往粉糊中加入山药泥、乳团泥、生姜蓉、干姜粉、陈皮粉、盐，拌匀。

⑤ 分次酌量添加干绿豆淀粉，和成馅。最好是呈现湿软的略粘手的状态，但又能捏成光滑的团子。（若太湿黏，则不能成光滑状；假如太干，做好的“鱼肉”会夹生且干硬。）

开始做素鱼

① 将做外皮的粉团平均分成六块。

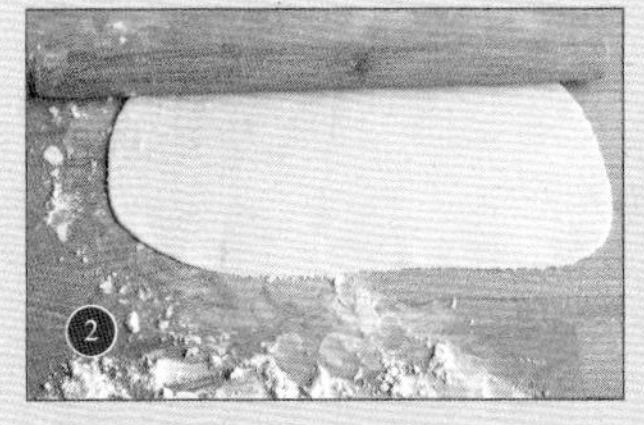

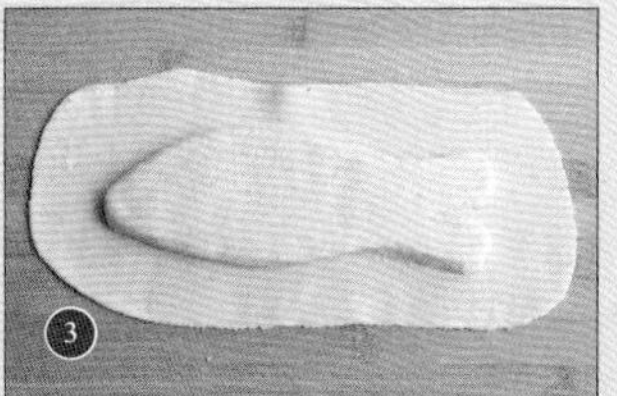

② 每块擀作长方形。

③ 馅料分为三份，分别塑成鱼形。可先在案板上塑造好，再移到粉皮上，这样不会弄坏粉皮。

④ 沿着鱼身边缘，在粉皮上抹一点水，再将另一张粉皮盖上，压紧，捏紧边缘，让两张粉皮粘牢。用小刀划掉多余的粉皮，边缘再次捏紧，收边。

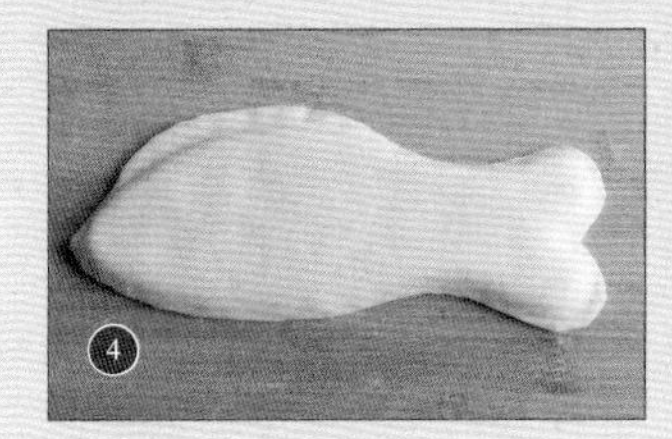

⑤ 用工具印上鱼眼、鱼鳞、鱼鳍等花纹。

⑥ 蒸锅烧开，将素鱼放进锅中，蒸十分钟左右，将粉皮和馅料中混合的绿豆淀粉蒸熟。底下须垫锡纸或纱布，因为鱼容易粘盘子。将素鱼取出，让水汽散掉，温热如人体温度时，就可以开炸。锅里倒油，加热至六七成热后，把鱼放进油锅里，油炸到两面金黄酥脆。炸鱼需要一些耐心，素鱼下锅，先会变硬和变白，然后慢慢地挂上金黄色，皮上亦冒出小泡。大概等待二十分钟才炸好。捞起沥油。

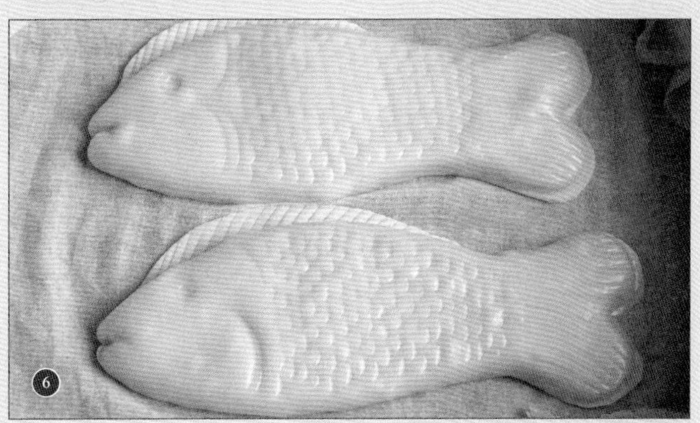

⑦ 把蘑菇汤回锅加热，再将鱼放进蘑菇汤中略煮，起锅。（这一步我建议不煮。经过煮制的鱼皮会变软，失去酥脆感。可将蘑菇汁煮滚，勾薄芡水使汤汁略稠，然后将芡汁浇在鱼上。）素鱼装盘，浇汤，加青菜头丝、姜丝点缀。

◆ 由于提前蒸过，最后不用放入蘑菇汤里煮，直接浇上蘑菇汤就好。

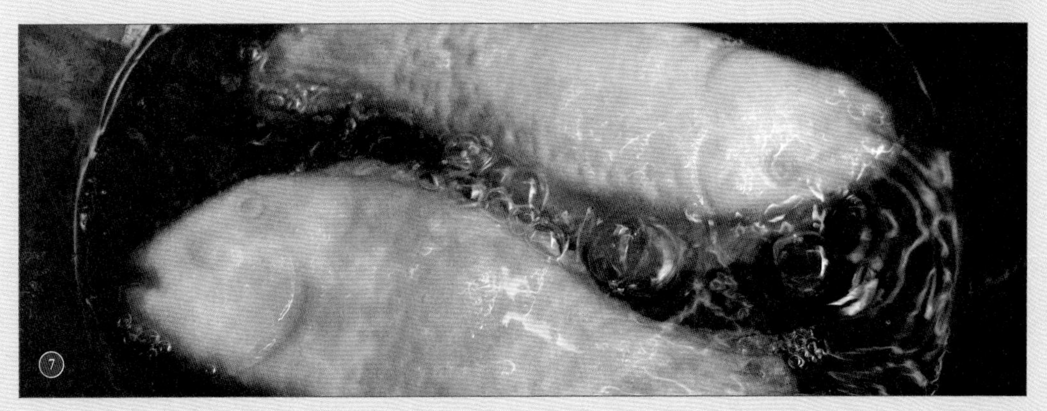

蜜煎金橘

光彩灼烁如金弹丸

要想在室内营造“如在柑林中”的意韵，办法是焚一种橘味合香。南宋人韩彦直在《橘录》里给出详细配方：先准备刚采摘的朱栾花，切作薄片的笺香木（沉香的一种）和一只锡质制香蒸馏器“花甑”。步骤一，鲜花与笺香木片填入花甑。先铺一层花垫底，再铺一层笺香木片，又铺一层花，反复数次，直到填满为止，压实，注意鲜花的分量要多于香木片，密封。步骤二，加热蒸馏。花朵受热后会析出水分，形成汁液，将从花甑侧面小孔流出的汁液用杯收集起来，然后打开花甑，扔掉花瓣，拣出香木片放入汁液中浸泡一整夜。第二日再次采来鲜花炮制，至少重复三遍，最终得到一份被朱栾花精髓充分浸染的笺香木片，烈日晒干收储。当投入古鼎焚爇，柑橘香气氤氲而出，若隐若现。

用朱栾花的原因是，朱栾比橘橙更具备担任香材的理想条件：花朵大、香味浓郁而辨识度高。至于朱栾果，则是一种大酸柚，皮粗厚，肉瓣干硬，酸得难以入口，几乎不会被当作水果食用，一般入药，或像香橼那样充当闻果。

柑橘属的成员众多，常吃品种有柑、橘、柚、金橘、香橙，口味相近但又各有个性，占据了秋冬水果市场的半壁江山。金橘个头最小，只比鹌鹑蛋略大，因果肉和果皮连为一体，果皮薄且甜，所以会连肉带皮一口吃下。在宋朝，这种甜度颇高的金弹丸，一度引发食用风潮，事因温成皇后（北宋第四位皇帝仁宗赵祯的宠妃）爱吃金橘，上行下效，坊间顿时供不应求，原本便宜的金橘身价暴涨，给经销商带来很大的供货动力。

◒ 下图：《听琴图》局部
宋 赵佶
北京故宫博物院藏
-
在典型的士大夫闲雅生活场景里，焚香必不可少。

金橘大者镂开，以法酒煮透。候冷，用针挑去核，捺遍沥尽汁。每一斤，用蜜半斤，煎去酸水苦汁，控出。再用蜜半斤煎，入瓷器收之。煎橙、橘，一依此法。

——南宋·陈元靓《事林广记》

对古人来说，随心所欲吃个远方的蔬果特产是件奢侈而麻烦的事。虽然柑橘类水果还算耐存，但受古时物流滞缓的限制，保鲜仍是扩大销售急需解决的问题。祖籍陕西的韩彦直回忆，当地人消费的柑橘从水路运进，大都是味道打折的失鲜货，直到四十多岁，被调到专产优质柑橘的温州上任，才第一次吃到新鲜美味的"温柑"，以及更多品种。在金橘的保鲜技术方面，货商们各出奇招。土办法有将果子埋入一缸绿豆里，据闻效果显著，但理由很不科学："盖橘性热，豆性凉也。"比较可靠的方法是江西的"连树带果"运输法——培育高二三尺（一尺约三十一厘米）的小型金橘树，瓦盆栽种，趁果子将熟，连盆带树堆放在船板上，一艘船大概能容纳上千株，待运至目的地，亦整盆出售。

更美味、更耐储存的办法是制成蜜煎。和樱桃、橄榄一样，金橘也是蜜煎果子的常用选材。这种与现代蜜饯大同小异的茶酒果，是宋朝高级宴会的开胃前菜。制法沿用"水果加蜜糖"的组合方式：加足蜂蜜，煎煮两遍，使水果内部的水分被糖分替代，防止腐烂的同时令甜度倍增。而经蜜煎的金橘，甜软可人，仍能品尝到明显的橘香。除了金橘，宋人也用这套方法处理橙与橘子。假如在果皮上雕刻花纹，即为"雕花金橘""雕花橙子"。

食材：

金橘 / 一千克
蜂蜜 / 一千克
甜米酒 / 五百毫升

【制法】

① 金橘摘掉果柄，洗净控水。用小刀在金橘果一端切米字花，注意不要切过半。镂花，是为了去核、入味及造型。也可参考传统橘饼，在果身竖着划五六道缝，压扁后形似花朵。

② 金橘放进锅中，倒入滤净的甜米酒。

③ 大火煮开，转中火，加盖，约煮六分钟。经过煮制的金橘果变软，方便去核。

④ 用漏勺将金橘捞到竹篮中沥水，散热。余下的甜米酒可用瓶子装起，冰镇后饮用，是十分美味的金橘味米酒。

⑤ 拿趁手的工具，如尖头筷或竹签，将金橘内部的果核小心剔出，再轻手挤压果子，把多余水分挤出。

⑥ 把金橘倒回锅中，添加五百克蜂蜜搅拌。开火加热，待煮沸，转中小火，其间偶尔搅动防止粘锅。约煮十分钟，见果中释出的水分收干了些，转小火慢慢煎熬。不用加盖。熬制三十分钟，这时金橘所含水分大多被蜜糖代替，果子收缩，整体呈现深橘色，蜜汁十分黏稠。

⑦ 将金橘捞出沥汁水。锅洗净，倒进新蜜五百克，再放金橘同拌。开火，不时翻动，加热至沸腾后转小火，煎熬五分钟。

⑧ 关火，让金橘浸泡在蜜中。待放凉，再将金橘夹进干净瓷罐中储存（若要久存，可连蜜收储）。金橘浸满蜜汁，甜腻可口，很适合充当茶点。

拨霞供

浪涌晴江雪，风翻晚照霞

火锅是很原始的烹饪方式，别名涮锅，也叫打边炉，主要由一炉加一锅热汤组成，搭配琳琅满目的生鲜肉鱼及菜蔬，夹起往沸汤里烫一烫，即熟即食，这是风靡全国的冬日聚餐场景。不少人将宋朝也有火锅的力证，追溯到南宋美食家林洪，因为他在《山家清供》明确提到两次特别难忘的涮锅经历，并给火锅冠以美名：拨霞供。

以茶叶闻名的福建武夷山（宋朝武夷山也产茶，现在更是大红袍、水仙、肉桂等高香岩茶的核心产区）风光旖旎，一条九曲溪将高峰与幽谷串联成线，沿途划分出九处景致，巨石、瀑布与溪涧多不胜数，是一块适合寻幽探胜的旅游胜地。而更吸引文士争相前来拜谒甚至隐居的，是人文环境——山间多见宫观庙宇，大量道士禅僧在此静修，理学大师朱熹一手创办的书院“武夷精舍”（私人学校），便坐落在五曲隐屏峰下。某年冬天，频繁在东南地区游历的林洪来到武夷山，行程表上计划拜访的名人，就有幽居于六曲峰的道人止止师。

◓ 上图：《白莲社图》局部
北宋 张激
辽宁省博物馆藏
-
下为风炉，上置煮水的铫锅，这套煮茶道具也适用于置办火锅。

行走山间，正遇大雪，忽然有人猎到一只野兔。面对膘肥的美味，却找不到专业厨师，众人一筹莫展。止止师建议，不妨用简便的山野之法来烹制：野兔剥皮毛，去骨，肉均匀批成薄片，加酒、酱、花椒稍微腌渍；同时，燃起小风炉（铁或泥制的煮茶炉），安放在餐桌中央，炉上置少半锅水，烧沸，每人分发一双筷子，围聚炉旁，随意夹肉，浸入沸汤里摆拨几下，烫熟，蘸自调的酱汁佐味。可以说，涮锅对刀铲功夫要求不高，炊具也是精简到极点，不仅能完美解决厨师缺席的问题，同时也能营造出热闹轻松的就餐氛围。

向游武夷六曲，访止止师。遇雪天，得一兔，无庖人可制。师云：『山间只用薄批，酒、酱、椒料沃之，以风炉安座上，用水少半铫，候汤响一杯后，各分以箸，令自夹入汤摆熟，啖之，乃随宜各以汁供。』因用其法，不独易行，且有团圞热暖之乐。

越五六年，来京师，乃复于杨泳斋（伯岩）席上见此，恍然去武夷如隔一世。杨，勋家，嗜古学而清苦者，宜此山林之趣。因诗之：『浪涌晴江雪，风翻晚照霞。』末云：『醉忆山中味，都忘贵客来。』猪、羊皆可。《本草》云：兔肉补中益气。不可同鸡食。

——南宋·林洪
《山家清供》

五六年后，林洪第二次吃火锅。京师（杭州）的当朝官员杨泳斋做东，饮宴中，居然罕见地摆上一个颇具山林之趣的涮锅，这唤醒了林洪雪中访武夷道人的遥远记忆——因一锅偶得的兔肉火锅而显得格外美好。接下来，在相互酬唱的娱乐环节中，林洪以涮锅为主题，吟道："浪涌晴江雪，风翻晚照霞。"

显然，这正是"拨霞供"名字的起源——热汤突突翻滚，仿佛晴江涌起雪白的浪头，仅短短几秒，殷红的肉片变作晚照绯霞般的浅粉色。将涮肉片这个简单的动作形容为拨绯霞，很有诗意。林洪建议，羊肉和猪肉也可如法炮制。由此可见，火锅这种饮食形式在当时林洪生活的地区，即浙江一带其实并不常见，人们只是偶尔这样进食，还未形成一股风潮。

拨霞供与现代火锅版本之一的北京涮羊肉非常相似，都以清水打底，香辣咸鲜的味道主要从蘸料获得。而两者间的区别，就在肉片的前期处理上——拨霞供的肉片会事先加味料腌渍，所以含有些许咸味，完全可以不蘸酱直接吃；北京涮羊肉，则省略这一步，一烫一蘸，从淡口一跃而至浓郁。现烫现吃，确实能呈现食材最鲜嫩的口感，品尝其与生俱来的味道，这或许也是火锅长久流传的魅力所在。

◒ 下图：《双喜图》局部
北宋 崔白
台北故宫博物院藏
-
兔肉是常见野味，北宋开封的吃法有：盘兔、炒兔、葱泼兔。

【制法】

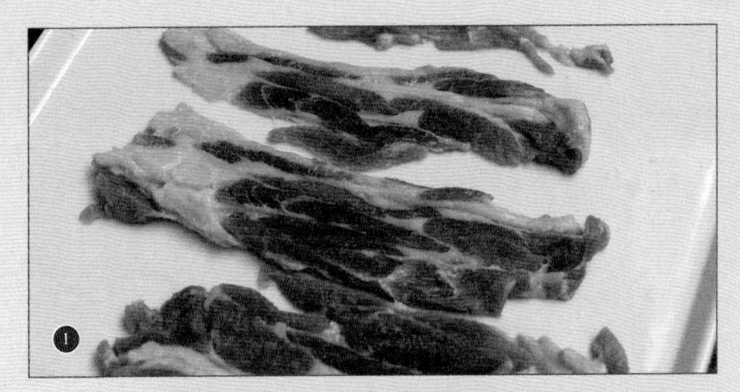

食材：

羊肉 / 一千克
黄酒 / 一匙
酱油 / 两匙
花椒 / 一把
麻油 / 小半碗
醋 / 一匙
盐 / 酌量

① 羊肉切成薄片。

② 加黄酒一匙、酱油一匙、研碎的花椒一把，用手揉匀，腌渍半小时。

③ 半锅清水烧开，转中火，保持适度沸腾状态。筷子夹起肉片，入锅氽烫。待肉片变白、断生即夹起，蘸酱吃。

④ 调制蘸碟：麻油和花椒放入铁锅，加热煮滚十秒，关火放凉，拣出花椒，即为椒油。半匙椒油、一匙酱油、一匙醋，少许盐调匀。

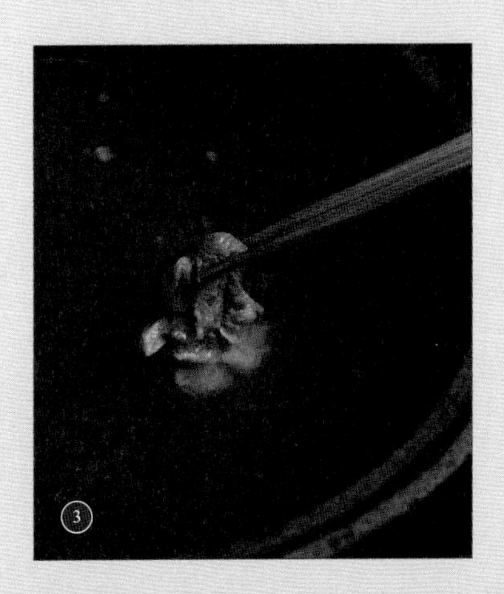

仿古

猪肚假江珧

使用内脏界的猪肚，模仿海鲜界的江珧，属“假菜”系列，通常作为下酒菜。江珧的贝肉腥而韧，口感很一般，那粒圆柱形的白色闭壳肌才是精华，人称珧柱。脱水的珧柱鲜甜味特别浓郁，一般煲汤；生鲜珧柱，则可以蘸酱直接吃，口感脆嫩、略弹，稍微炙烤或涮烫、做羹，一样美味。在南宋杭州城的食店中，有售江珧清羹、酒烧江珧和生丝江珧，前者是用江珧与配料煮成鲜羹，后两者在《云林堂饮食制度集》中亦有相关介绍：剖取生江珧，先用酒洗净，撕作筷子头粗，再放进已加热的酒里略煮，即为“酒煮”；若将江珧顺纹撕成细丝，以胡椒粉、醋、盐、糖少许拌，即为“生丝”，这道菜须冷食。宋高宗在张俊府上饮宴时，餐桌上亦有一道劝酒小菜“江珧生”，估计做法类似。

猪肚假江珧模仿的是鲜江珧。要使猪肚达到脆嫩的效果，一则讲究选料，选择整只猪肚最厚的一小块部位“猪肚头”（别名肚尖），揭去上下两层皮，单用中心一层，即肚仁。这层的特点是肌理顺直，切作指甲盖大小的方粒后，乍一看有点像新鲜的江珧柱。二则把握火候，适合用宋朝人最常对付猪肚的“白炸”法——沸汤里短暂汆烫，刚断生，入口才会爽脆。如此一来，试过的人便会明白“假江珧”果然名不虚传。

猪羊肚

猪羊肚在上流社会颇获垂青，被视为以形补形的“益阳菜”，这就不难理解，南宋高宗何以对肚子菜特别偏爱。宠臣清河郡王张俊深谙皇帝这种嗜好，于是在招待皇帝的盛宴上，一气准备了十一盏以猪羊肚为主料的下酒菜，除了猪肚假江珧，还有萌芽肚胘（牛羊的毛肚所制）、肚胘脍（拌料生食。肚胘，牛羊胃最厚处）、鸳鸯炸肚（两种肚料所制）、炙肚胘（炙烤的，口感爽脆）、炸肚胘、假公权炸肚，以及与海味结合的江珧炸肚、香螺炸肚、牡蛎炸肚、章蚷炸肚。

由于肌理结构紧致，猪羊肚呈现与普通肥瘦肉很不一样的嚼感，而且必须遵循如下烹饪规则：要么快速汆烫或爆炒，以保持脆口；要么焖煮一两个小时，使之软烂易咬。假如汆炒的时间稍长或焖煮的时间不够，猪羊肚将会变得韧而硬，像是在嚼橡胶，对火候的要求完全是处于两个极端。

宋朝人吃猪羊肚，最喜欢那股爽口感，简单的炸法大行其道，如上述一系列炸肚菜式。此外，急火逼烤亦能带来爽脆之感。

亮相场合

-

清河郡王张俊宴宋高宗
杭州分茶酒店

参考菜

-

元 倪瓒《云林堂饮食制度集》
江鱼假江珧：“用江鱼背肉作长段子，每个取六块，如瑶状。盐、酒邑，蒸。以鱼余肉熬汁，用鱼头去骨，取口颊金绝色者并（原文缺）。”

【制法】

食材：

猪肚 / 两只
小葱 / 一根
胡椒粉 / 酌量
盐 / 少许
黄酒 / 一匙
鸡汤 / 半碗
面粉 / 酌量

① 洗猪肚。先刮净猪肚的黏液，冲洗沥水；倒入半碗面粉，内外搓揉十分钟，洗净。如此重复三次直至去除黏液。最后放一大勺盐搓揉五分钟，冲净。这样才能去净污物和减轻猪肚的脏器味。取猪肚最厚处部位，如肚尖、连接肠管那一小段，切下使用。或直接购买现成的猪肚尖。

② 揭去肚尖内外两层皮，只留中心一层，切成珧柱大小的方粒。肚粒加碎葱、花椒粉、盐、黄酒抓匀，腌十五分钟。

③ 鸡汤提前熬好，去掉肉渣备用。鸡汤：老母鸡半只，姜两片，小火熬两小时，盐调味。半锅水烧开，用漏勺装起肚粒，入沸水中快速焯一下，断生立即捞起。肚粒盛入碗，加胡椒粉、碎葱，浇一大勺煮滚的鸡汤。想要掩盖猪肚的异味，可多撒胡椒。

间笋蒸鹅

假如让宋朝人将三大家禽按喜好程度排名次的话，答案可能是：鸡、鹅、鸭。根据《东京梦华录》《梦粱录》《武林旧事》三本生活笔记统计，鸡馔的丰富度遥遥领先，有二三十道，紧接其后的是今人比较少吃的鹅，也有十几道，而鸭子菜屈指可数，仅有零星几味。鹅、鸭的排位与现代恰恰相反。

鹅为何被现代人冷落？原因或许在于其挥之不去的“发物”标签（据说会使脓疮发得更厉害，这种说法尚无研究证实），加上产蛋率低，饲养麻烦，单只体型过大以致很难一顿吃完，肉质纹理相对粗韧、嫩滑度无法与鸡肉媲美，菜式不多等系列问题，所以，生鲜市场较少能见到活鹅的身影，很多人对怎样烹制鹅也比较陌生。

在宋朝，一只鹅会被烹调为如下美味：

鹅粉签、鹅签（鹅肉为馅的卷状食物，油炸制）

爊炕鹅（据“爊”“炕”二字猜测，鹅先加水和香料熬煮至熟，再放入坑炉中烤香。杭州城中有作坊专做爊炕鹅鸭，专供食店或游街小贩）

鹅炙（鹅肉切块，竹签串，炭火上烤熟，或整只烤）

逡巡烧肉（即锅烧鹅。将抹料腌透的整鹅架在大锅中，锅壁浇香油，封盖。锅底烧火，使锅内形成如同烤箱的高温，将鹅烤熟，味道似烧鹅）

白炸春鹅（选嫩子鹅，沸汤里烫至嫩熟，相当于白切鹅）

鹅鲊（生鹅肉切细，加盐酒、葱丝、姜丝、橘皮丝、花椒、莳萝、茴香、马芹、红曲末和酒拌匀，装入瓮压实，密封发酵。开瓮取出，蒸煮食用，或煎烤。在杭州城粑鲊店中有售）

糟鹅事件（酒糟鹅内脏、掌、翅、肉块等）

鹅肫掌汤齑（鹅肫、鹅掌切碎煮汤）

鹅包儿（用鹅肉做包子馅）

八糙鹅（做法不明。当时还有八糙鸡、八糙鸭、八糙鹌子）

鹅筋饭（取鹅的足筋，细锉为米粒大小，做成一碗饭。据说出自某位豪贵之家）

绣吹鹅（做法不明）

另外，蒸鹅亦较为常见，可加酱椒料等拌过来蒸，假如出锅后立即浇上杏酪，即为“五味杏酪鹅”。杭州城食店有售一道“间笋蒸鹅”，猜测是用鲜笋或笋干，与鹅肉同蒸，因笋是杭州常见的土产。仿制此菜，尤其推荐用大笋干，吸入鹅油的笋干吃起来比肉块更诱人。

亮相场合

-

杭州分茶酒店

参考菜

-

北魏 贾思勰《齐民要术》
缹鹅法：“肥鹅，治，解，脔切之，长二寸。率十五斤肉，秫米四升为糁——先装如缹豚法，讫，和以豉汁、橘皮、葱白、酱清、生姜。蒸之，如炊一石米顷，下之。”

元末明初 韩奕《易牙遗意》
盏蒸鹅：“用肥鹅肉，切作长条丝，用盐、酒、葱、椒拌匀，放白盏内蒸熟，麻油浇供。又法：鹅一只，不剁碎，先以盐腌过，置汤锣内蒸熟，以鸭弹三五枚洒在内，候熟，杏腻浇供，名杏花鹅。”

【制法】

食材：

鹅胸肉 / 两块
笋干 / 五十克
葱 / 三根
花椒粉 / 量勺一克
豆酱 / 量勺十毫升
酱油 / 量勺十五毫升
黄酒 / 量勺十五毫升
老抽 / 少许
盐 / 酌量

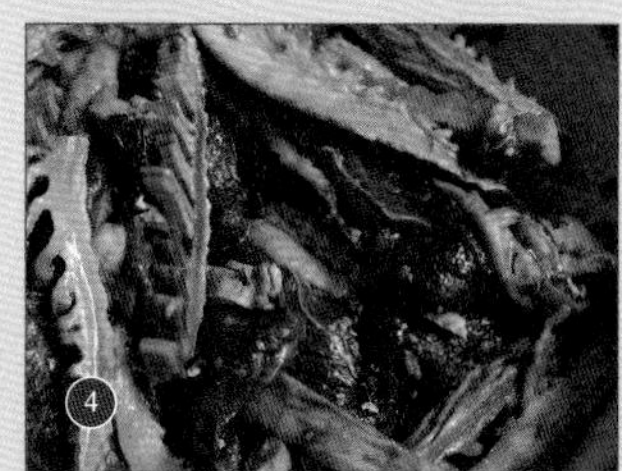

① 笋干提前一两日泡发，再用水煮约四十分钟，使质地回软易嚼。

② 切去老头，竖切为条。

③ 带皮鹅胸肉切成厚片或条。

④ 笋干与鹅肉放入大碗，加葱末、花椒粉、豆酱、酱油、黄酒和盐，可加一点老抽提色，抓匀，腌渍十分钟。

⑤ 将鹅肉和笋干相间码入蒸碗内，拿粗绵纸打湿，封碗口。

⑥ 上锅蒸制三十分钟即成。

香螺炸肚

亮相场合

-

清河郡王张俊宴宋高宗

参考菜

-

南宋 陈元靓《事林广记》
假蛤蜊法："用鳜鱼批取精肉，切作蛤蜊片子，用葱丝、盐、酒、胡椒淹共一处，腌了，别作虾汁汤熟，食之。"

元 倪瓒《云林堂饮食制度集》
田螺："取大者敲取头，不要见水。用沙糖浓拌，淹饭顷，洗净。或批。用葱、椒、酒淹少时。清鸡元汁爊供。"

◓ 上图：扁玉螺

"炸"，入沸水或滚汤里快速汆熟，亦名"汤炸"，通常用于处理猪肚羊肚、各种河海鲜、蔬菜等不宜久煮的食材，好处是可保留食材的鲜嫩脆爽口感。炸过捞出的食物，大多会加入味料拌过，类似我们熟悉的凉拌法。另外，滚油锅里炸一炸，在当时称为"油炸"。

清河郡王张俊给宋高宗准备了十款劝酒菜"厨劝酒十味"：

> 江珧炸肚、江珧生、蝤蛑签、姜醋生螺、
> 香螺炸肚、姜醋假公权、煨牡蛎、
> 牡蛎炸肚、假公权炸肚、蟑蚷炸肚。

其中一款香螺炸肚，猜测是将香螺与猪肚分别炸熟，加调料拌在一起吃，或带些汤汁。香螺与猪肚一样，对火候颇有要求，炸的时间过久，可能会导致螺肉老韧得嚼不动。有意思的是，"海产加猪羊肚"的搭配很受南宋杭州人欢迎，他们还用江珧（江珧炸肚）、牡蛎（牡蛎炸肚）、蟑蚷（蟑蚷炸肚）、蚶子（炸肚燥子蚶、蚶子萌芽肚）替代香螺，以相似的手法来料理，混搭出多元的口味。

由于运力滞后，位处内陆的开封人鲜少提及这种海螺，而它在沿海城市杭州却频频现身，当地食肆中所见菜式包括有撺香螺（白灼）、酒烧香螺（加好酒烧煮）、香螺脍（蘸酱醋等调料生吃，类似刺身），酒香螺（以酒浸泡腌存，有点像今天的醉泥螺）。

香螺

《证类本草》《本草衍义》《本草纲目》等多部医药名著均有提及，香螺的螺厣可作为"甲香"使用。甲香的用处有二：入药、制香，尤其以制香为主，故俗称香螺。

只不过，古人所说的香螺并非特指某个品种，而是一类螺的别称，可能涉及多个不同品种，不同地区的人们也所指各异——如南宋宁波地区的地方志《宝庆四明志》记："掩白而香者，曰香螺。"而明代闽海水产专著《闽中海错疏》则提到："香螺，大如瓯，长数寸……诸螺之中，此螺味最厚。"再加上古人对其描述实在过于模糊，总之难以厘清。

可以肯定的是，香螺属海螺类。据今学者研究，甲香药材多来源于蝾螺科或蛾螺科等螺厣。在这道菜里，可酌情选择蛾螺科香螺、扁玉螺（俗称香螺）、灰香螺、方斑东风螺（花螺）等比较美味的海螺。

【制法】

食材：

猪肚 / 小半只
香螺 / 二三十只
研磨胡椒粉 / 酌量
麻油 / 半匙
盐 / 酌量
面粉 / 酌量

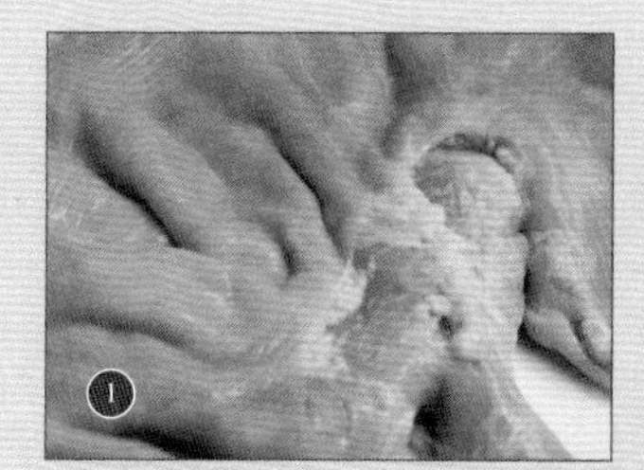

① 将猪肚内层翻出，刮净黏液，先冲洗一遍。抓几把面粉抹在猪肚表面，注意内外都要抹上，反复搓揉十分钟，用温水冲洗。如法重复三次。最后均匀抹上盐，搓揉五分钟后洗净。

② 用小半只猪肚，切成拇指盖大小的片状。半锅水烧开，用漏勺装起肚片，入沸水焯一下，微卷立即捞起，火候过了的话，肚片会咬不动。

③ 香螺提前泡洗干净，倒入沸水锅中白灼，约煮两分钟捞出，切勿久煮，否则肉会太韧。用竹签将螺肉挑出，切去不吃的尾部。可整粒用，也可切片用，视螺肉大小而定。

④ 肚片和香螺放入深碗，撒盐、胡椒粉、半匙麻油，拌匀即成。若要带汤，再浇入加热的高汤。

荔枝腰子

若从菜名来看，荔枝腰子是"荔枝"加"腰子"组合的可能性有多大？很小。考虑到荔枝出名的娇贵，从摘下那刻起就开始飞速褐变、腐烂，所以，在非荔枝产地的开封与杭州，是不太可能拿鲜荔枝与腰子炒成一盘的。

在刀工领域，"荔枝"其实代表着一种刀法。荔枝腰子，是在对半片开的猪腰或羊腰的表面，均匀剞上小方格花纹，模仿荔枝外壳的纹理。煮熟后腰片会打卷，形如一粒未剥壳的荔枝。荔枝纹从宋朝一直沿用至今，而剞花的实际意义，是为了缩短烹煮时间，让菜肴更入味，多用于处理那些不宜久煮或质地韧实的食材，比如猪肚、鸡胗、鱿鱼。

出人意料的是，关于腰子的菜式在宋朝十分常见。见诸古书的菜式包括：二色腰子、脂蒸腰子（加猪脂羊脂）、还元腰子（拼成腰子原形）、盐酒腰子、酿腰子、荔枝腰子、荔枝焙腰子、腰子假炒肺、炙犒腰子、酒醋三腰子、鸡人字焙腰子（焙鸡胗腰子）、荔枝白腰子（白腰子据说是羊外肾，别名羊石子，即睾丸）、燥子炸白腰子、炒白腰子。人们用蒸、炒、烤、焙、煮等手法，料理这种以腥臊著称的内脏类食材。因以形补形的饮食理念，腰子广受上层人士欢迎。然而它在文化界的地位却一直不高，是与风雅绝缘的"杂碎"，并不符合文士的饮食审美，罕见墨客为其吟诗作赋（很难想象一句美妙的诗歌里出现腰子、肚子等字眼），或公开宣称喜欢食用。

亮相场合

-

开封酒楼食店
杭州酒楼食店
清河郡王张俊宴宋高宗（荔枝白腰子）

参考菜

-

明 高濂《遵生八笺·饮食服食笺》
炒腰子："将猪腰子切开，剔去白膜筋丝，背面刀界花儿。落滚水微焯，漉起，入油锅一炒，加小料葱花、芫荽、蒜片、椒、姜、酱汁、酒、醋，一烹即起。"

清 童岳荐《调鼎集》
焖荔枝腰："腰子划花，脂油、酱油、酒焖。"

内脏

食内脏也有阶层之分。腰子与肚子的口感最好，价格稍贵，菜式也更丰富。不仅在酒楼饭店里能吃到多种腰肚菜，宫廷御膳的菜单里也不乏其身影，司膳内人在《玉食批》中透露，太子平日常吃酒醋三腰子、鸡人字焙腰子和燥子炸白腰子。此外，它们还频频现身于富豪的餐桌上，如"遇婚姻日，及府第富家大筵"，因要摆上数十桌华筵而急需大量腰肚，就派人到街市肉铺统一采购这两种食材。肝、肠、肺、血等杂色下水，则普遍出现在早饭铺、夜市摊、廉价餐馆，以及穿街走巷兜售熟食的小贩的托盘里。诸如煎肝、爊肝、煎衬肝肠，肝脏铗子、煎白肠、焐肠、灌肠、灌肺、炒肺、香辣灌肺、香药灌肺，血脏羹、羊血粉羹、羊血汤，都是价格亲民的小吃。

【制法】

◑ 右图：荔枝、荔枝花刀

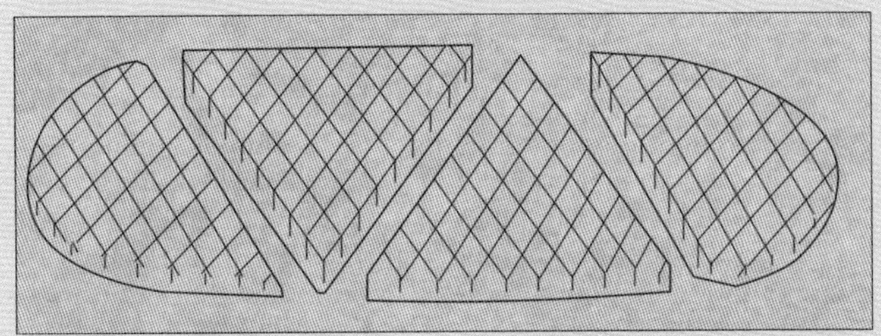

食材：

猪腰 / 两只
黄酒 / 两勺
醋 / 一匙
酱油 / 一勺
盐 / 酌量

① 猪腰对半片开，撕去表膜，用小刀剔净腰臊，清洗后擦干水。将腰子表面朝上平摊，均匀剞荔枝花刀，刀口深度约占腰子厚度的三分之二。沿刀口，将腰子分切成正三角形或菱形。每片腰子可切四块。

② 小半锅水烧开，关火，腰花浸入烫一会儿，至变色捞起，控干水分。

③ 炒锅烧热，倒油，油热后，下腰花翻炒几下，加酒、酱油、一点醋、盐，拌炒，汤汁收干即成。亦可腰子下锅后，加入《遵生八笺》提到的"葱花、芫荽、蒜片、椒、姜"同炒，并如上调味。

酒炊淮白鱼

白鱼是比较大众化的淡水河鲜，不但盛产于长江、淮河，而且北至黑龙江、南到珠江都有其身影，现属“太湖三白”之一（“三白”分别为白鱼、白虾、小银鱼）。这种形体窄长鳞片闪亮的鱼类，可轻松长达一尺，宋时拥有美名“银刀”。简单蒸熟，能吃出细腻嫩滑的鲜美口感，并略带媲美蟹肉的清甜味，足以使人忽视白鱼细刺太多的缺点。另外，也可整段油煎、切片煮鱼羹，或是打成鱼泥挤鱼丸吃。

在宋朝，只有淮河流域出产的“淮白鱼”，才是受上流社会追捧的美味，慕名品尝的文士们，还为淮白鱼创作了大量赞美诗。初次试吃淮白鱼的杨万里认为，要使用淮河水来煮淮白鱼，尽量少放盐豉等调味品，方可最大程度凸显其鲜美。但从江南人的饮食习惯来看，“酒炊淮白鱼”才是更地道的吃法。“炊”即为蒸，酒水据说能有效去除鱼腥，因腥味物质三甲胺、吡啶类化合物，能溶于水及酒精，经加热，腥味物质会随酒精挥发，使鱼吃起来更鲜。在偏好酒糟口味的浙江一带，酒与鱼的搭配比比皆是，比如在杭城食店能吃到酒蒸石首、酒炊鲟鱼和春鱼，人们蒸鲥鱼也会加点好酒。

糟白鱼

除了酒水，酿酒产生的副产品——酒糟，一度也是宋朝人配白鱼的经典调料。以黄酒糟腌渍淮白鱼，可使鱼肉失水收紧形成蒜瓣肉，带一股江南人偏爱的爽口糟香，其受欢迎程度远超“酒炊淮白鱼”，拥有大量文士食客。其优势也显而易见，酒糟在一定程度上延长了白鱼的保质期，更适合长途运输。因此，糟白鱼不仅充当文士相互寄送的礼物，还长期被视作一项很重要的土贡。

为了打造仁厚节俭的形象，皇帝会主动下令中断土产的纳贡，以免过度劳民伤财，激起民愤，所以说，有时连皇帝也很难吃到来自远方的美食。据《邵氏闻见录》载：一天，宰相吕夷简的夫人入宫面见皇后。皇后对她说，皇上嗜好糟淮白鱼，只是祖宗旧制规定“不得取食味于四方”，宫里此物甚缺，听闻吕丞相是寿州人，理应有此土产吧。吕夫人当即回府去取，打算将十奁悉数献上。然而，被心思缜密的吕夷简制止，吩咐只献二奁。这并非出于吝啬，而是担心会招致不必要的猜忌。连宫苑都稀缺的美食，臣僚居然拥有多达十奁，不知皇帝对此会做何感想。

亮相场合

-

南宋宫廷

杭州食店（酒蒸白鱼）

参考菜

-

浦江吴氏《中馈录》

蒸鲥鱼：“鲥鱼去肠不去鳞，用布拭去血水，放荡锣内。以花椒、砂仁、酱擂碎，水、酒、葱拌匀其味和，蒸之。去鳞供食。”

附：明 宋诩《竹屿山房杂部》

糟鱼法

-

治鱼涤洁，微暴水收。每醅子糟一斤，炒盐二两，熟油四两，川椒、长葱和鱼入瓮，封。用，置器蒸，视所宜细切脍。水调鸭卵、花椒、葱白同蒸。有覆藉以猪脂蒸。或油煎，或煮压糕。

【制法】

食材：

白鱼 / 一条（四百克至五百克）
黄酒 / 半杯
葱 / 两根
花椒粉 / 少许
油 / 酌量
盐 / 酌量

① 白鱼去鳞、鳃和内脏，清洗控干，鱼背横向剞几刀。

② 将鱼放入蒸碟。少许油、花椒粉、盐、葱粒、半杯酒和匀，浇入鱼碟。亦可添加一小匙豆酱同拌。

③ 蒸锅烧开后，放入鱼，大火蒸八分钟，至嫩熟即成。

鸡丝签

“签”在宋朝饮食史料中频繁现身。在北宋都城的食店中，有莲花鸭签、羊头签、鹅鸭签、鸡签，其中羊头签是特吏医家和富商大贾们三伏日聚会宴饮时必备的节庆美食。而在杭州城中所见签菜就更多了，诸如鸡丝签、锦鸡签、鹅粉签、肚丝签、双丝签、荤素签、签决明、抹肉笋签、蝤蛑签、签糊齑蟹……签菜也是上流社会钟爱的美食，张俊为宴请宋高宗而精心准备了妳房签、羊舌签、肫掌签和莲花鸭签；另据《玉食批》载，太子的餐桌上会有蝤蛑签和羊头签。

据学者猜测，签是一种卷状食物——用一张皮子，裹上切碎的馅料，卷起成圆筒状，然后蒸制或油炸。充当外皮的，可能是羊白肠、羊网油、猪网油，或许还包括薄面皮、豆腐衣等。从上述让人眼花缭乱的菜名，可以看出签菜馅料的丰富度，选材涉及禽畜肉、内脏、海产以及蔬菜。不难想象，羊舌签是以羊舌头为馅，鸡丝签是以鸡肉为馅，鹅鸭签以鹅鸭肉为馅，肚丝签里包裹的是熟制的羊肚丝，抹肉笋签里必定会有肉末与笋丝。而奢华版签菜，通过令人瞠目结舌的选料来打造，比如羊头签，只用羊脸颊上最嫩的一小块肉，五份羊头签至少要费去十只羊头；蝤蛑签也只选用蝤蛑蟹身上那对脂肉厚实的蟹螯肉，其余部分则直接丢弃。

但令人深感困惑的是，在元明清的典籍中几乎找不到签菜。很可能，签菜并没有消失，而是改换了姓名一直默默流传。元朝人吃的“鼓儿签子”相当于羊肉签，清朝人吃的“假野鸡卷”“野鸡卷”显然是一种鸡肉签，他们还用网油卷起精肉、腰子、羊肝，制成炸腰胰、网油卷、网油羊肝、肝卷等近似签菜的食物。在 20 世纪 60 年代开封饮食公司所编撰的《开封食谱》中，竟收录了风味小吃炸腰签、炸肝签和炸鸡签。例如做炸鸡签，即用花网油把鸡脯肉笋丝馅卷成条，炸脆后切块，上桌佐以椒盐。而今，我们还能从杭州菜“炸肝卷”、宁波菜“腐皮包黄鱼”，以及京菜“里脊炸卷”“炸卷肝”中，感受到签菜实际的模样。

亮相场合

-

开封酒楼食店
杭州酒楼食店

参考菜

-

元 忽思慧《饮膳正要》
鼓儿签子：“羊肉五斤切细，羊尾子一个切细，鸡子十五个，生姜二钱，葱二两切，陈皮二钱去白，料物三钱。右件，调和匀，入羊白肠内，煮熟，切作鼓样。用豆粉一斤，白面一斤，咱夫兰一钱，栀子三钱，取汁，同拌鼓儿签子，入小油炸。”

清 袁枚《随园食单》
假野鸡卷：“将脯子斩碎，用鸡子一个，调清酱郁之。将网油画碎，分包小包，油里炮透，再加清酱、酒作料，香蕈、木耳起锅，加糖一撮。”

清 童岳荐《调鼎集》
炸腰胰：“腰子裹网油，油炸。加椒盐叠，切块。”
野鸡卷：“切片，网油包裹，扎两头，叉烧或油炸，蘸椒盐。”
网油卷：“里肉切薄片或猪腰片，网油裹，加甜酱、脂油烧，切段。又，网油包馅，拖面油炸。”

网油

现通常指猪网油，猪腹部的网状油脂，间以薄膜。可炸猪油，可用作烹饪配料，包裹食材后油炸，带浓郁的油脂香。猪网油不太好买，可网上订购，或可以豆腐衣代替。此外，羊腹腔的网状油脂则为羊网油，具有膻香风味，亦可做炸卷。

【制法】

食材：

鸡胸肉 / 四百克
猪网油 / 四百克
笋 / 一百五十克
鸡蛋 / 两个
姜 / 五克
葱 / 十克
花椒粉 / 一克
盐 / 三克
黄酒 / 十五毫升
绿豆淀粉 / 十克
油 / 油炸的量

① 鸡胸肉去净筋膜，切成细肉丝。

② 笋也切细丝。春笋、冬笋均可。如不在产笋的季节，可选袋装水笋。

③ 拌馅。将鸡丝、笋丝、姜末、葱花、花椒粉、盐、料酒、一个打匀的鸡蛋液，放入大碗，抓匀。

④ 网油先清洗几遍，去除难闻的油水和污物。放入开水中烫一下即捞起，再次冲洗并抹干水。摊平，分切为大小合适的长方形（宽度约十五厘米，长度不限，视网油的实际情况来分切。尽量避开过厚的油疙瘩和破洞处）。

⑤ 网油平铺，在一端顺纹码上鸡丝，间穿插笋丝，注意馅料的厚度一致。然后卷一道，将两边内折，再卷好，一般卷三层即可。在卷边收口处，涂抹用绿豆淀粉和一个蛋液打成的蛋糊封口。

⑥ 将做好的鸡丝签平放入蒸锅里，待水开后蒸三分钟。

⑦ 拿出，控干汁水，散热气。等温热如人体时，在外皮抹上薄薄的蛋糊。

⑧ 锅里倒入植物油，烧至六成热，将刚抹好蛋糊的鸡丝签下锅油炸。第一次炸至浅黄色，捞起，稍微散热；再将油温升高一点，把鸡丝签再次入锅复炸，炸至外皮金黄色、发泡即可。可切小段、配椒盐碟上桌。

腐皮版鸡丝签

食材：

鸡小胸肉 / 三块
豆腐衣 / 四张
鸡蛋 / 一个
姜 / 两片
酱油 / 少许
盐 / 酌量
花椒粉 / 酌量
绿豆淀粉 / 两勺
面粉 / 两勺
油 / 酌量

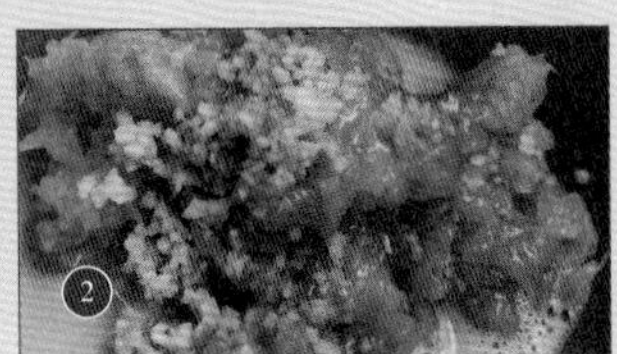

① 鸡小胸肉洗过，抹干，切丝。

② 鸡蛋敲开，打匀。姜切姜末。鸡丝里加姜末、少许盐、酱油、小半份蛋液。

③ 打拌均匀，制成馅料。

④ 腐衣用温热的湿毛巾润潮，修齐边缘，剪成同等大小的长方形（宽十厘米，长十五厘米）。鸡肉馅在腐衣的一边摆好。

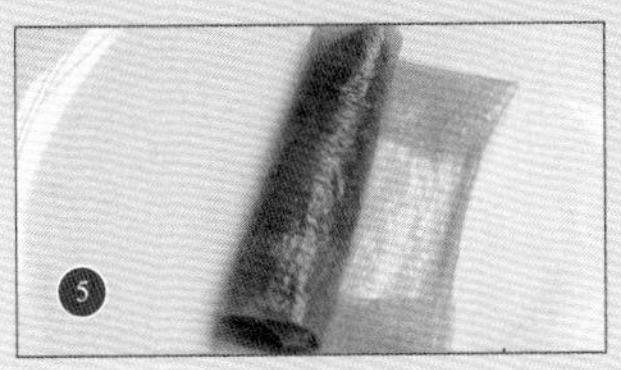

⑤ 卷拢腐皮。卷至一半时，将腐皮上下两头折进，卷好。

⑥ 卷边可涂蛋液封口。

⑦ 两勺绿豆淀粉、两勺面粉、一小匙花椒粉，和匀，加水搅为面衣。放入鸡卷滚一滚，蘸上一层薄面衣。

⑧ 锅烧热，倒油，待油温六成热，夹入鸡卷，炸至外皮酥脆。

⑨ 沥干油，上碟。

七宝素粥

宋朝人所说的七宝素粥、五味粥、佛粥，其实都是腊八粥。“七宝”“佛”等字眼透露出，这是从佛教节日衍生出的食物。据说，这与释迦牟尼悟道成佛的事迹有关：历经六年苦行，身体因日食一麦一麻的长年饥饿而宛如枯木，精神却从未触碰到正果，在吃下牧羊女供养的一碗乳糜后，恢复体力的悉达多太子决定结束无用的苦修，于菩提树下跏趺静坐，思惟解脱正道，最终，在腊月初八悟道成佛。节日食用的腊八粥，大概是代表那碗助佛成道的奶粥。

吃腊八粥的潮流始于宋朝。食材均为素食，包括谷物、豆类、干果、果蔬、麸乳之类，家里有什么就用什么，配方并不固定，但讲究品种的多样性，七八种食材熬一锅，兼带祷祝丰收的意味。当时，杭州地区的腊八粥，是以胡桃（核桃）、松子、乳蕈（小蘑菇）、柿、栗等为粥果，估计会添加糯米、大米或小米熬成，和今天常见的粥方差不多。《鸡肋编》提到一种很特别的宁州（今甘肃省内）腊八粥——先熬好一锅白米稠粥，待粥一绷皮膜，用柿栗之类的果子染以彩色，在粥面铺缀为一幅花鸟图案。

知名的寺刹亦会在节日这天准备大量腊八粥，除了供僧侣们食用，还会馈送阔绰的施主和当地富豪，以及施舍给前来观看浴佛仪式的市民，至今，仍还可在杭州灵隐寺感受到类似的施粥盛况。当然，腊八粥并非只在腊八节才食用，每逢冬季，杭州城里的早市点心铺，一般会添卖七宝素粥作为早餐。

亮相场合

-

腊月八日的寺院
杭州城冬天的早市点心铺

参考菜

-

宋 周密《武林旧事》
腊八粥：“八日，寺院及人家用胡桃、松子、乳蕈、柿、栗之类为粥，谓之‘腊八粥’。”

口数粥

腊月头吃腊八粥，腊月尾则吃口数粥——先将赤豆煮软烂，再下大米熬成豆粥。范成大曾在《口数粥行》诗中提及，煮好的豆粥还须“锼姜屑桂浇蔗糖”，即添加姜丝、官桂末和蔗糖调成香甜的糖豆粥。

腊月二十四日是送故迎新的“交年”。为驱瘟疫辟邪气，杭州人用花饧（粘糖）、米饵（米制点心）和烧纸钱来祭祀灶神，并在二十五日夜晚食口数粥。而且，所有家庭成员都要分食，包括僮仆杂役、襁褓中的婴儿（往嘴里喂几口），还会给出门远行的家人盛起一碗留着，甚至连猫狗也能分到一份。这是源于古人认为疫鬼畏惧赤豆，故形成食豆粥祛疫的习俗。

◓ 上图：《金陵古版画》塑雪狮

-

在腊月期间，如遇天降瑞雪，富豪之家就会在庭院中堆塑雪狮子、雪山，并邀亲友前来开筵饮宴；而风雅士人们则偏好与知己小聚，一起吟诗咏曲，并品饮以腊雪煎的茶汤。

【制法】

食材：

大米 / 三十克
小米 / 三十克
红豆 / 六十克
栗仁 / 八十克
柿饼 / 六十克
核桃仁 / 二十克
松子仁 / 二十克
小蘑菇（金针菇）/ 一把（三十克）
冰糖 / 约五十克

① 红豆洗过，加水浸泡一夜。将红豆入锅，加半锅水，煮开后，捻小火熬煮，其间添一次凉水，加水到一千毫升处，约煮二十五分钟，至外皮爆开。

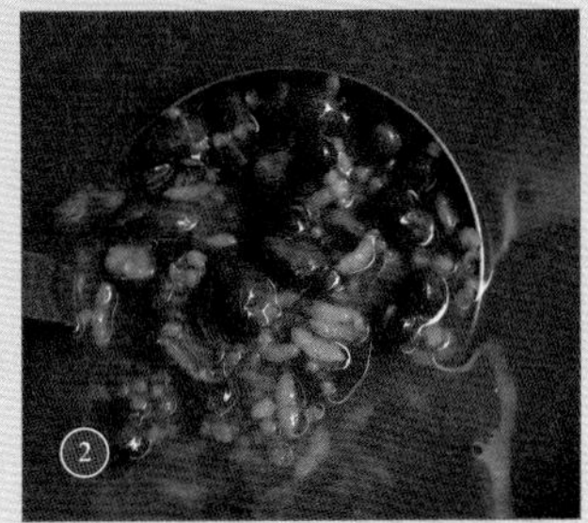

② 其间，取大米和小米，浸泡十分钟备用。待豆子煮好，倒入大米和小米，小火煮约十五分钟，米粒开花即可。

③ 煮豆前，先准备好其他配料。核桃剥壳，用热水略泡，撕净褐衣，切成小块。松子剥壳，去衣。柿饼切粒，栗子去壳衣，切粒。金针菇冲一下，控干水，切段。

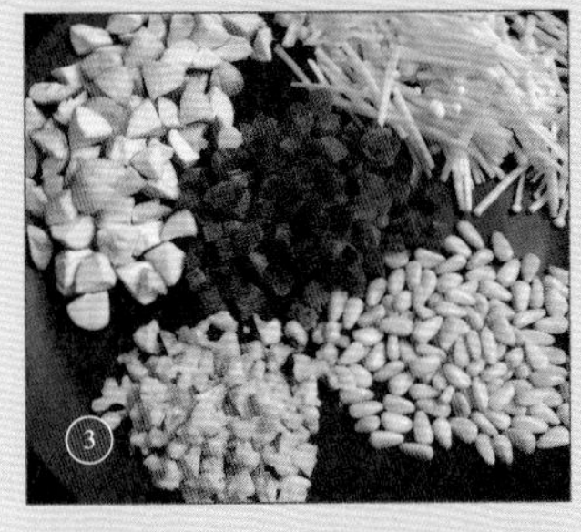

④ 接着放栗仁，煮五分钟至熟透。然后放柿饼粒煮一会儿。熬煮期间需要不时用勺搅动，以免粘锅底。接着下金针菇、核桃粒、松子仁，搅匀。

⑤ 最后，下冰糖块，小火煮至溶化，即可享用香甜的果粥。

虾元子·鲜虾肉团饼

丸子类食品历史悠久。北魏农书《齐民要术》有记以羊肉、猪肉、生姜、橘皮、葱白、腌瓜合捣捏成的“跳丸”，先炙熟后下羊汤里煮；唐朝宰相韦巨源为烧尾宴准备了类似狮子头的“汤浴绣丸”；到宋元，又兴起“水龙子”——在水煮过程中，肉丸随沸水上下翻腾似水龙，故得名。水龙子的版本众多，杭城食店中所售的水龙虾、水龙江鱼、水龙白鱼，估计就是各式鱼丸和虾丸；“水龙肉”即猪羊类肉丸，《云林堂饮食制度集》载水龙子，用猪精肉两份掺肥肉一份；让人意想不到的还有水龙腰子。此外，素食店中有“麸乳水龙”，应是由生面筋与乳饼（或乳团）混合制丸。

所谓“虾元子”（又作虾圆子），也是丸子的一种，相当于虾丸。怎样做虾丸？和捣成泥状的鱼肉丸不同，虾丸里的虾肉最好适当保留小肉粒，香味会更立体。为了使鱼虾类丸子的口感更润滑，油脂是必不可少的配料——《饮膳正要》中的“鱼弹儿”里会加入一块羊尾脂，《随园食单》中的“虾圆”则采用猪油拌合。最后，用清水煮熟，可加清辣汁或鸡汤拌吃。另外，不妨参考《随园食单》中的“虾饼”，仿制一盘在南宋杭州食店能吃到的“鲜虾肉团饼”：虾仁捶烂，团成饼，用油煎法带出香脆的口感。

亮相场合

-

杭州食店

参考菜

-

清 袁枚《随园食单》

鱼圆：“用白鱼、青鱼活者，剖半钉板上，用刀刮下肉，留刺在板上；将肉斩化，用豆粉、猪油拌，将手搅之；放微微盐水，不用清酱，加葱、姜汁作团，成后，放滚水中煮熟撩起，冷水养之，临吃入鸡汤、紫菜滚。”

虾圆：“虾圆照鱼圆法。鸡汤煨之，干炒亦可。大概捶虾时不宜过细，恐失真味。鱼圆亦然。或竟剥虾肉，以紫菜拌之，亦佳。”

虾饼：“以虾捶烂，团而煎之，即为虾饼。”

食材：

淡水虾 / 四百克
生姜 / 三片
胡椒粉 / 少许
盐 / 酌量
肥膘 / 五十克
葱 / 一棵
绿豆淀粉 / 一匙

【制法】

虾元子

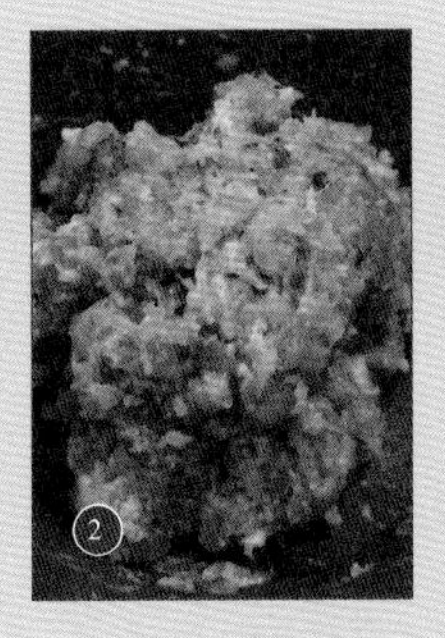

① 虾洗两遍，沥干水。剥出虾仁，挑去虾线。三成虾仁斩成绿豆大小的粒状，七成虾仁用捣杵捣成泥状，两者混合，抓匀。

② 肥膘先入锅蒸八分钟，至熟取出，剁成泥。姜剁碎，挤出姜汁，葱切末。

③ 虾肉加肥膘、姜汁、葱末、盐、胡椒粉、豆粉，打拌至有黏性。

④ 半锅水烧开，转中火，虾料用手挤成丸子，下锅煮。待虾丸变粉红色、浮起，即可捞出。可浇清鸡汤拌吃。

鲜虾肉团饼

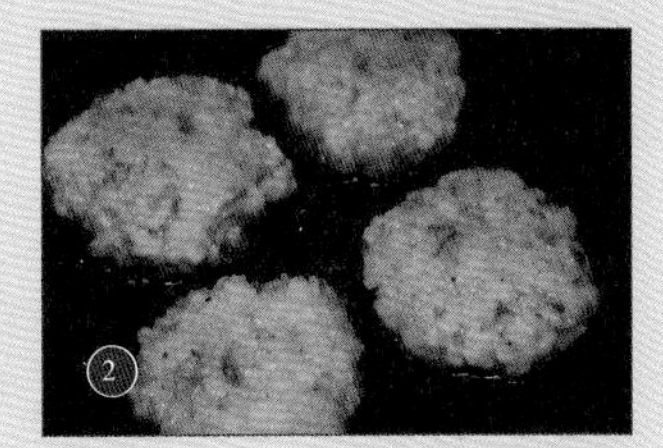

① 治净的虾仁剁成碎粒状，熟肥膘斩成泥，橘皮剪碎，姜切蓉。上述四者放入碗，加胡椒粉、盐、豆粉，用手拌匀。

② 锅烧热，转小火，多倒些油，用手取一团虾料，搓圆，压扁为直径五厘米的圆饼，排在锅底。

③ 约十五秒后翻面，另一面也煎十五秒，使虾饼定型，再翻面两次煎至熟透。出锅趁热吃。

参考文献

[1] 周密．武林旧事［M］．李小龙，赵锐，评注．北京：中华书局，2008.

[2] 孟元老．东京梦华录注［M］．邓之诚，注．北京：中华书局，1982（2008 重印）.

[3] 孟元老．东京梦华录笺注［M］．伊永文，笺注．北京：中华书局，2018.

[4] 孟元老，等．东京梦华录 都城纪胜 西湖老人繁胜录 梦粱录 武林旧事［M］．北京：中国商业出版社，1982.

[5] 浦江吴氏，等．吴氏中馈录 本心斋疏食谱（外四种）［M］．北京：中国商业出版社，1987.

[6] 林洪．山家清供［M］．乌克，注释．北京：中国商业出版社，1985.

[7] 陈元靓．新编纂图增类群书类要事林广记［M］．元至顺年间西园精舍刊本：别集卷之九·饮馔类，卷之十·面食类．

[8] 陈元靓．事林广记［M］．北京：中华书局，1998：216-229，521-546.

[9] 景明刻本夷门广牍·山家清供［M］．上海涵芬楼影印万历刻本，1940（民国二十九年）.

[10] 卷二十二：山家清供［M］// 陶宗仪．说郛．北京：中国书店，1986.

[11] 宋诩．宋氏养生部［M］．陶文台，注释．北京：中国商业出版社，1989.

[12] 陈元靓．岁时广记［M］．许逸民，点校．北京：中华书局，2020.

[13] 陶谷．清异录［M］．李益民，等注释．北京：中国商业出版社，1985.

[14] 金盈之，罗烨．新编醉翁谈录［M］．周晓薇，校点．沈阳：辽宁教育出版社，1998.

[15] 张仲文，等．白獭髓 江行杂录 遗史记闻 袖中锦 搜采异闻录［M］．上海：商务印书馆，1939（民国二十八年）.

[16] 庄绰．鸡肋编［M］．萧鲁阳，点校．北京：中华书局，2016.

[17] 韩彦直．橘录校注［M］．彭世奖，校注．北京：中国农业出版社，2010.

[18] 傅肱，高似孙．《蟹谱》《蟹略》校注［M］．钱仓水，校注．北京：中国农业出版社，2013.

[19] 陆游．老学庵笔记［M］．李剑雄，刘德权，点校．北京：中华书局，2019.

[20] 龚明之，朱弁．中吴纪闻 曲洧旧闻［M］．孙菊园，王根林，校点．上海：上海古籍出版社，2012.

[21] 北京图书馆古籍珍本丛刊 61 子部·杂家类［M］．北京：书目文献出版社，1988：居家必用事类全集 266-285，344-358；雅尚斋遵生八笺 330-365.

[22] 倪瓒．云林堂饮食制度集［M］．邱庞同，注释．北京：中国商业出版社，1984.

[23] 韩奕．易牙遗意［M］．邱庞同，注释．北京：中国商业出版社，1984.

[24] 忽思慧．饮膳正要［M］．北京：中国中医药出版社，2009.

[25] 贾思勰．齐民要术译注［M］．缪启愉，缪桂龙，译注．上海：上海古籍出版社，2018.

[26] 童岳荐．调鼎集［M］．张延年，校注．北京：中国纺织出版社，2006：98，135，164，178，236，288-293，348.

[27] 袁枚．随园食单［M］．陈伟明，编著．北京：中华书局，2010.

[28] 林正秋，徐海荣，陈梅清．中国宋代菜点概述［M］．北京：中国食品出版社，1989.

[29] 河南省贸易行业管理办公室，河南省烹饪协会．中国豫菜［M］．郑州：河南科学技术出版社，2003：76，114.

[30] 杭州市饮食服务公司．杭州菜谱［M］．杭州：浙江科

学技术出版社，1996.

［31］开封市饮食公司革命委员会编写小组．开封食谱［M］．开封：［内部发行］，1973.

［32］赵荣光．中国饮食文化史［M］．上海：上海人民出版社，2006：237-256，324-332.

［33］王子辉．饮食探幽［M］．济南：山东画报出版社，2010：3-58，113-119.

［34］华英杰，吴英敏，余和祥．中华膳海［M］．哈尔滨：哈尔滨出版社，1998：372-498.

［35］邢铁．宋代家庭研究［M］．上海：上海人民出版社，2005：189-200.

［36］程民生．宋代物价研究［M］．北京：人民出版社，2008：170-194，385-386，535-539.

［37］扬之水．奢华之色——宋元明金银器研究［M］．北京：中华书局，2011：199-231.

［38］方健．南宋农业史［M］．北京：人民出版社，2010.

［39］孟晖．花露天香［M］．南京：南京大学出版社，2014：3-47.

［40］林语堂．苏东坡传［M］．张振玉，译．长沙：湖南文艺出版社，2014.

［41］伊永文．行走在宋代的城市：宋代城市风情图记［M］．北京：中华书局，2005.

［42］孟晖．熟水代茶［M］// 读库 1204. 北京：新星出版社，2012.

［43］杨瑾．胡人与狮子：图像功能与意义再探讨［J］．石河子大学学报（哲学社会科学版），2016.30（1）：15-21.

［44］葛承雍．从牵狮人、骑狮人到驭狮人——敦煌文殊菩萨“新样”溯源新探［J］．敦煌研究，2022（5）：1-10.

［45］杨波．唐代新进士樱桃宴考［J］．天津大学学报（社会科学版），2006. 8（1）：50-53.

［46］王秀鹏．唐“樱桃制”考［J］．黑龙江教育学院学报，2005（1）：74-75，77.

［47］冯珊珊，陶慕宁．“酸馅”与“酸馅气”考释［J］．文学与文化，2016（1）：91-98.

［48］卢文芸．“古楼子”渊源考［J］．西部学刊，2022（19）：55-59.

［49］邵万宽．胡饼、烧饼、黄桥烧饼新探［J］．美食研究，2018（3）：11-14.

［50］闫艳．释“烧饼”兼及“胡饼”与“馕”［J］．内蒙古师范大学学报（哲学社会科学版），2000，30（5）：100-105.

［51］王丽琴，宋纪蓉，党高潮，贾麦明．新疆唐墓出土面点初探［J］．西北大学学报（自然科学版），2018（3）：453-454，457.

［52］董跃进．古代鱼脍的原料和吃法［J］．扬州大学烹饪学报，2009（1）：31-33.

［53］钱伶俐，惠富平．中国古代大白菜栽培与利用考述［J］．农业考古，2018（3）：190-197.

［54］钱超尘．董奉考［J］．江西中医学院学报，2010，22（2）：31-34.

［55］徐时仪．馎饦和䭔饦等古代面食考略［J］．饮食文化研究，2004（2）：47-50.

［56］包启安．古代食醋的生产技术（一）食醋的起源及不同原料的食醋生产［J］．中国调味品，1987（2）：20-25.

［57］张建东．羊大则美：宋代饮食文化中“尚羊”习俗略探［J］．历史教学，2012（2）：26-31.

［58］刘维锋，赵舒华．宋代士大夫阶层的饮食生活和饮食观［J］．山东省农业管理干部学院学报，2009，23（6）：131-132.

［59］王建革．松江鲈鱼及其水文环境史研究［J］．陕西师范大学学报（哲学社会科学版），2011（5）：137-144.

［60］林正秋．宋代流行的饭粥品种考述［J］．中国烹饪研究，1998（4）：1-7.

［61］孟玺，季强，杨金萍．北宋饮食文化对《圣济总录·食治门》食疗方影响举隅［J］．中国中医基础医学杂志，2021，27（10）：1581-1583.

［62］容志毅．中国古代木炭史说略［J］．广西民族大学学报（哲学社会科学版），2007，29（4）：118-121.

［63］王赛时．中国古代海产贝类的开发与利用［J］．古今农业，2007（2）：22-33.

［64］王赛时．中国古代河豚鱼考察［J］．古今农业，2001（3）：63-70.

［65］王赛时．中国古代饮食中的鱼鲊［J］．中国烹饪研究，1997（1）：49-54.

［66］张晓红．蓼茸蒿笋试春盘——以宋代为中心［J］．文史知识，2011（2）：105-108.

［67］李玉，王晨，夏如兵，曹尚银．中国石榴栽培史［J］．中国农史，2014（1）：30-37，20.

［68］陈宾如．明代以前甜橙栽培历史的探索——我国甜橙栽培历史初探之二［J］．中国柑桔，1983（4）：20-22.

［69］刘义满，柯卫东．菰米·茭儿菜·茭白史略［J］．中国蔬菜，2007（增刊）：142-143.

［70］丁沂璐．说“糁”［J］．临沂师范学院学报，2006，28（4）：50-51.

［71］杨计国．宋代植物油的生产、贸易与在饮食中的应用［J］．中国农史，2012（2）：62-71.

［72］罗桂环．中国油菜栽培起源考［J］．古今农业，2015（3）：23-28.

［73］张和平．中国古代的乳制品［J］．中国乳品工业，1994，22（4）：161-167.

［74］刘双．中国古代乳制品考述［J］．饮食文化研究，2007（3）：57-63.

［75］孟晖．宋人香事［J］．三联生活周刊，2014（48）.

［76］孟晖．召唤橙香［J］．中文自修，2013（Z1）：54-55.

［77］邱丽清．苏轼诗歌与北宋饮食文化［D］．西北大学，2010.

［78］张彦晓．宋代照明研究［D］．河南大学，2014.

［79］杨旭红．宋代男子簪花礼俗研究［D］．辽宁大学，2016.

图片来源

［1］王春法．万里同风：新疆文物精品［M］．北京：北京时代华文书局，2019：145.

［2］石志廉．北宋妇女画像砖［J］．文物，1979（3）.

［3］朱晓芳，杨林中，王进先．山西屯留宋村金代壁画墓［J］．文物，2008（8）.

［4］山西省考古研究所，汾阳市文物旅游局，汾阳市博物馆．汾阳东龙观宋金壁画墓［M］．文物出版社，2012.

［5］《中国墓室壁画全集》编辑委员会．中国墓室壁画全集：宋辽金元［M］．河北教育出版社，2011：56.

［6］扬之水．奢华之色——宋元明金银器研究（卷三）［M］．北京：中华书局，2011：220.